普通高等教育电气信息类系列教材

机电一体化技术

第 2 版

主　编　郭文松　刘媛媛

副主编　雷福祥　张治娟　周　岭

参　编　刘润泽　杨丙辉

机械工业出版社

本书详细介绍了机电一体化技术的相关技术，共 8 章。第 1 章是机电一体化技术的概述部分，讲解了机电一体化技术概念、产品分类、技术组成、技术发展现状及发展趋势等内容；第 2 章为机械系统设计理论，重点讲解机械系统组成，机械系统建模（以传动系统为例），典型的传动机构、导向机构和执行机构；第 3 章为计算机控制技术，重点讲解计算机控制系统的组成、特点，典型的计算机控制系统，典型的工业控制计算机（Arduino、PLC、IPC）工作原理及其实例应用；第 4 章为 PID 控制算法，重点讲解典型的 PID 控制算法（位置型算法和增量型算法）、PID 各参数对控制系统的影响规律，以 Arduino 为控制器讲解了液位 PID 算法程序；第 5 章为检测技术，重点讲解机械量测量传感器及工业机器视觉；第 6 章为伺服技术，讲解了伺服概念、分类，伺服系统的组成和要求，重点讲解了步进电动机的组成、工作原理、驱动器与步进电动机的使用方法，交流伺服电动机、直线电动机、DD 电动机及音圈电动机的基本工作原理；第 7 章为 MCGS 组态软件技术，介绍了 MCGS 组态软件，以液位控制为实例重点讲解了 MCGS 如何构建上位机程序；第 8 章为典型机电一体化产品——工业机器人，介绍了工业机器人的分类、组成、控制系统及编程。

本书可作为普通高等院校和高职高专机械工程、电子工程、工业工程、农业机械化工程、机电一体化工程等相关专业的教材，也可作为机电一体化专业技术人员的学习和参考用书。

本书配有授课电子课件、电子教案等教学资源，需要的教师可登录 www.cmpedu.com 免费注册，审核通过后下载，或联系编辑索取（微信：18515977506，电话：010-88379753）。

图书在版编目（CIP）数据

机电一体化技术 / 郭文松，刘媛媛主编. —2 版. —北京：机械工业出版社，2024.6（2025.1 重印）

普通高等教育电气信息类系列教材

ISBN 978-7-111-75728-3

Ⅰ. ①机…　Ⅱ. ①郭… ②刘…　Ⅲ. ①机电一体化-高等学校-教材
Ⅳ. ①TH-39

中国国家版本馆 CIP 数据核字（2024）第 087931 号

机械工业出版社（北京市百万庄大街 22 号　邮政编码 100037）
策划编辑：汤　枫　　　　　责任编辑：汤　枫
责任校对：孙明慧　张　薇　责任印制：郜　敏
北京富资园科技发展有限公司印刷
2025 年 1 月第 2 版第 2 次印刷
184mm×260mm · 16.5 印张 · 409 千字
标准书号：ISBN 978-7-111-75728-3
定价：65.00 元

电话服务　　　　　　　　　网络服务
客服电话：010-88361066　　机 工 官 网：www.cmpbook.com
　　　　　010-88379833　　机 工 官 博：weibo.com/cmp1952
　　　　　010-68326294　　金 书 网：www.golden-book.com
封底无防伪标均为盗版　机工教育服务网：www.cmpedu.com

前　言

　　机电一体化技术即结合应用机械技术和电子技术于一体。随着计算机技术的迅猛发展和广泛应用，机电一体化技术获得了前所未有的发展，成为一门综合计算机与信息技术、自动控制技术、传感检测技术、伺服传动技术和机械技术等交叉的系统技术，正向光机电一体化技术方向发展，目前机电一体化产品已遍及人们日常生活和国民经济的各个领域。

　　随着科学技术的发展，机电一体化产品的概念不再局限于某一具体产品的范围，已扩大到控制系统和被控制系统相结合的产品制造和过程控制。为了在当今国际范围内激烈的技术、经济竞争中占据优势，世界各国纷纷将机电一体化的研究和发展作为一项重要内容而列入本国的发展计划。

　　为推进我国由"制造大国"向"制造强国"的转变，党的二十大报告指出"推进新型工业化，加快建设制造强国"。国家发布的《"十四五"智能制造发展规划》，进一步激发了我国制造业转型升级的"新动能"。我国在实施制造强国战略的转变过程中，需要能够掌握核心与关键技术的人才进行自主创新，增强核心竞争力。目前，我国很多高校和高职高专院校在机械工程类专业中设立了机电一体化技术方向；企业及研究院所也有相当多的工程技术人员从事机电一体化技术方面的研究与开发工作。

　　本书以机电一体化共性关键技术为基础，围绕各种技术的融合与综合应用撰写知识体系，帮助读者了解和掌握机电一体化的实质、理论和基本方法，从而能够综合运用共性关键技术进行机电一体化产品乃至系统的分析、设计与开发。

　　本书适用于普通高等院校、高职机电类和自动化类专业，具有实用性和适用性强等特点。在本书编写过程中重点考虑了以下几点：一是着重体现机电一体化领域中多学科的融合与交叉，知识点衔接性好，避免内容的简单堆砌；二是重点突出本门技术应用性强的特点，简单介绍了技术原理，重点阐述了技术的实例应用；三是注重知识的与时俱进，例如增设了 Arduino 模块，Arduino 是近年来兴起的开源电子原型平台，相对于 51 单片机而言，该技术简单易学，更能引起学生的兴趣，另外，本书增加了 MCGS 工业控制组态软件，以水箱液位控制实例详细讲述了 MCGS 上位机的开发过程；四是内容精简，俗语说"样样会不如一样通"，本书精简文字、突出重点，力求将最实用的知识呈现给学生。

　　本书主要由郭文松、刘媛媛、雷福祥、张治娟、周岭编写完成，杨丙辉参与了机械方面的编写与审核，刘润泽参与了电气方面的编写与审核。

　　由于机电一体化技术发展的日新月异，加之编者水平有限，书中难免存在错误和不足之处，真诚希望得到广大专家和读者的批评指正。

编　者

目　　录

第1章 绪 论

机电一体化技术，作为一种跨领域的高新技术，深刻地融合了机械、电子以及计算机等多学科的智慧与精华。它不仅推动了机械设备的效能飞跃，更赋予了其智能化的灵魂和自动化的翅膀，为现代工业的发展注入了强大的动力。本章首先探索机电一体化技术的基本概念与发展历程、系统组成及未来的发展趋势；还深入剖析机电一体化系统中各结构要素的功能与彼此之间的关联，从而建立起一种系统化的机电产品设计思维。通过这一章的学习，读者不仅能够更全面地理解机电一体化技术的内涵与价值，更能为未来的技术创新与应用奠定坚实的基础。

1.1 机电一体化技术概述

1.1.1 基本概念

机电一体化是微电子技术向机械工业渗透过程中逐渐形成的一个新概念，是各相关技术有机结合的一种新形式。关于机电一体化（Mechatronics）这个名词的起源，说法很多。早在 1971 年，日本《机械设计》杂志副刊就提出了"Mechatronics"这一名词，1976 年以广告为主的日本杂志 *Mechatronics Design News* 开始使用，其中的"Mechatronics"由"Mechanics"的前半部和"Electronics"的后半部组合而成，表示机械学与电子学两种学科的综合。在我国通常翻译为机电一体化或机械电子学。机电一体化是机械、电子、光学、控制、计算机、信息等多学科的交叉融合，它的发展和进步依赖于相关技术的发展和进步。

机电一体化是一个新兴的边缘学科，正处于发展阶段，代表着机械工业技术革命的发展方向。一般认为，机电一体化技术是一门跨学科的综合性技术，是由微电子技术、计算机技术、信息技术、机械技术及其他技术相融合而构成的一门独立的交叉学科。美国 IEEE/ASME 曾于 1996 年对机电一体化给出了一个较为全面的定义："机电一体化即在工业产品和过程的设计和制造中，机械工程和电子与智能计算机控制的协同集成，包括以下 11 个方面：①成型和设计；②系统集成；③执行器和传感器；④智能控制；⑤机器人；⑥制造；⑦运动控制；⑧振动和噪声控制；⑨微器件和光电子系统；⑩汽车系统；⑪其他应用"。

目前，国际上普遍采用日本机械振兴协会的定义："机电一体化是在机械的主功能、动力功能、信息功能和控制功能上引进微电子技术，并将机械装置与电子装置用相关软件有机结合而构成的系统的总称"，涉及机械制造技术、电子技术、信息处理技术、测试和传感器技术、控制技术、接口技术、计算机技术、伺服驱动等多种技术。机电一体化技术对现代工业的发展有巨大的推动力，因此世界各国都在大力推广机电一体化技术。

1.1.2 机电一体化产品分类

机电一体化技术和产品的应用范围非常广泛，涉及工业生产过程的所有领域，因此，机电一体化产品的种类很多，而且还在不断地增加。按照机电一体化产品的功能，可以将其分成下述几类。

1. 数控机械类

数控机械类主要产品包括数控机床、机器人、发动机控制系统以及全自动洗衣机等。这类产品的特点是执行机构为机械装置。

2. 电子设备类

电子设备类主要产品包括电火花加工机床、线切割机、超声波加工机以及激光测量仪等。这类产品的特点是执行机构为电子装置。

3. 机电结合类

机电结合类产品包括自动探伤机、形状自动识别装置、CT扫描诊断机以及自动售货机等。这类产品的特点是执行机构为电子装置和机械装置的有机结合。

4. 电液伺服类

电液伺服类主要产品为机电液一体化的伺服装置，如电子伺服万能材料试验机。这类产品的特点是执行机构为液压驱动的机械装置，控制机构是接收电信号的液压伺服阀。

5. 信息控制类

信息控制类包括传真机、磁盘存储器、磁带录像机、录音机、复印机等。这类产品的主要特点是执行机构的动作由所接收的信息类信号来控制。除此之外，机电一体化产品还可根据机电技术的结合程度分为功能附加型、功能替代型和机电融合型三类。

1.2 国内外机电一体化发展现状

1.2.1 国外机电一体化发展现状

机电一体化的发展大体可以分为三个阶段。第一阶段（又称初级阶段）是20世纪60年代以前，这一时期人们不自觉地利用电子技术并使之得到比较广泛的认可。第二阶段，机电一体化技术和产品得到了极大发展。第三阶段，各国均开始极大关注和支持机电一体化技术和产品。

1989年在日本东京召开的第一届国际先进机电一体化学术会议，是机电一体化向纵深发展的标志，各国政府也开始有计划地推动和发展机电一体化技术和产品。日本和美国在机电一体化产品开发和应用方面处于世界领先地位。美国商务部曾发表过一份关于日本机电一体化的研究报告，对日美两国机电一体化技术的基础研究、超前开发与形成产品三方面进行了比较，结论是除机器视觉与软件外，日本的基础研究与美国是可以比拟的。当时，他们都将智能传感器、计算机芯片制造技术、具有触觉和人机对话功能的人工智能工业机器人、柔性制造系统等列为高技术领域的重大研究课题，并投入大量资金支持发展相关技术。

20世纪90年代后期，机电一体化进入了深入发展时期。光学、通信技术、微细加工技术等进入了机电一体化，出现了光机电一体化和微机电一体化的新分支。同时对机电一体化系统的建模设计、分析和集成方法，以及学科体系和发展趋势都进行了深入研究。人工智能技术、神经网络技术及光纤技术也为机电一体化技术开辟了广阔的发展天地。

因此，机电一体化产品得以迅猛发展，主要表现在以下5个方面：

1）机电一体化产品几乎遍及所有制造业领域。在工业发达国家，数控机床占机床总数的 30%~40%。工业机器人正向智能化和智能系统的方向发展，数量在未来十年将以 25%~30%的速度增长。智能机器人将逐步进入办公、管理、娱乐、家庭等各个领域。

2）机电一体化从单机向整个制造业的集成化过渡。计算机集成制造系统（CIMS）是世界制造业发展的总趋势，它打破原有部门之间的界限，以制造为基干来控制"物流"和"信息流"，实现从经营决策、产品开发、生产准备、生产实验到生产经营管理的有机结合。CIMS 的实现是全局动态的最优综合。

3）激光技术进入机电一体化领域。光机电一体化是激光技术与机械、电子技术相结合，不仅大大扩展了机电一体化的应用领域，而且使一些行业出现重大变革，是信息业与制造业的最佳结合点。

4）微细加工技术与设备发展迅猛。微电子技术及其产业的高速发展，带动了大量高新技术的兴起，微细加工技术和装备不仅支持了电子产业的发展，而且对微机械的诞生和发展也起了决定性的作用。

5）智能化和网络化发展：20 世纪 80 年代之后，以美国为主的西方国家为机电一体化技术的发展制定了一系列的发展策略，并大力推动机电一体化技术朝着智能化、网络化的方向迈进。智能化的机械工业产品不断涌现，机电一体化技术仍会以智能化作为发展和改革核心。

1.2.2　国内机电一体化发展现状

我国从 20 世纪 80 年代初开始进行机电一体化的研究和应用，国务院成立了机电一体化领导小组并将其列为"863 计划"。在制定《国民经济和社会发展"九五"计划和 2010 年远景目标纲要》时充分考虑了国际上关于机电一体化技术的发展动向和由此可能带来的影响，许多大专院校、研究机构及一些大中型企业对这一技术的发展及应用做了大量的工作。虽然目前国内机电一体化技术与日本、欧美等先进国家相比仍有一定差距，但随着新技术革命的迅猛发展，我国加大了机电一体化技术的研究力度，并将其确定为国家高技术重点研究领域，给予优先支持，并取得了一定的成绩。

1）数控技术方面。自 20 世纪 80 年代引进数控机床以来，经过不断探索和自主创新，数控机床产业已经得到了快速发展。我国已经成为世界上最大的数控机床生产和消费市场，数控机床的技术水平和生产能力也有了较大提高。2023 年，我国数控系统行业的技术水平总体上得到了显著提高，其技术标准也出现了明显进展，这对于机电一体化制造等设备的各个环节都能起到促进作用。尤其是以企业级信息化系统、三维仿真技术系统、虚拟专家系统整合为核心技术，并且还增加了 VR/AR/MR 三项技术的应用，使得数控机械加工的准确度、精度和复杂度得到了很大提高。

2）工业机器人方面。国产工业机器人技术水平不断向国外一流水平靠拢，在关键零部件方面也打破了海外垄断，埃斯顿、汇川技术、绿的谐波等本土企业正逐渐崛起。近年来，国家不断完善发展智能制造的产业政策，加快推进传统制造业的智能转型，鼓励支持工业企业向智能化方向发展。《"机器人+"应用行动实施方案》提出，到 2025 年，制造业机器人密度较 2020 年实现翻番，服务机器人、特种机器人行业应用深度和广度显著提升，聚焦 10 大应用重点领域，突破 100 种以上机器人创新应用技术及解决方案，推广 200 个以上具有较高技术水平、创新应用模式和显著应用成效的机器人典型应用场景，全方位支持机器人行业发展。

3）智能制造方面。智能制造是落实制造强国战略的重要举措，是我国制造业紧跟世界发展趋势、实现转型升级的关键所在。经过多年的研发和应用实践，我国的智能制造技术水平已经有了显著的提升。在机器人、自动化生产线、智能检测和装配等方面，已经取得了一批重要的技术成果。智能制造技术的应用领域正在不断扩大。目前，它已经在汽车、电子、航空航天、机械制造等多个行业得到了广泛应用。例如，在汽车制造业中，智能机器人可以实现自动焊接、装配、检测等功能，大幅提高了生产效率和质量。随着智能制造技术的不断发展，相关的产业链也在逐步完善。目前，我国已经形成了一个包括硬件制造、软件研发、系统集成和服务支持的完整产业链。

4）智能化技术方面。随着人工智能、机器学习等技术的不断发展，我国机电一体化技术也开始广泛应用这些技术，使设备具有更高的自主决策和自适应能力。例如，我国已经成功研发出具有自主导航、自动识别、自主作业等功能的智能机器人，这些机器人在工业、医疗、军事等领域都有广泛应用。此外，智能传感器、智能控制器等智能化设备也在机电一体化技术中得到了广泛应用，提高了设备的运行效率和精度。

5）网络化技术方面。我国机电一体化技术充分利用了网络技术，实现了设备的远程监控、远程控制和数据共享。通过网络技术，可以实现对设备的实时监控和故障诊断，及时发现和处理问题，提高设备的可靠性和稳定性。同时，远程控制技术也使得设备的操作更加便捷和高效。此外，随着物联网技术的发展，机电一体化设备也开始与互联网、云计算等技术相结合，实现更加智能化的管理和控制。

1.3 机电一体化技术基本组成

人类在自然环境中经历了长期的进化过程，可以说人体功能结构及五大要素的匹配与协调是一种尽善尽美的体现。因而人类是机电一体化产品发展的最好蓝本。如果把人体看成系统或产品，则人体也具有前面所述的五种内部功能，并且通过人体五大要素加以实现。人体五大要素及其功能的对应关系和机电一体化产品的组成要素分别如图 1-1 和图 1-2 所示。

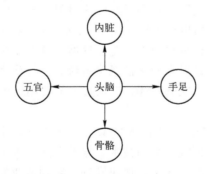

图 1-1　人体五大要素

机电一体化系统由**五个子系统**构成，即机械系统（指机构）、电子信息处理系统（指计算机）、动力系统（指动力源）、传感检测系统（指传感器）、执行元件系统（如电动机）

等。机电一体化的构成要素很多，但其中五大要素是必需的。这是与人体的五大要素进行对比时，从中得到启发的。

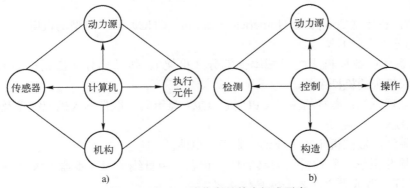

图 1-2　机电一体化产品基本组成要素

a) 机电一体化产品五大要素　b) 机电一体化产品五大功能

1．机械本体

机械本体包括机身、框架、机械连接等在内的产品支持结构，属于基础部分，实现产品的构造功能。在机电一体化产品中，机械本体往往占有较大体积和质量，因而要求尽量采用新结构、新材料、新工艺，以适应机电一体化产品在高效、多功能、可靠和节能、小型、轻量、美观等方面的要求。

2．动力源

动力源向系统提供能量，并将输入的能量转化成需要的形式，实现动力功能。机电一体化产品以电能利用为主，其目的功能则多数通过机械动作来实现，因此动力源应包括电源、电动机等执行元件及其驱动电路。效率高、可靠性好是对动力源的主要要求。

3．检测和传感装置

检测和传感装置包括各种传感器及其信号检测电路，用于对产品运行时内部状态和外部环境进行检测，提供运行控制所需的各种信息，实现计测功能。体积小、便于安装与连接、检测精度高、抗干扰、受环境变化影响小是机电一体化产品对检测与传感装置的主要要求。

4．控制与信息处理装置

控制与信息处理装置根据产品的功能和性能要求以及传感器的反馈信息，进行处理、运算和决策，对产品运行施以相应的控制，实现控制功能。机电一体化产品中，这一组成要素主要是指由计算机及其相应硬、软件所构成的控制系统，目前控制与信息处理装置正向着高可靠性、柔性和智能化方向发展。

5．执行机构

执行机构包括机械传动与操作机构，在控制信息作用下，完成要求的动作，实现产品的主功能。执行机构因作业对象不同而形式各异。由于它是实现产品目的功能的直接参与者，其性能好坏决定着整个产品的性能，因而是机电一体化产品中最重要的组成要素之一。

机电一体化产品的五个组成要素之间并非彼此无关或简单拼凑、叠加在一起，工作中它们各司其职、相互补充、相互协调，共同完成所规定的目的功能，即在机械本体的支持下，由传感器检测产品的运行状态及环境变化，将信息反馈给控制及信息处理装置，控制及信息处理装置对各种信息进行处理，并按要求控制动力源驱动执行机构进行工作。在结构上，各组成要素通过各种接口及相关软件有机地结合在一起，构成一个内部合理匹配、外部效能最佳的完整产品。

例如，数控机床（Computer Numerical Control，CNC）属于典型的机电一体化产品，它同样由五大部分（系统）构成。

1）机械系统：数控机床的机械本体部分（机架）、传动部分（齿轮传动）、导向部分（导轨）等构成机床的机械系统。

2）信息处理系统：数控机床的 CPU 板、CRT 显示器、纸带输入机或键盘及打印机等构成信息处理系统。

3）动力系统：数控机床的主要动力来源于电能。

4）传感检测系统：数控机床刀具的位置状态，用直线感应同步器或者直线光栅进行检测，直线感应同步器或者直线光栅就是传感器。

5）执行元件系统：数控机床的走刀运动就是利用步进电动机或者伺服电动机驱动滚珠丝杠完成的，所以步进电动机或者伺服电动机为执行元件。

1.4　机电一体化技术体系

机电一体化是多种技术学科相互交叉、渗透而成的一门综合性边缘技术学科，所涉及的技术领域非常广泛。要深入进行机电一体化研究及产品开发，就必须了解并掌握这些技术，概括起来机电一体化关键技术有下述七项。

1．机械技术

机械技术是机电一体化的基础，机电一体化产品中的主要功能和构造功能，往往是以机械技术为主实现的。在机械与电子相互结合的实践中，不断对机械技术提出更高的要求，使现代机械技术相对于传统机械技术发生了很大变化。新材料、新工艺、新原理、新机构等不断出现，现代设计方法不断发展和完善，以满足机电一体化产品对减轻重量、缩小体积、提高精度和刚度、改善性能等多方面的要求。

2．计算机与信息处理技术

信息处理技术包括信息的交换、存储、运算、判断和决策等，实现信息处理的主要工具是计算机。计算机技术包括计算机硬件技术和软件技术、网络与通信技术、数据库技术等。在机电一体化产品中，计算机与信息处理装置指挥整个产品的运行。信息处理是否正确、及时直接影响到产品工作的质量和效率。因此，计算机应用及信息处理技术已成为促进机电一体化技术和产品发展的最活跃因素。人工智能、专家系统、神经网络技术等都属于计算机与信息处理技术。

3．检测与传感技术

检测与传感技术的研究对象是传感器及其信号检测装置。机电一体化产品中，传感器作为感受器官，将各种内、外部信息通过相应的信号检测装置反馈给控制及信息处理装置。因此检测和传感器是实现自动控制的关键环节。机电一体化要求传感器能快速、精确地获取信息并经受各种严酷环境的考验。但是由于目前检测与传感技术还不能与机电一体化的发展相适应，使得不少机电一体化产品不能达到满意的效果或无法实现设计。因此，大力开展检测与传感器技术的研究对发展机电一体化具有十分重要的意义。

4. 自动控制技术

自动控制技术范围很大，包括自动控制理论、控制系统设计、系统仿真、现场调试、可靠运行等从理论到实践的各个过程，由于被控对象种类繁多，所以控制技术的内容极其丰富，包括高精度定位控制、速度控制、自适应控制、自诊断、校正、补偿、示教再现及检索等控制技术。自动控制技术的难点是自动控制理论的工程化和实用化，这是由于现实世界中的被控对象往往与理论上的控制模型之间存在较大差距，使得从控制设计到控制实施往往要经过多次反复调试和修改，才能获得满意的结果。由于微型机的广泛应用，自动控制技术越来越多地与计算机控制技术联系在一起，成为机电一体化中十分重要的关键技术。

5. 伺服驱动技术

伺服驱动技术的主要研究对象是执行元件及其驱动装置。执行元件有点动、气动、液压等多种类型，机电一体化产品中多采用电动式执行元件，其驱动装置主要是各种电动机的驱动电源电路，目前多采用电力电子器件及集成化的功能电路构成。执行元件一方面通过电气接口向上与微型机相连，以接收微型机的控制指令；另一方面又通过机械接口向下与机械传动和执行机构相连，以实现规定的动作。因此伺服驱动技术是直接执行操作的技术，对机电一体化产品的动态性能、稳态精度、控制质量等具有决定性的影响。

6. 接口技术

机电一体化系统是机械、电子和信息等技术融为一体的综合系统，其构成要素和子系统之间的接口极其重要。从系统外部看，输入/输出是系统与人、环境或者其他系统之间的接口；从系统内部看，机电一体化系统是通过许多接口将组成要素的输入/输出装置联系成一体的系统。因此，各要素及各子系统之间的接口性能就成为整体系统性能好坏的决定因素。机电一体化系统最重要的设计任务之一就是接口技术。

7. 软件技术

计算机控制系统的硬件是完成控制任务的设备基础，而计算机的操作系统和各种应用程序是执行控制任务的关键，统称为软件。计算机控制系统的软件程序不仅决定其硬件功能的发挥，而且也决定着控制系统的控制品质和操作管理水平。

软件和硬件必须协调一致地发展。为了减少软件的研制成本，提高生产维护效率，要逐步推行软件标准化，包括子程序标准化、程序模块化、软件程序的固化、推行软件工程等。

1.5　机电一体化技术发展趋势

机电一体化是集机械、电子、光学、控制、计算机、信息等多学科的交叉综合，它的发展和进步依赖并促进相关技术的发展和进步。纵观国内外机电一体化的发展现状和高新技术的发展动向，机电一体化将朝着以下几个方向发展。

1. 绿色化

工业的发达给人们生活带来了巨大变化。一方面，物质丰富，生活舒适；另一方面，资源减少，生态环境受到严重污染。于是，人们呼吁保护环境资源，回归自然。绿色产品概念在这种呼声下应运而生，绿色化是时代的趋势。绿色产品在其设计、制造、使用和销毁的生命过程中，符合特定的环境保护和人类健康的要求，对生态环境无害或危害极少，资源利用率极高。机电一体化产品的绿色化主要是指使用时不污染生态环境，报废后能回收利用。工业的发展使得资源减少，生态环境受到严重污染。绿色化成了时代的趋势，产品的绿色化更成了适应未来发展的一大特色。

如果把机械产品和制造机械产品的机械装置统称为机械系统，则机电一体化技术的功能可归结为：提高机械系统的性能，完成传统机械系统不能完成的功能；提高机械系统的智能化程度，使人在更舒适的环境中工作；提高机械系统的可回收性；降低机械系统的原材料消耗；降低机械系统的能耗；降低机械系统对环境的污染。可以看出其中至少有三条是和环境保护有关的。因而，进入 21 世纪，机电一体化技术的使命是要能提供一种高性能、高原料利用率、低能耗、低污染、环境舒适和可回收的智能化机械产品，即提供一种能满足可持续性发展的绿色产品。

2. 智能化

智能化是 21 世纪机电一体化技术发展的一个重要发展方向。人工智能系统是一个知识处理系统，包括知识表示、知识利用和知识获取三个基本问题，其最终的目标是模拟人的问题求解、推理、学习。人工智能在机电一体化建设中的研究日益得到重视，机器人与数控机床的智能化就是其重要应用。"智能化"是对机器行为的描述，是在控制理论的基础上，吸收人工智能、运筹学、计算机科学、模糊数学、心理学、生理学和混沌动力学等新思想、新方法，模拟人类智能，使它具有判断推理、逻辑思维、自主决策等能力，以求得到更高的控制目标。目前，专家系统、模糊系统、神经网络以及遗传算法，是机电一体化产品（系统）实现智能化的四种主要技术，它们各自独立发展又彼此相互渗透。随着制造自动化程度的不断提高，将会出现智能制造系统控制器来模拟人类专家的智能制造活动，并会对制造中出现的问题进行分析、判断、推理、构思和决策。

3. 网络化

20 世纪 90 年代，计算机技术的突出成就是网络技术。网络技术的兴起和飞速发展给科学技术、工业生产、政治、军事、教育等人们的日常生活都带来了巨大的变革，同样也给机电一体化技术带来了重大影响，例如通过网络对机电一体化设备进行远程控制。

各种网络将全球经济、生产连成一片，企业间的竞争也将全球化。机电一体化新产品一旦研制出来，只要其功能独到、质量可靠，很快就会畅销全球。由于网络的普及，基于网络的各种远程控制和监视技术方兴未艾，而远程控制的终端设备本身就是机电一体化产品。现场总线和局域网技术使家用电器网络化已成大势，利用家庭网络（Home Net）将各种家用电器连接成以计算机为中心的计算机集成家电系统（Computer Integrated Appliance System，CIAS），使人们在家里分享各种高技术带来的便利与快乐。因此机电一体化产品无疑将朝着网络化方向发展。

4. 微型化

微型化兴起于 20 世纪 80 年代末，是机电一体化向微型机器和微观领域发展的趋势。近年来，微机电系统（Micro Electro Mechanic System，MEMS）作为机电一体化技术的新尖端分支而备受重视，它泛指几何尺寸不超过 $1cm^3$ 的机电一体化产品，并向微米、纳米级发展。微机电系统高度融合了微机械技术、微电子技术和软件技术，发展难点在于微机械并不是简单地将大尺寸的机械按比例缩小，由于结构的微型化，在材料、机构设计、摩擦特性、加工方法、测试与定位及驱动方式等方面都产生了一些特殊问题。

微机电一体化产品体积小、耗能少、运动灵活，可进入一般机械无法进入的空间，并易于进行精细操作，因此在生物医疗、军事、信息等方面具有不可比拟的优势。目前，利用半导体器件制造过程中的蚀刻技术，在实验室中已制造出亚微米级的机械元件。

5. 模块化

机电一体化产品和技术可分为机械、电子和软件三大部分。模块化技术是这三者的共同技术。模块化技术可以减少产品的开发和生产成本，提高不同产品间的零部件通用化程度，提高产品的可装配性、可维修性和可扩展性等。融合机械、电子和软件三大部分的机电一体化模块代表了未来产品的发展方向，具有高度自主性、良好的协调性和自组织性的特点。总之，模块化设计与制造是机电一体化系统的基本方法和发展趋势。随着微处理器性能价格比的迅速提高和 MEMS 技术的飞速发展，各种机电一体化模块将越来越多地出现在市场上。利用这些模块，可以迅速方便地设计和制造出各种新的机电一体化产品。

21 世纪，机电一体化技术将成为机械工业的主角，在各方面均可带来显著的经济效益和社会效益。机电一体化的出现不是孤立的，它是许多科学技术发展的结晶，是社会生产力发展到一定阶段的必然要求。随着科学技术的发展，各种技术相互融合的趋势将越来越明显，以机械技术、微电子技术的有机结合为主体的机电一体化技术是机械工业发展的必然趋势，机电一体化技术的广阔发展前景也将越来越光明。

习题

1-1 简述机电一体化的含义。

1-2 机电一体化产品的主要组成、作用及其特点是什么？

1-3 机电一体化产品的分类有哪些？

1-4 您在生活中还遇到哪些机电一体化产品？试分析其组成及功能。

1-5 机电一体化技术的主要支撑技术有哪些？它们的作用如何？

1-6 试述机电一体化的发展趋势。

第2章　机械系统设计理论

机电一体化机械系统是由计算机信息网络协调与控制的,用于完成包括机械力、运动和能量流等动力学任务的机械及机电部件相互联系的系统。它的核心是由计算机控制的,包括机械、电力、电子、液压、光学等技术的伺服系统。它的主要功能是完成一系列机械运动,每一个机械运动可单独由控制电动机、传动机构和执行机构组成的子系统来完成,而这些子系统要由计算机协调和控制,以完成其系统功能要求。机电一体化机械系统的设计要从系统的角度进行合理化和最优化设计。

机电一体化系统的机械结构主要包括执行机构、传动机构和支承部件。在机械系统设计时,除考虑一般机械设计要求外,还必须考虑机械结构因素与整个伺服系统的性能参数、电气参数的匹配,以获得良好的伺服性能。

2.1　机电一体化机械系统概述

2.1.1　机电一体化对机械系统的基本要求

机电一体化系统的机械系统与一般的机械系统相比,除要求较高的制造精度外,还应具有良好的动态响应特性,即快速响应和良好的稳定性。

1. 高精度

精度直接影响产品的质量,尤其是机电一体化产品,其技术性能、工艺水平和功能比普通的机械产品都有很大的提高,因此机电一体化产品中机械系统的高精度是其首要的要求。如果机械系统的精度不能满足要求,则即使机电一体化产品的其他系统工作再精确,也无法完成其预定的机械操作。

2. 快速响应

机电一体化系统的快速响应即要求机械系统从接到指令到开始执行指令指定的任务之间的时间间隔短。这样系统才能精确地完成预定的任务要求,且控制系统也才能及时根据机械系统的运行情况得到信息,下达指令,使其准确地完成任务。

3. 良好的稳定性

机电一体化系统要求其机械装置在温度、振动等外界干扰的作用下依然能够正常稳定地工作。即系统抵御外界环境的影响和抗干扰能力强。

为确保机械系统的上述特性,在设计中通常提出无间隙、低摩擦、低惯量、高刚度、高谐振频率和适当的阻尼比等要求。此外机械系统还要求具有体积小、重量轻、高可靠性和寿命长等特点。

2.1.2　机械系统的组成

概括地讲,机电一体化机械系统应主要包括如下三大部分。

1. 传动机构

机电一体化机械系统中的传动机构不仅仅是转速和转矩的变换器，而是已成为伺服系统的一部分，它要根据伺服控制的要求进行选择设计，以满足整个机械系统良好的伺服性能。因此传动机构除了要满足传动精度的要求，而且还要满足小型、轻量、高速、低噪声和高可靠性的要求。

2. 导向机构

导向机构起支撑和导向作用，为机械系统中各运动装置能安全、准确地完成其特定方向的运动提供保障，一般指导轨、轴承等。

3. 执行机构

执行机构是用以完成操作任务的直接装置。执行机构根据操作指令的要求在动力源的带动下，完成预定的操作。一般要求它具有较高的灵敏度、精确度、良好的重复性和可靠性。由于计算机的强大功能，使传统的作为动力源的电动机发展为具有动力、变速与执行等多重功能的伺服电动机，从而大大地简化了传动和执行机构。

除以上三部分外，机电一体化系统的机械部分通常还包括机座、支架、壳体等。

2.1.3　机械系统的设计思想

机电一体化的机械系统设计主要包括两个环节：静态设计和动态设计。

1. 静态设计

静态设计是指依据系统的功能要求，通过研究制定出机械系统的初步设计方案。该方案只是一个初步的轮廓，包括系统主要零部件的种类、各部件之间的连接方式、系统的控制方式、所需能源方式等。

有了初步设计方案后，即可开始着手按技术要求设计系统的各组成部件的结构、运动关系及参数；确定零件的材料、结构、制造精度；验算执行元件（如电动机）的参数、功率及过载能力；选择相关元、部件；配置系统的阻尼等。以上称为静态设计。静态设计保证了系统的静态特性要求。

2. 动态设计

动态设计是研究系统在频率域的特性，是借助静态设计的系统结构，通过建立系统组成各环节的数学模型和推导出系统整体的传递函数，利用自动控制理论的方法求得该系统的频率特性（幅频特性和相频特性）。系统的频率特性体现了系统对不同频率信号的反应，决定了系统的稳定性、最大工作频率和抗干扰能力。

静态设计是忽略了系统自身运动因素和干扰因素的影响状态下进行的产品设计，对于伺服精度和响应速度要求不高的机电一体化系统，静态设计就能够满足设计要求。对于精密和高速智能化机电一体化系统，环境干扰和系统自身的结构及运动因素对系统产生的影响会很大，因此必须通过调节各个环节的相关参数，改变系统的动态特性以保证系统的功能要求。动态分析与设计过程往往会改变前期的部分设计方案，有时甚至会推翻整个方案，要求重新进行静态设计。

2.2　机械系统性能分析

为了保证机电一体化系统具有良好的伺服特性，不仅要满足系统的静态特性，还必须利用自动控制理论的方法进行机电一体化系统的动态分析与设计。动态设计过程首先是针对静态设计的系统建立数学模型，然后用控制理论的方法分析系统的频率特性，找出并通过调节相关机械参数改变系统的伺服性能。

2.2.1 数学模型的建立

机械系统的数学模型建立与电气系统数学模型建立基本相似，都是通过折算的办法将复杂的结构装置转换成等效的简单函数关系，数学表达式一般是线性微分方程（通常简化成二阶微分方程）。机械系统的数学模型分析的是输入（如电动机转子运动）和输出（如工作台运动）之间的相对关系。等效折算过程是将复杂结构关系的机械系统的惯量、弹性模量和阻尼（或阻尼比）等力学性能参数归一处理，从而通过数学模型来反映各环节的机械参数对系统整体的影响。

下面以数控机床进给传动系统为例，来介绍建立数学模型的方法。在图 2-1 所示的数控机床进给传动系统中，电动机通过两级减速齿轮 Z_1、Z_2、Z_3、Z_4 及丝杠螺母副驱动工作台做直线运动。设 J_1 为轴 I 部件和电动机转子构成的转动惯量；J_2、J_3 为轴 II、III 部件构成的转动惯量；K_1、K_2、K_3 分别为轴 I、II、III 的扭转刚度系数；K 为丝杠螺母副及螺母底座部分的轴向刚度系数；m 为工作台质量；L 为丝杠的导程；C 为工作台导轨黏性阻尼系数；X_i 为轴 I 的输入转角；X_o 为工作台的线位移；T_1、T_2、T_3 分别为轴 I、II、III 的输入转矩。

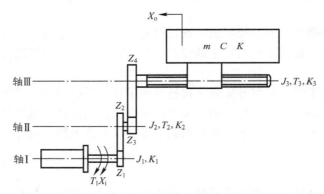

图 2-1 数控机床进给传动系统

建立该系统的数学模型，首先把机械系统中各基本物理量折算到传动链中的某个元件上（本例折算到轴 I 上），使复杂的多轴传动关系转化成单一轴运动，转化前后的系统总力学性能等效；然后，在单一轴基础上根据输入量和输出量的关系建立其输入/输出的数学表达式（即数学模型）。根据该表达式进行的相关机械特性分析就反映了原系统的性能。在该系统的数学模型建立过程中，分别针对不同的物理量（如 J、K、ω）求出相应的折算等效值。

机械装置的质量（惯量）、弹性模量和阻尼等力学性能参数对系统的影响是线性叠加关系，因此在研究各参数对系统影响时，可以假设其他参数为理想状态，单独考虑线性关系。下面就基本力学性能参数，分别讨论转动惯量、弹性模量和阻尼的折算过程。

1. 转动惯量的折算

转动惯量 J 表示具有转动动能的部件属性。一个给定的转动惯量取决于部件相对于转轴的几何位置和部件的密度。机械系统的转动惯量过大会产生以下不利的影响：①使机械负载增加，功率消耗大；②系统响应速度变慢，灵敏度降低；③系统的固有频率下降，容易产生谐振；④电气驱动部件的谐振频率降低，阻尼增大等。因此在不影响系统刚度的条件下，机械部件的质量和转动惯量应尽可能小。

一个机械系统通常由数个具有一定质量和转动惯量的直线和旋转部件组成，而且它们对被研究的元件参数都将有不同程度的影响，故需要将各运动元件的质量和转动惯量转化到被研究的元件上。

转化原则：转化前后系统的瞬时动能保持不变，即

$$E = \sum_{i=1}^{n} \frac{1}{2} J_i \omega_i^2 + \sum_{j=1}^{k} \frac{1}{2} m_j v_j^2 \tag{2-1}$$

式中，E 为系统总能量（J）；n 为系统中所有运动元件的数目；k 为系统中移动元件的数目；J_i 为转动元件 i 的转动惯量（kg·m^2）；ω_i 为转动元件 i 的瞬时角速度（rad/s）；m_j 为移动元件 j 的质量（kg）；v_j 为移动元件 j 的移动速度（m/s）。

如果需要将系统向转动元件 i 转化，则其瞬时动能为

$$E = \frac{1}{2} J_{化} \omega_i^2 \tag{2-2}$$

如果需要将系统向移动元件 j 转化，则瞬时动能为

$$E = \frac{1}{2} m_{化} v_j^2 \tag{2-3}$$

式中，$J_{化}$ 为转化惯量（等效转动惯量，kg·m^2）；$m_{化}$ 为转化质量（等效质量，kg）。

把轴 Ⅰ、Ⅱ、Ⅲ上的转动惯量和工作台的质量都折算到轴 Ⅰ 上，作为系统的等效转动惯量。设 ω_1、ω_2、ω_3 分别为轴 Ⅰ、Ⅱ、Ⅲ 的角速度；v 为工作台位移时的线速度。

$$\frac{1}{2} J_{化} \omega_1^2 = \frac{1}{2} J_1 \omega_1^2 + \frac{1}{2} J_2 \omega_2^2 + \frac{1}{2} J_3 \omega_3^2 + \frac{1}{2} m v^2 \tag{2-4}$$

$$J_{化} = J_1 + J_2 \left(\frac{\omega_2}{\omega_1} \right)^2 + J_3 \left(\frac{\omega_3}{\omega_1} \right)^2 + m \left(\frac{v}{\omega_1} \right)^2$$

$$\omega_1 = \frac{Z_2}{Z_1} \omega_2 = \frac{Z_2}{Z_1} \frac{Z_4}{Z_3} \omega_3 = \frac{Z_2}{Z_1} \frac{Z_4}{Z_3} \frac{2\pi}{L} v$$

$$J_{化} = J_1 + J_2 \left(\frac{Z_1}{Z_2} \right)^2 + J_3 \left(\frac{Z_1 Z_3}{Z_2 Z_4} \right)^2 + m \left(\frac{Z_1 Z_3 L}{Z_2 Z_4 2\pi} \right)^2 \tag{2-5}$$

$J_{化}$ 为系统各环节的转动惯量（或质量）折算到轴 Ⅰ 上的总等效转动惯量。其中 $J_2 \left(\frac{Z_1}{Z_2} \right)^2$、$J_3 \left(\frac{Z_1 Z_3}{Z_2 Z_4} \right)^2$、$m \left(\frac{Z_1 Z_3}{Z_2 Z_4} \right)^2 \left(\frac{L}{2\pi} \right)^2$ 分别为 Ⅱ、Ⅲ轴转动惯量和工作台质量折算到 Ⅰ 轴上的折算转动惯量。

2. 黏性阻尼系数的折算

机械系统工作过程中，相互运动的元件间存在着阻力，并以不同的形式表现出来，如摩擦阻力、流体阻力以及负载阻力等，这些阻力在建模时需要折算成与速度有关的黏滞阻尼力。

当工作台匀速转动时，轴Ⅲ的驱动转矩 T_3 完全用来克服黏滞阻尼力的消耗。考虑到其他各环节的摩擦损失比工作台导轨的摩擦损失小得多，故只计工作台导轨的黏性阻尼系数

C。根据工作台与丝杠之间的动力平衡关系有

$$T_3 2\pi = CvL \qquad (2-6)$$

即丝杠转一周，T_3 所做的功等于工作台前进一个导程时其阻尼力所做的功（J）。

根据力学原理和传动关系有

$$T_1 = m\left(\frac{Z_1}{Z_2}\frac{Z_3}{Z_4}\right)^2\left(\frac{L}{2\pi}\right)^2 C\omega_1 = C'\omega_1 \qquad (2-7)$$

式中，C' 为工作台导轨折算到轴 I 上的黏性阻尼系数 [N/（m/s）]，即

$$C' = \left(\frac{Z_2}{Z_1}\frac{Z_4}{Z_3}\right)^2\left(\frac{L}{2\pi}\right)^2 C \qquad (2-8)$$

3. 弹性变形系数的折算

机械系统中各元件在工作时受力或力矩的作用，将产生轴向伸长、压缩或扭转等弹性变形，这些变形将影响到整个系统的精度和动态特性。建模时要将其折算成相应的扭转刚度系数或轴向刚度系数。

上例中，应先将各轴的扭转角都折算到轴 I 上来，丝杠与工作台之间的轴向弹性变形会使轴III产生一个附加扭转角，也应折算到轴 I 上，然后求出轴 I 的总扭转刚度系数。同样，当系统在无阻尼状态下，T_1、T_2、T_3 等输入转矩都用来克服机构的弹性变形。

（1）轴向刚度的折算

当系统承担负载后，丝杠螺母副和螺母底座都会产生轴向弹性变形，图 2-2 是它的等效作用图。在丝杠左端输入转矩 T_3 的作用下，丝杠和工作台之间的弹性变形为 δ，对应的丝杠附加扭转角为 $\Delta\theta_3$。根据动力平衡原理和传动关系，在丝杠轴III上有

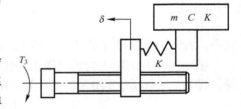

图 2-2　弹性变形的等效图

$$T_3 2\pi = K\delta L \qquad (2-9)$$

$$\delta = \frac{\Delta\theta_3}{2\pi}L \qquad (2-10)$$

所以 $T_3 = \left(\frac{L}{2\pi}\right)^2 K\Delta\theta_3 = K'\Delta\theta_3$，式中，$K'$ 为附加扭转刚度系数，即

$$K' = \left(\frac{L}{2\pi}\right)^2 K \qquad (2-11)$$

（2）扭转刚度系数的折算

设 θ_1、θ_2、θ_3 分别为轴 I 、II、III在输入转矩 T_1、T_2、T_3 的作用下产生的扭转角。根据动力平衡原理和传动关系有

$$\theta_1 = \frac{T_1}{K_1}$$

$$\theta_2 = \frac{T_2}{K_2} = \left(\frac{Z_2}{Z_1}\right)\frac{T_1}{K_2}$$

$$\theta_3 = \frac{T_3}{K_3} = \left(\frac{Z_2}{Z_1}\frac{Z_4}{Z_3}\right)\frac{T_1}{K_3}$$

由于丝杠和工作台之间轴向弹性变形使轴III附加了一个扭转角 $\Delta\theta_3$，因此轴III上的实际扭转角 θ_{III} 为　$\theta_{\text{III}} = \theta_3 + \Delta\theta_3$。

将 θ_3、$\Delta\theta_3$ 值代入，则有

$$\theta_{\text{III}} = \frac{T_3}{K_3} + \frac{T_3}{K'} = \left(\frac{Z_2}{Z_1}\frac{Z_4}{Z_3}\right)\left(\frac{1}{K_3} + \frac{1}{K'}\right)T_1 \tag{2-12}$$

将各轴的扭转角折算到轴 I 上，得轴 I 的总扭转角为

$$\theta = \theta_1 + \left(\frac{Z_2}{Z_1}\right)\theta_1 + \left(\frac{Z_2}{Z_1}\frac{Z_4}{Z_3}\right)\theta_{\text{III}} \tag{2-13}$$

将 θ_1、θ_2、θ_{III} 值代入式（2-13）有

$$\theta = \frac{T_1}{K_1} + \left(\frac{Z_2}{Z_1}\right)^2\frac{T_1}{K_2} + \left(\frac{Z_2}{Z_1}\frac{Z_4}{Z_3}\right)^2\left(\frac{1}{K_3} + \frac{1}{K'}\right)T_1 = \left[\frac{1}{K_1} + \left(\frac{Z_2}{Z_1}\right)^2\frac{1}{K_2} + \left(\frac{Z_2}{Z_1}\frac{Z_4}{Z_3}\right)^2\left(\frac{1}{K_3} + \frac{1}{K'}\right)\right]T_1 = \frac{T_1}{K_\Sigma}$$

$$\tag{2-14}$$

式中，K_Σ 为折算到轴 I 上的总扭转刚度系数，即

$$K_\Sigma = \frac{1}{\dfrac{1}{K_1} + \left(\dfrac{Z_2}{Z_1}\right)^2\dfrac{1}{K_2} + \left(\dfrac{Z_2}{Z_1}\dfrac{Z_4}{Z_3}\right)^2\left(\dfrac{1}{K_3} + \dfrac{1}{K'}\right)} \tag{2-15}$$

4. 建立系统的数学模型

根据以上的参数折算，建立系统动力平衡方程和推导数学模型。

设输入量为轴 I 的输入转角 X_i；输出量为工作台的线位移 X_o。根据传动原理，把 X_o 折算成轴 I 的输出角位移 Φ。在轴 I 上根据动力平衡原理有

$$J_\Sigma\frac{\mathrm{d}^2\Phi}{\mathrm{d}t^2} + C'\frac{\mathrm{d}\Phi}{\mathrm{d}t} + K_\Sigma\Phi = K_\Sigma X_i \tag{2-16}$$

又因为

$$\Phi = \left(\frac{2\pi}{L}\right)\left(\frac{Z_2}{Z_1}\frac{Z_4}{Z_3}\right)X_o \tag{2-17}$$

所以，动力平衡关系可以写成

$$J_\Sigma\frac{\mathrm{d}^2X_o}{\mathrm{d}t^2} + C'\frac{\mathrm{d}X_o}{\mathrm{d}t} + K_\Sigma X_o = \left(\frac{Z_1}{Z_2}\frac{Z_3}{Z_4}\right)\left(\frac{L}{2\pi}\right)K_\Sigma X_i \tag{2-18}$$

这就是机床进给系统的数学模型，它是一个二阶线性微分方程。其中 J_Σ、C'、K_Σ 均为常数。通过对式（2-18）进行拉普拉斯变换求得该系统的传递函数为

$$G(s) = \frac{X_o(s)}{X_i(s)} = \frac{\left(\dfrac{Z_1}{Z_2}\dfrac{Z_3}{Z_4}\right)\left(\dfrac{L}{2\pi}\right)K_\Sigma}{J_\Sigma s^2 + C's + K_\Sigma} = \left(\frac{Z_1}{Z_2}\frac{Z_3}{Z_4}\right)\left(\frac{L}{2\pi}\right)\frac{\omega_n^2}{s^2 + 2\xi\omega_n s + \omega_n^2} \tag{2-19}$$

式中，

$$\omega_n = \sqrt{K_\Sigma/J_\Sigma} \tag{2-20}$$

$$\xi = C'/\left(2\sqrt{J_\Sigma K_\Sigma}\right) \tag{2-21}$$

ω_n（系统的固有频率）和 ζ（系统的阻尼比）是二阶系统的两个特征参量，由惯量（质量）、摩擦阻力系数、弹性变形系数等结构参数决定。对于电气系统，ω_n 和 ζ 则由 R、C、L 物理量组成，它们具有相似的特性。

将 $S=j\omega$ 代入式（2-21）可求出 $A(\omega)$ 和 $\Phi(\omega)$，即该机械传动系统的幅频特性和相频特性。由 $A(\omega)$ 和 $\Phi(\omega)$ 可以分析出系统输入输出之间不同频率的输入（或干扰）信号对输出幅值和相位的影响，从而反映了系统在不同精度要求状态下的工作频率和对不同频率干扰信号的衰减能力。

2.2.2 力学性能参数对系统性能的影响

机电一体化的机械系统要求精度高、运动平稳、工作可靠，这不仅仅是静态设计（机械传动和结构）所能解决的问题，而是要通过对机械传动部分与伺服电动机的动态特性进行分析，调节相关力学性能参数，达到优化系统性能的目的。

通过以上的分析可知，机械传动系统的性能与系统本身的阻尼比 ζ、固有频率 ω_n 有关。ω_n、ζ 又与机械系统的结构参数密切相关。因此，机械系统的结构参数对伺服系统性能有很大影响。

1. 阻尼的影响

一般的机械系统均可简化为二阶系统，系统中阻尼的影响可以由二阶系统单位阶跃响应曲线来说明。由图 2-3 可知，阻尼比不同的系统，其时间响应特性也不同。

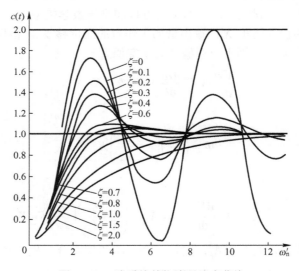

图 2-3 二阶系统单位阶跃响应曲线

1）当阻尼比 $\zeta=0$ 时，系统处于等幅持续振荡状态，因此系统不能无阻尼。

2）当 $\zeta \geqslant 1$ 时，系统为临界阻尼或过阻尼系统。此时，过渡过程无振荡，但响应时间较长。

3）当 $0<\zeta<1$ 时，系统为欠阻尼系统，此时，系统在过渡过程中处于减幅振荡状态，其幅值衰减的快慢取决于衰减系数 $\zeta\omega_n$。在 ω_n 确定以后，ζ 越小，其振荡越剧烈，过渡过程越长。相反，ζ 越大，则振荡越小，过渡过程越平稳，系统稳定性越好，但响应时间较长，系

统灵敏度降低。

因此，在系统设计时，应综合考虑其性能指标，一般取 0.5<ζ<0.8 的欠阻尼系统，既能保证振荡在一定的范围内，过渡过程较平稳，过渡过程时间较短，又具有较高的灵敏度。

2. 摩擦的影响

当两物体产生相对运动或有运动趋势时，其接触面要产生摩擦。摩擦力可分为黏性摩擦力、库仑摩擦力和静摩擦力三种，方向均与运动趋势方向相反。

当负载处于静止状态时，摩擦力为静摩擦力 F_s，其最大值发生在运动开始前的一瞬间；当运动一开始，静摩擦力即消失，此时摩擦力立即下降为动摩擦（库仑摩擦）力 F_c，库仑摩擦力是接触面对运动物体的阻力，大小为一常数；随着运动速度的增加，摩擦力呈线性增加，此时摩擦力为黏性摩擦力 F_v。由此可见，只有物体运动后的黏性摩擦力是线性的，而当物体静止时和刚开始运动时，其摩擦是非线性的。摩擦对伺服系统的影响主要有：引起动态滞后，降低系统的响应速度，导致系统误差和低速爬行。

在图 2-4 所示机械系统中，设系统的弹簧刚度为 K。如果系统开始处于静止状态，当输入轴以一定的角速度转动时，由于静摩擦转矩 T_s 的作用，在 $\theta_i \leqslant \left| \dfrac{T_s}{K} \right|$ 范围内，输出轴将不会运动，θ_i 值即为静摩擦引起的传动死区。在传动死区内，系统将在一段时间内对输入信号无响应，从而造成误差。

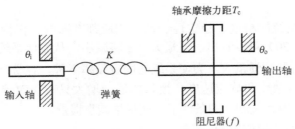

图 2-4　力传递与弹性变形示意图

当输入轴以恒速 Ω 继续运动，在 $\theta_i > \left| \dfrac{T_s}{K} \right|$ 后，输出轴也以恒速 Ω 运动，但始终滞后输入轴一个角度 θ_{ss}，若黏滞摩擦系数为 f，则有

$$\theta_{ss} = \frac{f\Omega}{K} + \frac{T_c}{K} \tag{2-22}$$

式中，$f\Omega / K$ 为黏滞摩擦引起的动态滞后；T_c / K 为库仑摩擦所引起的动态滞后；θ_{ss} 即为系统的稳态误差。

由以上分析可知，当静摩擦 T_s 大于库仑摩擦 T_c，且系统在低速运行时（忽略黏性摩擦引起的滞后），在驱动力引起弹性变形的作用下，系统总是在启动、停止的交替变化之中运动，该现象被称为低速爬行现象，低速爬行导致系统运行不稳定。爬行一般出现在某个临界转速以下，而在高速运行时并不出现。

设计机械系统时，应尽量减少静摩擦和降低动、静摩擦之差值，以提高系统的精度、稳定性和快速响应性。因此，机电一体化系统中，常常采用摩擦性能良好的滑动导轨、滚动导轨、滚珠丝杠、静/动压导轨、静/动压轴承、磁轴承等新型传动件和支承件，并进行良好的润滑。

此外，适当地增加系统的惯量 J 和黏性摩擦系数 f 也有利于改善低速爬行现象，但惯量增加将引起伺服系统响应性能的降低；增加黏性摩擦系数 f 也会增加系统的稳态误差，故设计时必须权衡利弊，妥善处理。

3. 弹性变形的影响

机械传动系统的结构弹性变形是引起系统不稳定和产生动态滞后的主要因素，稳定性是系统正常工作的首要条件。当伺服电动机带动机械负载按指令运动时，机械系统所有的元件都会因受力而产生程度不同的弹性变形。由式（2-20）、式（2-21）知，其固有频率与系统的阻尼、惯量、摩擦、弹性变形等结构因素有关。当机械系统的固有频率接近或落入伺服系统带宽之中时，系统将产生谐振而无法工作。因此为避免机械系统由于弹性变形而使整个伺服系统发生结构谐振，一般要求系统的固有频率 ω_n 要远远高于伺服系统的工作频率。通常采取提高系统刚度、增加阻尼、调整机械构件质量和自振频率等方法来提高系统抗振性，防止谐振的发生。

采用弹性模量高的材料，合理选择零件的截面形状和尺寸，对轴承、丝杠等支承件施加预加载荷等方法均可以提高零件的刚度。在多级齿轮传动中，增大末级减速比可以有效地提高末级输出轴的折算刚度。

另外，在不改变机械结构固有频率的情况下，通过增大阻尼也可以有效地抑制谐振。因此，许多机电一体化系统设有阻尼器以使振荡迅速衰减。

4. 惯量的影响

转动惯量对伺服系统的精度、稳定性、动态响应都有影响。惯量大，系统的机械常数大，响应慢。由式（2-20）可以看出，惯量大，ξ 将减小，从而使系统的振荡增强，稳定性下降；由式（2-21）可知，惯量大，会使系统的固有频率下降，容易产生谐振，因而限制了伺服带宽，影响了伺服精度和响应速度。惯量的适当增大只有在改善低速爬行时有利。因此，机械设计时在不影响系统刚度的条件下，应尽量减小惯量。

5. 传动间隙对系统性能的影响

机械系统中存在着许多间隙，如齿轮传动间隙、螺旋传动间隙等。这些间隙对伺服系统性能有很大影响，下面以齿轮间隙为例进行分析。

图 2-5 所示为一典型旋转工作台伺服系统框图。图中所用齿轮根据不同要求有不同的用途，有的用于传递信息（G_1、G_3），有的用于传递动力（G_2、G_4），有的在系统闭环之内（G_2、G_3），有的在系统闭环之外（G_1、G_4）。由于它们在系统中的位置不同，其齿隙的影响也不同。

图 2-5　典型转台伺服系统框图

1）闭环之外的齿轮 G_1、G_4 的齿隙，对系统稳定性无影响，但影响伺服精度。由于齿隙的存在，在传动装置逆运行时造成回程误差，使输出轴与输入轴之间呈非线性关系，输出滞后于输入，影响系统的精度。

2）闭环之内传递动力的齿轮 G_2 的齿隙，对系统静态精度无影响，这是因为控制系统有自动校正作用。又由于齿轮副的啮合间隙会造成传动死区，若闭环系统的稳定裕度较小，则会使系统产生自激振荡，因此闭环之内动力传递齿轮的齿隙对系统的稳定性有影响。

3）反馈回路上数据传递齿轮 G_3 的齿隙既影响稳定性，又影响精度。

因此，应尽量减小或消除间隙，目前在机电一体化系统中，广泛采取各种机械消隙机构来消除齿轮副、螺旋副等传动副的间隙。

2.3　传动机构

机械传动是一种把动力机构产生的运动和动力传递给执行机构的中间装置，是一种扭矩和转速的变换器，其目的是在动力机与负载之间使扭矩得到合理的匹配，并可通过机构变换实现对输出的速度调节。

2.3.1　机电一体化系统对机械传动的要求

机电一体化机械系统应具有良好的伺服性能（即精度高、快速响应性和稳定性高），从而要求传动机构满足以下几个方面：

1）转动惯量小。在不影响系统刚度的前提下，传动机构的质量和转动惯量应尽量减小。否则，转动惯量大会对系统造成不良影响，机械负载增大；系统响应速度降低，灵敏度下降；系统固有频率减小，容易产生谐振。所以在设计传动机构时应尽量减小转动惯量。

2）刚度大。刚度是弹性体产生单位变形量所需的作用力。大刚度对机械系统是有利的：①伺服系统动力损失随之减小；②机构固有频率高，超出机构的频带宽度使之不易产生共振；③增加闭环伺服系统的稳定性。所以在设计时应选用大刚度机构。

3）阻尼合适。机械系统产生共振时系统阻尼越大，其最大振幅就越小且损减也越快，但大阻尼也会使系统的稳态误差增大。所以在设计时应选用阻尼合适的机构。

此外还要求摩擦小（提高机构的灵敏度）、抗振性好（提高机构的稳定性）、间隙小（保证机构的传动精度），特别是其动态特征应与伺服电动机等其他环节的动态特征相匹配。

下面介绍几种常见的传动机构。

2.3.2　无侧隙齿轮传动机构

由于齿轮传动的瞬时传动比为常数、传动精确度高、可以做到零侧隙无回差、强度大能承受重载、结构紧凑、摩擦力小和效率高等原因，齿轮传动副被称为机电一体化机械系统中目前使用最多的传动机构。

机电一体化产品往往要求传动机构具有自动变向功能，这就要求齿轮传动机构必须采取措施消除尺侧间隙，以保证机构的双向传动精度。

1. 直齿圆柱齿轮传动机构

（1）偏心轴套调整法

如图 2-6 所示，将相互啮合的一对齿轮中的一个小齿轮 4 装在电动机输出轴上，并将电动机 2 安装在偏心套轴 1（或偏心轴）上，通过转动偏心套轴（偏心轴）的转角，就可调节两啮合齿轮的中心距，从而消除圆柱齿轮正、反转时的齿侧间隙。本方法特点是结构简单，但其侧隙不能自动补偿。

（2）轴向垫片调整法

如图 2-7 所示，齿轮 1 和 2 相啮合，其分度圆弧齿厚沿轴线方向略有锥度，这样就可以用轴向垫片 3 使齿轮 2 沿轴向移动，从而消除两齿轮的齿侧间隙。装配时轴向垫片 3 的厚度应使得齿轮 1 和 2 之间既齿侧间隙小，运转又灵活。特点同偏心轴套调整法。

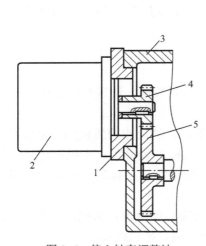

图 2-6　偏心轴套调整法

1—偏心轴套　2—电动机　3—箱体　4—小齿轮　5—大齿轮

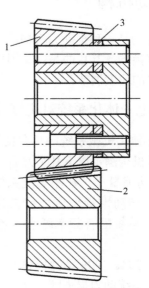

图 2-7　轴向垫片调整法

1、2—齿轮　3—轴向垫片

（3）双片薄齿轮错齿调整法

这种消除齿侧间隙的方法是将其中一个做成宽齿轮，另一个用两片薄齿轮组成。采取措施使一个薄齿轮的左齿侧和另一个薄齿轮的右齿侧分别紧贴在宽齿轮齿槽的左、右两侧，以消除齿侧间隙，反向时不会出现死区。

1）周向弹簧式：如图 2-8 所示，在两个薄片齿轮 3 和 4 上，各开了几条周向槽，并在齿轮 3 和 4 的断面上各压配有安装弹簧 2 的柱销 1，在弹簧 2 的作用下使薄片齿轮 4 和 3 错位而消除齿侧隙。弹簧 2 的张力足以克服传动扭矩才能起作用。在设计弹簧 2 时必须进行强度计算。由于周向圆槽及弹簧的尺寸不能太大，这种结构形式仅适用于读数装置或传动扭矩很小的机械装置。

2）可调拉簧式：如图 2-9 所示，在两个薄片齿轮 1 和 2 上装有螺纹的柱销 3。弹簧 4 的一端钩在柱销上，另一端钩在螺钉 7 上。弹簧 4 所受到的拉力大小可用螺母 5 来调节螺钉 7 的伸出长度。调整好后可用螺母 6 来锁紧。在简易数控机床进给传动中，步进电动机和长丝杠之间的齿轮传动常采用这种方式。

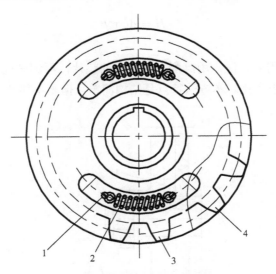

图 2-8 圆柱薄片齿轮周向弹簧错齿调整法

1—柱销 2—弹簧 3、4—薄片齿轮

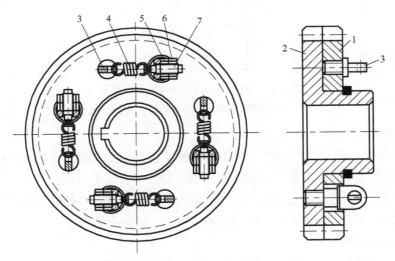

图 2-9 圆柱薄片齿轮可调拉簧错齿调整法

1、2—薄片齿轮 3—柱销 4—弹簧 5、6—螺母 7—螺钉

2. 斜齿轮传动机构

消除斜齿轮传动齿轮侧隙的方法与上述错齿调整法基本相同，也是用两个薄片齿轮与一个宽齿轮啮合，只是在两个薄片斜齿轮的中间隔开了一小段距离，这样它的螺旋线便错开了。

（1）垫片调整法

如图 2-10 所示，在两个薄片齿轮 1 和 2 的中间，加一个垫片 4，这样一来，薄片齿轮 1 和 2 的螺旋线就错位，而分别与宽齿轮 3 齿的左右侧面贴紧。垫片 4 的厚度 H 与齿侧隙 Δ 的关系可表示为

$$H = \Delta \cot \beta \qquad (2\text{-}23)$$

式中，β 为螺旋角（°）。

在实践中，通常采用测试法，用磨削厚度不同的垫片，再测试齿侧隙是否已消除及转动是否灵活，直到满足要求为止。本方法特点是结构简单，但是不能够实现自动补偿。

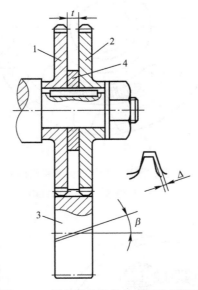

图 2-10　斜齿薄片齿轮垫片错齿调整法

1、2—斜齿薄片齿轮　3—斜齿宽齿轮　4—垫片

（2）轴向拉簧调整法

如图 2-11 所示，两个薄片齿轮 1 和 2 用滑键 4 套在轴上，弹簧 5 的轴向拉力可用螺母 6 来调节，而使两薄片齿轮 1 和 2 的齿侧面分别贴紧在宽齿轮 3 齿槽的左右两侧面。弹簧力的大小必须调整恰当，过紧会使齿轮磨损过快而影响使用寿命，过松则不起消除间隙作用。本方法特点是齿侧隙可以自动补偿，但轴线尺寸较大，结构不紧凑。

3．锥齿轮传动机构

（1）轴向压簧调整法

轴向压簧调整法原理如图 2-12 所示，在锥齿轮 4 的传动轴 7 上装有压簧 5，其轴向力大小由螺母 6 调节。锥齿轮 4 在压簧 5 的作用下可轴向移动，从而消除了其与啮合的锥齿轮 1 之间的齿侧间隙。

（2）周向弹簧调整法

如图 2-13 所示，将与小锥齿轮 3 啮合的齿轮做成大小两片（1、2），在大片锥齿轮 1 上制有三个周向圆弧槽 8，小片锥齿轮 2 的端面制有三个可伸入槽 8 的凸爪 7。弹簧 5 装在圆弧槽 8 中，一端顶在凸爪 7 上，另一端顶在镶在槽 8 中的镶块 4 上。止动螺钉 6 装配时用，安装完毕将其卸下，则大小片锥齿轮 1、2 在弹簧力作用下错齿，从而达到消除间隙的目的。

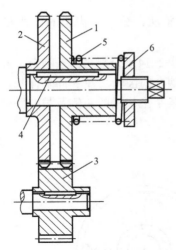

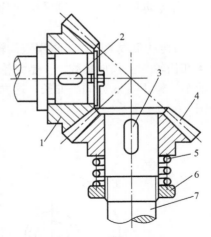

图 2-11　斜齿薄片齿轮轴向拉簧调整法　　　　图 2-12　锥齿轮轴向压簧调整法

1、2—薄片齿轮　3—宽齿轮　4—滑键　5—弹簧　6—螺母　　1、4—锥齿轮　2、3—键　5—压簧　6—螺母　7—传动轴

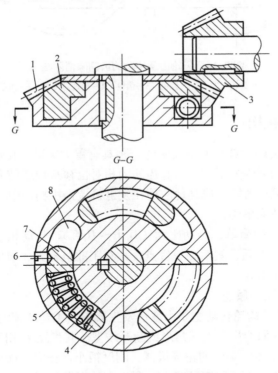

图 2-13　锥齿轮周向弹簧调整法

1—大片锥齿轮　2—小片锥齿轮　3—小锥齿轮　4—镶块　5—弹簧　6—螺钉　7—凸爪　8—圆弧槽

4．齿轮齿条传动机构

大型数控机床（大型的龙门铣床）工作台的行程很长。由于丝杠太长容易下垂，变形影响传动精度及工作性能，所以对于行程很长的数控机床，常采用齿轮齿条传动来实现它的进给运动。但是齿轮齿条传动和其他齿轮传动一样都存在齿侧隙，也需消除间隙的措施。

1）当传动负载小时，可采用双片薄齿轮错齿调整法，分别与齿条的齿槽左、右两侧贴紧。

2）当传动负载大时，可采用双齿轮 1 与 6（见图 2-14）分别与齿条啮合，并用预紧力装置 4 在齿轮 3 上预加负载，于是齿轮 3 使其左右相啮合的齿轮 2 及 5 向外伸长，则同轴上安装的小齿轮 1 及 6 亦向外伸长，这样就能分别与齿条 7 上齿槽的左侧及与右侧分别贴紧而无间隙。

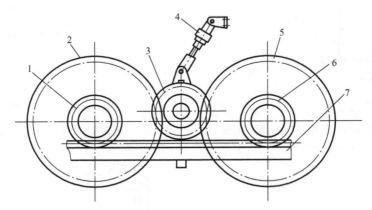

图 2-14　齿轮齿条传动的齿侧隙消除法
1、6—小齿轮　2、5—大齿轮　3—齿条　4—预紧力装置　7—齿条

2.3.3　谐波齿轮传动机构

谐波齿轮传动是由美国学者麦塞尔发明的一种具有重大突破的传动技术，其原理是依靠柔性齿轮所产生的可控制弹性变形波，引起齿间的相对位移来传递动力和运动的。国内 1978 年研究成功了谐波传动减速器，并成功地应用在发射机调谐机构件中。1980 年该项成果荣获了原电子工业部优秀科技成果奖。

谐波齿轮传动具有结构简单、传动比大（几十～几百）、传动精度高、回程误差小、噪声低、传动平稳、承载能力强、效率高等优点，故在工业机器人、航空、火箭等机电一体化系统中日益得到广泛的应用。

1. 谐波齿轮传动的工作原理

如图 2-15 所示，谐波齿轮传动主要由波形发生器 H、柔轮 1 和刚轮 2 组成。柔轮具有外齿，刚轮具有内齿，它们的齿形为三角形或渐开线型。其齿距 P 相等，但齿数不同。刚轮的齿数 Z_g 比柔轮齿数 Z_r 多。柔轮的轮缘极薄，刚度很小，在未装配前，柔轮是圆形的。由于波形发生器的直径比柔轮内圆的直径略大，所以当波形发生器装入柔轮的内圆时，就迫使柔轮变形，呈椭圆形。在椭圆长轴的两端（图中 A 点、B 点），刚轮与柔轮的轮齿完全啮合；而在椭圆短轴的两端（图中 C 点、D 点），两轮的轮齿完全分离；长短轴之间的齿则处于半啮合状态，即一部分正在啮入，一部分正在啮出。

图 2-15 所示的波形发生器有两个触头，称为双波发生器。其刚轮与柔轮的齿数相差为 2，周长相差 2 个齿距的弧长。当波形发生器转动时，迫使柔轮的长短轴的方向随之发生变化，柔轮与刚轮上的齿依次进入啮合。柔轮和刚轮在节圆处的啮合过程，如同两个纯滚动的

圆环一样，它们在任一瞬间转过的弧长都必须相等。

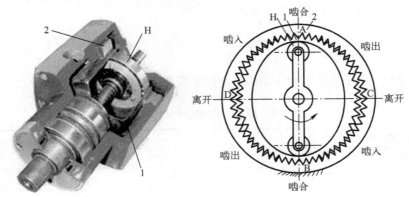

图 2-15　谐波齿轮传动
1—柔轮　2—刚轮　H—波形发生器

2．谐波齿轮传动的特点

与一般齿轮传动相比，谐波齿轮传动具有如下优点：

1）传动比大。单级谐波齿轮的传动比为 70～500，多级和复式传动的传动比更大，可达 30000 以上，故其不仅用于减速，还可用于增速。

2）承载能力大。谐波齿轮传动同时啮合的齿数多，可达柔轮或刚轮齿数的 30%～40%，因此能承受大的载荷。

3）传动精度高。啮合齿数较多，因而误差得到均化。同时，通过调整，齿侧间隙较小，回差较小，因而传动精度高。

4）可以向密封空间传递运动或动力。当柔轮被固定后，它既可以作为密封传动装置的壳体，又可以产生弹性变形，即完成错齿运动，从而达到传递运动或动力的目的。因此，它可以用来驱动在高真空、有原子辐射或其他有害介质的空间工作的传动机构。这一特点是现有其他传动机构所无法比拟的。

5）传动平稳，基本上无冲击振动。这是由于齿的啮入与啮出按正弦规律变化，无突变载荷和冲击，磨损小，无噪声。

6）传动效率较高。单级传动的效率一般在 69%～96% 的范围内，寿命长。

7）结构简单、体积小、质量小。

谐波齿轮传动的缺点如下：

1）柔轮承受较大的交变载荷，对柔轮材料的抗疲劳强度、加工和热处理要求较高，工艺复杂。

2）传动比下限值较高。

3）不能做成交叉轴和相交轴的结构。

谐波齿轮传动目前已有不少厂家专门生产，并形成系列化，用于如机器人、无线电天线伸缩器、手摇式谐波传动增速发电机、雷达、射电望远镜、卫星通信地面站天线的方位和俯仰传动机构、电子仪器、仪表、精密分度机构、小侧隙和零侧隙传动机构等。

3．谐波齿轮的传动比计算

谐波齿轮传动中，刚轮、柔轮和波形发生器这三个基本构件，其中任何一个都可作为主动件，其余两个，一个作为从动件，另一个为固定件。设波形发生器相当于行星轮系的转臂 H，柔轮相当于行星轮 r，刚轮相当于中心轮 g，则

$$i_{rg}^{H} = \frac{\omega_r - \omega_H}{\omega_g - \omega_H} = \frac{Z_g}{Z_r} \qquad (2\text{-}24)$$

按式（2-24），单级谐波齿轮传动的传动比可按表 2-1 计算。

表 2-1　单级谐波齿轮传动的传动比

三个基本构件			传动比计算	功能	输入与输出运动的方向关系
固定	输入	输出			
刚轮 2	波形发生器 H	柔轮 1	$i_{H1}^2 = -Z_r / (Z_g - Z_r)$	减速	异向
刚轮 2	柔轮 1	波形发生器 H	$i_{1H}^2 = -(Z_g - Z_r) / Z_r$	增速	异向
柔轮 1	波形发生器 H	刚轮 2	$i_{H2}^1 = Z_g / (Z_g - Z_r)$	减速	同向
柔轮 1	刚轮 2	波形发生器 H	$i_{2H}^1 = (Z_g - Z_r) / Z_g$	增速	同向

图 2-16a 所示为波形发生器输入、刚轮固定、柔轮输出工作图，图 2-16b 所示为波形发生器输入、柔轮固定、刚轮输出工作图。

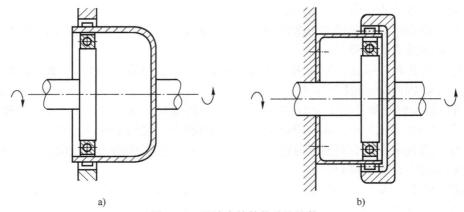

a)　　　　　　　　　　　　　　　　　b)

图 2-16　谐波齿轮的传动比计算

a) 波形发生器输入、刚轮固定、柔轮输出　b) 波形发生器输入、柔轮固定、刚轮输出

2.3.4　滚珠花键传动机构

滚珠花键传动装置由花键轴、花键套、循环装置及滚珠等组成，如图 2-17 所示。在花键轴 8 的外圆上，配置有等分的三条凸缘。凸缘的两侧就是花键轴的滚道。同样，花键套上也有相对应的六条滚道。滚珠就位于花键轴和花键套的滚道之间。于是滚动花键副内就形成了六列负荷滚珠，每三列传递一个方向的力矩。当花键轴 8 与花键套 4 做相对转动或相对直线运动时，滚珠就在滚道和保持架 1 内的通道中循环运动。因此，花键套与花键轴之间，既可做灵敏、轻便的相对直线运动，也可以轴带套或以套带轴做回转运动。所以滚动花键副既是一种传动装置，又是一种新颖的直线运动支承。

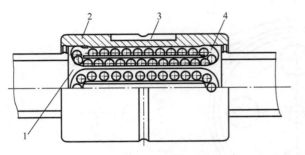
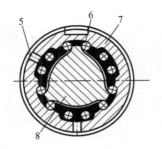

图 2-17　滚珠花键传动

1—保持架　2—橡皮密封圈　3—键槽　4—花键套　5—油孔　6—负荷滚珠列　7—退出滚珠列　8—花键轴

花键套开有键槽以备连接其他传动件。保持架使滚珠互不摩擦，且拆卸时不会脱落。橡皮密封垫用于防尘，以提高使用寿命。通过油孔润滑以减少摩擦。

如图 2-18 所示，滚珠中心圆为 d_0。滚珠与花键套和花键轴滚道的接触角为 $\alpha = 45°$。因此既能承受径向载荷，又能传递力矩。滚道的曲率半径 $r = (0.52 \sim 0.54) D_b$（D_b 为滚珠直径），所以承载能力较大。通过选配滚珠的直径，使滚珠花键副内产生过盈（即预加载荷），可以提高接触刚度、运动精度和抗冲击的能力。滚珠花键传动主要用于高速场合，运动速度可达 60m/min。

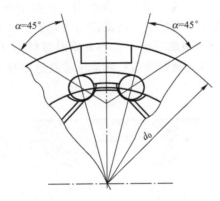

图 2-18　滚珠花键

滚珠花键传动目前广泛地用于镗床、钻床、组合机床等机床的主轴部件；各类测量仪器、自动绘图仪中的精密导向机构；压力机、自动搬运机等机械的导向轴；各类变速装置及刀架的精密分度轴以及各类工业机器人的执行机构等。滚珠花键副 1979 年荣获日本发明振兴协会的"发明大奖"。

2.3.5　同步齿形带传动机构

同步齿形带是一种新型的带传动，如图 2-19 所示。它是利用同步带的齿形与带轮的轮齿依次相啮合传递运动或动力。同步齿形带传动在数控机床、办公自动化设备等机电一体化产品上得到了广泛应用。同步齿形带传动具有如下特点：

1）传动过程中无相对滑动，因而可以保持恒定的传动比，传动精度较高。

2）工作平稳，结构紧凑，无噪声，有良好的减振性能，无须润滑。

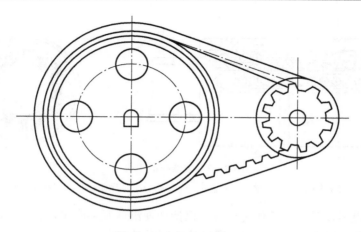

图 2-19　同步齿形带传动

3）无须特别张紧，故作用在轴和轴承上的载荷较小，传动效率较高，高于 V 带 10%。

4）制造工艺较复杂，传递功率较小，寿命较低。

1. 同步齿形带的结构

根据齿形的不同，同步齿形带可以分成两种：一种是梯形齿同步带；另一种是圆弧齿同步带。图 2-20 所示是这两种同步齿形带的纵向截面，主要由强力层、带齿和带背组成，此外在齿面上覆盖了一层尼龙帆布，用以减小传动齿与带轮的啮合摩擦。

强力层的常用材料有钢丝、玻璃纤维、芳香族聚酰胺纤维（简称芳纶），带背、带齿一般采用相同材料制成，常用材料是聚氨酯橡胶和氯丁橡胶这两种材料。

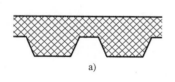
a)

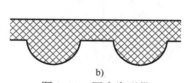
b)

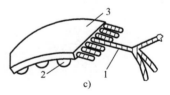
c)

图 2-20　同步齿形带

a) 梯形齿　b) 圆弧齿　c) 齿形带的结构

1—强力层　2—带齿　3—带背

梯形齿同步带在传递功率时，由于应力集中在齿根部位，使功率传递能力下降。同时由于梯形齿同步带与带轮是圆弧形接触，当小带轮直径较小时，将使梯形齿同步带的齿形变形，影响与带轮齿的啮合，不仅受力情况不好，而且在速度很高时，会产生较大的噪声和振动，这对于速度较高的主传动来说是很不利的。因此，梯形齿同步带在数控机床特别是加工中心的主传动中很少使用，一般仅在转速不高的运动传动或小功率传动的动力传动中使用。

而圆弧齿同步带克服了梯形齿同步带的缺点，均化了应力，改善了啮合。因此，在加工中心上，无论是主传动还是伺服进给传动，当需要用带传动时，总是优先考虑采用圆弧齿同步带。

2. 同步齿形带的主要参数与规格

同步齿形带的主要参数是带齿的节距 t，如图 2-21 所示。

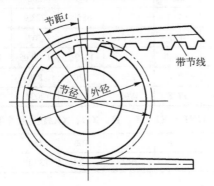

图 2-21　同步齿形带主要参数

（1）节距 t

节距是指相邻两齿在节线上的距离。由于强力层在工作时长度不变，所以强力层的中心线被规定为齿形带的节线（中性层），并以节线的周长 L_p 作为齿形带的公称长度。

（2）模数 m

同步齿形带的基本特征尺寸是模数，它是节距 t 与 π 之比，即 $m=t/\pi$，是同步齿形带尺寸计算的一个主要依据，一般取值范围为 1～10mm。

（3）齿形带的其他参数和尺寸

除了模数外，齿形带设计计算需要的其他参数还有齿数、宽度、齿距等。同步齿形带的图样标注方法为：模数×宽度×齿数（$m×b×z$）。

（4）应用同步齿形带的注意事项

1）为了减小带轮的转动惯量，带轮常用密度小的材料制成。带轮所允许的最小直径，根据有效齿数及平面包角，由齿形带厂确定。

2）在驱动轴上的带轮应直接安装在电动机上，尽量避免在驱动轴上采用离合器而引起的附加转动惯量过大。

3）为了对齿形带长度的制造公差进行补偿并防止间隙，同步齿形带必须预加载。

4）对于较长的自由齿形带（一般是长度大于宽度的 9 倍），常使用张紧轮衰减齿形带的振动。张紧轮可以是安装在齿形带内部的牙轮，但是更好的方式是在齿形带外部采用圆筒形滚轮，这种方式是齿形带的包角增大，有利于传动。为了减小运动噪声，应使用背面抛光的齿形带。

国家标准 GB/T 11616—2013 对同步带型号、尺寸做了规定。同步带有单面齿（仅一面有齿）和双面齿（两面都有齿）两种形式。双面齿又按齿排列的不同分为 DⅠ型（对称齿形）和 DⅡ型（交错齿形），两种形式的同步带均按节距不同分为七种规格，见表 2-2，节线长度见表 2-3，带宽见表 2-4。

表 2-2　同步带的型号与节距　　　　　　　　　（单位：mm）

型号	MXL	XXL	XL	L	H	XH	XXH
节距 t	2.032	3.175	5.080	9.525	12.700	22.225	31.75

表2-3 XL、L、H、XH、XXH型带长度 （单位：mm）

长度代号	230	240	250	255	260	270	285	300	322	330	345
节线长度	584.2	609.6	635	647.7	660.4	685.8	723.9	762	819.15	838.2	876.3
长度代号	360	367	390	420	450	480	507	510	540	560	570
节线长度	914.4	933.45	990.6	1066.8	1143	1219.2	1289.05	1295.4	1371.6	1422.4	1447.8
长度代号	600	630	660	700	750	770	800	840	850	900	980
节线长度	1524	1600.2	1676.4	1778	1905	1955.8	2032	2133.6	2159	2286	2489.2

表2-4 MXL、XL、L、H、XH、XXH型带宽度 （单位：mm）

代号	025	031	037	050	075	100	150	200	300	400	500
带宽	6.4	7.9	9.5	12.7	19.1	25.4	38.1	50.8	76.2	101.6	127

3．同步齿形带的标记

标记包括长度代号、型号和宽度代号。双面齿带还在标记中表示形式代号。例如：

1）单面齿同步带标记，例：420 L 050

其中，420：长度代号（节线长度1066.8mm）；L：型号（节距9.525mm）；050：宽度代号（带宽12.7mm）。

2）双面齿同步带标记，例：800 DⅠ H 300

其中，800：长度代号（节线长度2032mm）；DⅠ：双面对称齿；H：型号（节距12.7mm）；300：宽度代号（带宽76.2mm）。

4．同步带轮

（1）带轮的结构、材料

带轮结构如图2-22所示。为防止工作带脱落，一般在小带轮两侧装有挡圈。带轮材料一般采用铸铁或钢。高速、小功率时可采用塑料或轻合金。

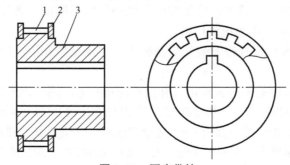

图2-22 同步带轮

1—齿圈 2—挡圈 3—轮毂

（2）带轮的参数及尺寸规格

1）齿形。与梯形齿同步带相匹配的带轮，其齿形有直线形和渐开线形两种。直线齿形在啮合过程中，与带齿工作侧面有较大的接触面积，齿侧载荷分布较均匀，从而提高了带的承载能力和使用寿命。渐开线齿形，其齿槽形状随带轮齿数而变化。齿数多时，齿廓近似于直线。这种齿形的优点是有利于带齿的啮入，缺点是齿形角变化较大，在齿数少时，易影响带齿的正常啮合。

2）齿数 Z。在传动比一定的情况下，带轮齿数越少，传动结构越紧凑，但齿数过少，使工作时同时啮合的齿数减少，易造成带齿承载过大而被剪断。此外，还会因带轮直径减小，使与之啮合的带产生弯曲疲劳破坏。

3）带轮的标记。GB/T 11361—2018 同步带轮标准与 GB/T 11616—2013 同步带标准相配套，对带轮的尺寸及规格等做了规定。与同步带一样有 MXL、XXL、XL、L、H、XH、XXH 七种。

带轮的标记由带轮齿数、带的型号和轮宽代号表示。

例：30　L 075

其中，30：带轮齿数 30；L：带型号（节距 9.525mm）；075：带宽（19.1mm）。

2.3.6　滚珠丝杠螺母副传动机构

螺旋传动中最常见的是滑动螺旋传动。但是，由于滑动螺旋传动的接触面间存在着较大的滑动摩擦阻力，故其传动效率低、磨损快、精度不高、使用寿命短，已不能适应机电一体化设备与产品在高速度、高效率、高精度等方面的要求。滚珠丝杠螺母副则是为了适应机电一体化机械传动系统的要求而发展起来的一种新型传动机构。

1. 滚珠丝杠螺母副的工作原理

螺旋槽的丝杠螺母间装有滚珠作为中间元件的传动机构称为滚珠丝杠螺母副，如图 2-23 所示。当丝杠或者螺母转动时，滚珠沿螺旋槽滚动，滚珠在丝杠上滚过数圈后，通过回程引导装置，逐个地滚回到丝杠和螺母之间，构成了一个闭合的循环回路。这种机构把丝杠和螺母之间的滑动摩擦变成滚动摩擦。

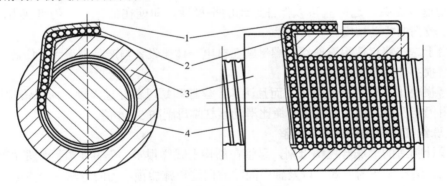

图 2-23　滚珠丝杠螺母副

1—插管式回珠器　2—滚珠　3—螺母　4—丝杠

2. 滚珠丝杠螺母副的特点

滚珠丝杠螺母副与滑动丝杠螺母副相比，具有其明显的特点。

（1）传动效率高、摩擦损失小

丝杠螺母副的传动效率 η 为

$$\eta = \frac{\tan \lambda}{\tan(\lambda + \psi)} \tag{2-25}$$

式中，λ 为中径处的螺旋线升角；ψ 为当量摩擦角（对于滚珠丝杠为 8'～12'）。

滚动摩擦阻力很小，实验测得的摩擦系数一般为 0.0025～0.0035，因而传动效率很高，可达

0.92~0.96（滑动丝杠为 0.2~0.4），相当于普通滑动丝杠螺母副的 3~4 倍。这样滚珠丝杠螺母副相对于滑动丝杠螺母副来说，仅用较小的扭矩就能获得较大的轴向推力，功率损耗只有滑动丝杠螺母副的 1/4~1/3，这对于机械传动系统小型化、快速响应能力及节省能源等方面，都具有重要意义。

（2）传动的可逆性、不可自锁性

一般的螺旋传动是指其正传动，即把回转运动转变成直线运动。而滚珠丝杠螺母副不仅能实现正传动，还能实现逆传动——将直线运动变为旋转运动。这种运动上的可逆性是滚珠丝杠螺母副所独有的，而且逆传动效率同样高达 90% 以上。滚珠丝杠螺母副传动的特点，可使其开拓新的机械传动系统，但另一方面其应用范围也受到限制，在一些不允许产生逆运动的地方，如横梁的升降系统等，必须增设制动或自锁机构才可使用。

（3）传动精度高

传动精度主要是指进给精度和轴向定位精度。滚珠丝杠螺母副属于精密机械传动机构，丝杠与螺母经过淬硬和精磨后，本身就具有较高的定位精度和进给精度。高精度滚珠丝杠螺母副，任意 300mm 的导程累积误差为 4μm/300mm。

滚珠丝杠螺母副采用专门的设计，可以调整到完全消除轴向间隙，而且还可以施加适当的预紧力，在不增加驱动力矩和基本不降低传动效率的前提下，提高轴向刚度，进一步提高正向、反向传动精度。

滚珠丝杠螺母副的摩擦损失小，因而工作时本身温度变化很小，丝杠尺寸稳定，有利于提高传动精度。

由于滚动摩擦的启动摩擦阻力很小，所以滚珠丝杠螺母副的动作灵敏，且滚动摩擦阻力几乎与运动速度无关，这样就可以保证运动的平稳性，即使在低速下，仍可获得均匀的运动，保证了较高的传动精度。

正是由于这些特点使得滚珠丝杠螺母副在机电一体化设备与产品中得到了广泛的应用。

（4）磨损小、使用寿命长

滚动磨损要比滑动磨损小得多，而且滚珠、丝杠和螺母都经过淬硬，所以滚珠丝杠螺母副长期使用仍能保持其精度，工作寿命比滑动丝杠螺母副高 5~6 倍。

3．滚珠丝杠螺母副的结构与调整

各种设计制造的滚珠丝杠螺母副，尽管在结构上式样很多，但其主要区别是在螺纹滚道截面的形状、滚珠循环的方式，以及轴向间隙的调整和施加预紧力的方法三个方面。

（1）滚珠丝杠螺母副螺纹滚道的截面形状

螺纹滚道的截面形状和尺寸是滚珠丝杠最基本的结构特征。图 2-24 所示为滚珠丝杠螺母副螺纹滚道的法向截面形状，其中滚珠与滚道型面接触点法线与丝杠轴线的垂线间的夹角称为接触角 β。滚道型面是指通过滚珠中心作螺旋线的法截平面与丝杠、螺母螺纹滚道面的交线所在平面。常用的滚道型面有单圆弧和双圆弧两种。

1）单圆弧滚道型面。单圆弧滚道型面如图 2-24a 所示，其形状简单，磨削螺纹滚道的砂轮成形比较简便，易于获得较高的加工精度。但其接触角 β 随着轴向负载的大小不同而变化，因而使得传动效率、承载能力及轴向刚度等变得不稳定。

2）双圆弧滚道型面。图 2-24b 所示为双圆弧滚道型面，它是由两个不同圆心的圆弧组成的。由于接触角 β 在工作过程中能基本保持不变，因而传动效率、承载能力和轴向刚度较稳定。一般均取 $\beta=45°$。另一方面，由于采用了双圆弧，螺旋槽底部不与滚珠接触，形成小小的空隙，可容纳润滑油，使磨损减小，对滚珠的流畅运动大有好处。因此，双圆弧滚道型面是目前普遍采用的滚道形状。

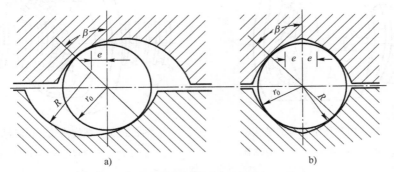

图 2-24　滚珠丝杠螺母副螺纹滚道的法向截面形状

螺纹滚道的曲率半径（即滚道半径）R 与滚珠半径 r_0 比值的大小，对滚珠丝杠副承载能力有很大影响，一般取 $R/r_0=1.04\sim1.11$。比值过大摩擦损失增加；比值过小承载能力降低。

（2）滚珠循环的方式

滚珠的循环方式及其相应的结构对滚珠丝杠的加工工艺性、工作可靠性和使用寿命都有很大的影响。目前使用的有外循环和内循环两种。

1）内循环。滚珠在循环过程中和丝杠始终不脱离接触的循环方式称为内循环。图 2-25 所示是内循环滚珠丝杠副螺母的结构。螺母外侧开有一定形状的孔，并装上一个接通相邻滚道的反向器，通过反向器迫使滚珠翻越过丝杠的齿顶返回相邻的滚道，构成了一圈一个循环的滚珠链。通常在一个螺母上装有多个反向器，并沿螺母的圆周等分分布，对应于双列、三列、四列或六列结构，反向器分别沿圆周方向互错 180°、120°、90° 或 60°。反向器的轴向间距视反向器的结构不同而变化，选择时应尽可能使螺母轴向尺寸紧凑。内循环滚珠丝杠副的径向外形尺寸小，便于安装；反向器刚性好，固定牢靠，不容易磨损；内循环是以一圈为循环，循环回路中的滚珠数目少，运行阻力小，启动容易，不易发生滚珠的堵塞，灵敏度较高。但内循环的螺母不能做成大螺距的多头螺纹传动副，否则滚珠将会发生干涉。另一个不足之处是反向器回珠槽为空间曲面呈 S 形，用普通设备加工困难，需要用三坐标的铣床加工，另外装配调整也不方便。

2）外循环。滚珠在循环过程中有一部分与丝杠脱离接触的循环方式称为外循环。外循环方式中的滚珠在循环反向时，离开丝杠螺纹滚道，在螺母体内或体外做循环运动。从结构上看，外循环有以下三种形式：

① 螺旋槽式，如图 2-26 所示。在螺母 2 的外围表面上铣出螺纹凹槽，槽的两端钻出两个与螺纹滚道相切的通孔，螺纹滚道内装入两个挡珠器 4 引导滚珠 3 通过这两个孔，应用套筒 1 盖住凹槽，构成滚珠的循环回路。这种结构的特点是工艺简单、径向尺寸小、易于制造，但是挡珠器刚性差、易磨损。

② 插管式，如图 2-27 所示。用一弯管 1 代替螺纹凹槽，弯管的两端插入与螺纹滚道 3 相切的两个内孔，用弯管的端部引导滚珠 4 进入弯管，构成滚珠的循环回路，再用压板 2 和螺钉将弯管固定。插管式结构简单、容易制造，但是径向尺寸较大，弯管端部用作挡珠器比

较容易磨损。

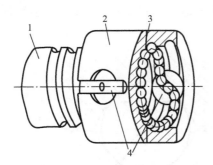 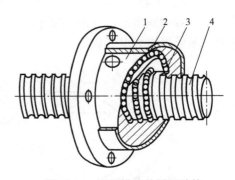

图 2-25　内循环中螺母的结构　　　　　　　图 2-26　螺旋槽式外循环结构

1—丝杠　2—螺母　3—滚珠　4—反向回珠器　　　1—套筒　2—螺母　3—滚珠　4—挡珠器

③ 端盖式，如图 2-28 所示。在螺母 1 上钻出纵向孔作为滚子回程滚道，螺母两端装有扇形盖板或套筒 2，滚珠的回程道口就在盖板上。滚道半径为滚珠直径的 1.4～1.6 倍。这种方式结构简单、工艺性好，但滚道吻接和弯曲处圆角不易做准确而影响其性能，故应用较少。

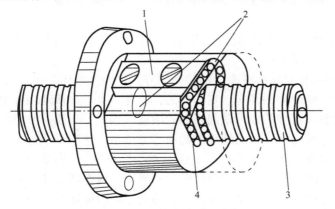 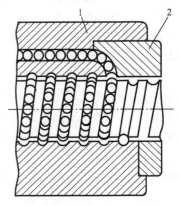

图 2-27　插管式外循环结构　　　　　　　图 2-28　端盖式外循环结构

1—弯管　2—压板　3—螺纹滚道　4—滚珠　　　　1—螺母　2—盖板或套筒

（3）滚珠丝杠副轴向间隙调整与预紧

滚珠丝杠副在承受负载时，其滚珠与滚道面接触点处将产生弹性变形。换向时，其轴向间隙会引起空回，这种空回是非连续的，既影响传动精度，又影响系统的动态性能。单螺母丝杠副的间隙消除相当困难。实际应用中，常采用以下几种调整预紧方法：

1）双螺母螺纹预紧调整式。如图 2-29 所示，其中，丝杠螺母 1 的外端有凸缘，而丝杠螺母 3 的外端无凸缘，仅制有螺纹，并通过两个圆螺母固定。调整时旋转圆螺母 2 消除轴向间隙并产生一定的预紧力，然后用锁紧螺母锁紧。预紧后两个螺母中的滚珠相向受力，如图 2-29 中的放大图所示，从而消除轴向间隙。其特点是结构简单、刚性好、预紧可靠，使用中调整方便，但不能精确定量地调整。

2）双螺母齿差预紧调整式。如图 2-30 所示，两个螺母 1、4 的两端分别制有圆柱齿轮，两者齿数相差一个齿，通过两端的两个内齿轮 2、3 与上述圆柱齿轮相啮合并用螺钉和定位销固定在套筒上。调整时先取下两端的内齿轮，当两个滚珠螺母相对于套筒同一方向转动同一个齿固定后，则一个滚珠螺母相对于另一个滚珠螺母产生相对角位移，使两个滚珠螺母产生相对移动，从而消除间隙并产生一定的预紧力。其特点是可实现定量调整，即可进行精密微调（如0.001mm），使用中调整较方便。

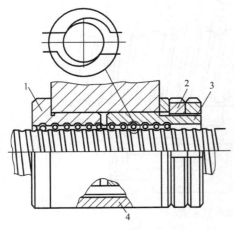

图 2-29　双螺母螺纹预紧调整式

1、3—丝杠螺母　2—圆螺母　4—滑键

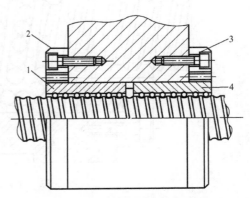

图 2-30　双螺母齿差预紧调整式

1、4—螺母　2、3—内齿轮

例如，设丝杠导程 L_0=10mm，齿轮齿数 Z_1=99、Z_2=100，如两齿轮各转过的齿数 n=1时，则两螺母间相对轴向位移量为

$$S = \left(\frac{1}{Z_1} - \frac{1}{Z_2}\right)nL_0 = \left(\frac{1}{99} - \frac{1}{100}\right)\times 1 \times 10\,\text{mm} \approx 1\,\mu\text{m}$$

3）双螺母垫片调整预紧式。如图 2-31 所示，调整垫片 2 的厚度，可使两螺母 1 产生相对位移，以达到消除间隙、产生预紧拉力之目的。其特点是结构简单、刚度好、预紧可靠，但使用中调整不方便。

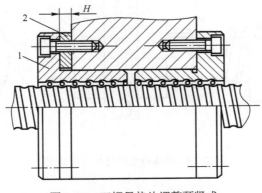

图 2-31　双螺母垫片调整预紧式

1—螺母　2—垫片

4）弹簧式自动调整预紧式。如图 2-32 所示，双螺母中一个活动另一个固定，用弹簧使其之间产生轴向位移并获得预紧力。其特点是能消除使用过程中由于磨损或弹性变形产生的间隙，但其结构复杂、轴向刚度低。

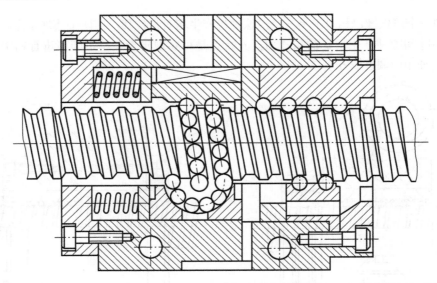

图 2-32　弹簧式自动调整预紧式

　　5）单螺母变位导程自预紧式。目前常用的单螺母消隙方法主要是单螺母变位螺距预加负荷和单螺母螺钉预紧两种。

　　① 单螺母变位螺距预加负荷。如图 2-33a 所示，在滚珠螺母体内的两列循环滚珠链之间，使内螺母滚道在轴向产生一个 ΔL_0 的导程突变量，从而使两列滚珠在轴向错位而实现预紧。这种调隙方法结构简单，但负荷量须预先设定而且不能改变。

　　② 单螺母螺钉预紧。如图 2-33b 所示，该螺母在专业厂完成精磨之后，沿径向开一个薄槽，通过内六角圆柱头螺钉实现间隙调整和预紧。该项技术不仅使得开槽后滚珠在螺母中具有良好的通过性，而且还具有结构简单、调整方便和性价比高的特点。

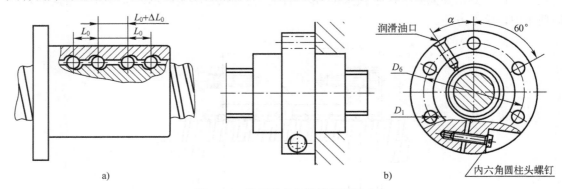

图 2-33　单螺母变位导程自预紧式

2.4　导向机构

　　机电一体化产品要求其机械系统的各运动机构必须得到安全的支撑，并能准确地完成其特定方向的运动，这个任务就由导向机构来完成。机电一体化产品的导向机构是导轨，其作用是支撑和导向。

2.4.1　导轨的分类和基本要求

1．导轨的分类

一副导轨主要由两部分组成，在工作时一部分保持固定不动，称为支撑导轨，另一部分相对支撑导轨做直线或回转运动，称为动导轨。根据导轨副（简称导轨）之间的摩擦情况，导轨分为以下几种：

（1）滑动导轨

两导轨工作面的摩擦性质为滑动摩擦，可分为普通导轨和液体静压导轨。滑动导轨结构简单，制造方便，刚度好，抗振性高，是机械产品中最广泛使用的导轨形式。为减小磨损，提高定位精度，改善摩擦特性，通常选用合适的导轨材料，采用适当的热处理和加工方法，如采用优质铸铁、合金耐磨铸铁或镶淬火钢导轨，采用导轨表面滚轧强化、表面淬硬、涂铬、涂钼等方法提高导轨的耐磨性。另外采用新型工程塑料可满足导轨低摩擦、耐磨、无爬行的要求。

（2）滚珠导轨

两导轨之间为滚动摩擦，导向面之间放置滚珠、滚柱或滚针等滚动体来实现两导轨无滑动的相对运动。这种导轨磨损小，寿命长，定位精度高，灵敏度高，运动平稳可靠，但结构复杂，几何精度要求高，抗振性较差，防护要求高，制造困难，成本高。它适用于工作部件要求移动均匀、动作灵敏以及定位精度高的场合，因此在高精度的机电一体化产品中应用广泛。

2．对导轨的基本要求

导轨主要起导向和支撑作用，在设计导轨时应考虑以下问题：

1）有一定的导向精度。导向精度是指机床的运动部件沿导轨移动时的直线性（对直线运动导轨）或真圆性（对圆运动导轨）及它与有关基面之间的相互位置的准确性。

2）有良好的精度保持性。精度保持性是指导轨能否长期保持原始精度，精度保持性与导轨的磨损、导轨的结构形式及支承件材料的稳定性有关。数控机床常采用滚动导轨、静压导轨或塑料导轨。

3）有足够的刚度。导轨的刚度主要决定于其类型、结构形式和尺寸大小，导轨与床身的连接方式，导轨材料和表面加工质量等。数控机床常采用加大导轨截面积的尺寸，或在主导轨外添加辅助导轨来提高刚度。

4）有良好的摩擦特性。导轨的摩擦系数要小，而且动、静摩擦系数应尽量接近，以减小摩擦阻力和导轨热变形，使运动轻便平稳，低速无爬行，这对数控机床特别重要。

5）导轨结构工艺性要好，便于制造、装配、检验、调整和维修，有合理的导轨防护和润滑措施等。

2.4.2　滑动导轨

1．普通滑动导轨

普通滑动导轨具有结构简单、制造方便、刚度好、抗振性强等优点，常用的导轨截面形状有三角形、矩形及燕尾形三种，如图 2-34 所示。

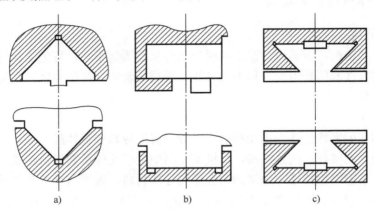

图 2-34　滑动导轨的截面形状

a) 三角形导轨　b) 矩形导轨　c) 燕尾形导轨

图 2-34a 为三角形导轨，它具有较高的导向性，而且该导轨面有磨损时会自动下沉补偿磨损量，精度保持性也较高，但是它的当量摩擦因数较大，因而承载能力不如矩形导轨。

图 2-34b 为矩形导轨，这种导轨当量摩擦因数小，刚度好，承载能力高，结构简单，工艺性好，便于加工和维修。该导轨的侧隙不能自动补偿，需设置间隙调整机构。

图 2-34c 为燕尾形导轨，它的结构紧凑自成闭式，可以承受颠覆力矩，也需设置侧隙调整机构，这种导轨刚度较差，适于受力不大、要求结构尺寸比较紧凑的地方。

2. 液体静压导轨

静压导轨的滑动面之间开有油腔，将有一定压力的油通过节流器输入油腔，形成压力油膜，浮起运动部件，使导轨工作表面处于纯液体摩擦，不产生磨损。

（1）特点

其优点如下：

1）精度保持性好。

2）摩擦系数极低（0.0005），驱动功率大大降低。

3）其运动不受速度和负载的限制，低速无爬行，承载能力强，刚度好。

4）油液有吸振作用，抗振性好，导轨摩擦发热也小。

其缺点是结构复杂，要有供油系统，油的清洁度要求高。

（2）工作原理

静压导轨主要用于精密机床的进给运动和低速运动。由于承载的要求不同，静压导轨分为开式和闭式两种。

1）开式静压导轨：其工作原理如图 2-35 所示。压力油经节流器进入导轨的各个油腔，使运动部件浮起，导轨面被油膜隔开，油腔中的油不断地通过封油边而流回油箱。当动导轨受到外载荷作用向下产生一个位移时，导轨间隙变小，增加了回油阻力，使油腔中的油压升高，以平衡外载荷。开式静压导轨只能承受垂直方向的负载，承受颠覆力矩的能力差。

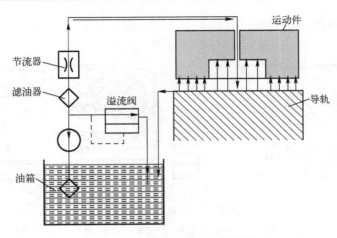

图 2-35　开式静压导轨工作原理

2）闭式静压导轨：在上、下导轨面上都开有油腔，可以承受双向外载荷，保证运动部件工作平稳。闭式静压导轨能承受较大的颠覆力矩，导轨刚度也较高，其工作原理如图 2-36 所示。

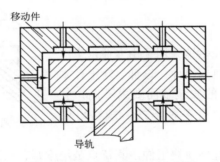

图 2-36　闭式静压导轨工作原理

2.4.3　滚动导轨

滚动导轨就是在导轨工作面间安装滚动件，变滑动摩擦为滚动摩擦。其优点是摩擦系数小、摩擦发热小、运动灵活、精度保持性好、低速运动平稳；缺点是滚动导轨结构复杂，制造成本高，抗振性差。

滚动导轨常用的滚动体有滚珠、滚柱和滚针，特点是滚珠导轨的承载能力小，刚度低，适用于运动部件质量不大、切削力和颠覆力矩都较小的机床。滚柱导轨的承载能力和刚度都比滚珠导轨大，适用于载荷较大的机床。滚针导轨的特点是滚针尺寸小，结构紧凑，适用于导轨尺寸受到限制的机床。

1. 滚动导轨的组成

滚动直线导轨副由导轨、滑块、钢球、反向器、保持架、密封端盖及挡板等组成，如图 2-37 所示。当导轨与滑块做相对运动时，钢球就沿着导轨上的经过淬硬和精密磨削加工而成的四条滚道滚动，在滑块端部钢球又通过反向装置（反向器）进入反向孔后再进入滚道，钢球就这样周而复始地进行滚动运动。反向器两端装有防尘密封端盖，可有效地防止灰尘、屑末进入滑块内部。

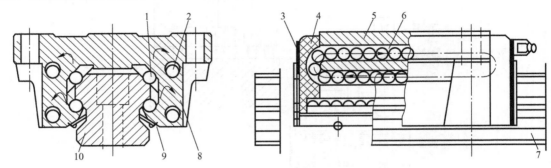

图 2-37　滚动直线导轨副

1—滚珠　2、6—回珠孔　3、9—密封垫　4—挡板　5、8—滑块　7、10—导轨条

直线导轨副包括导轨条和滑块两部分。导轨条通常为两根，装在支承件上，如图 2-38 所示。每根导轨条上有两个滑块，固定在移动件上。如移动件较长，也可在一根导轨条上装 3 个或 3 个以上的滑块。如移动件较宽，也可用 3 根或 3 根以上的导轨条。

2. 导轨块

近年来，数控机床越来越多地采用了由专业厂生产制造的滚动直线导轨块或导轨副组件。该种导轨组件本身制造精度很高，而对机床的安装基面要求不高，安装、调整都非常方便，现已有多种形式、规格可供使用。

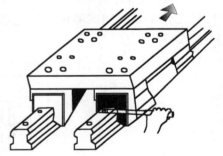

图 2-38　直线导轨副的配置

图 2-39 所示为一种滚柱导轨块组件，其特点是刚度好、承载能力大、导轨行程不受限制。当运动部件移动时，滚柱 4 在支承部件的导轨与支承块 2 之间滚动，同时绕支承块 2 循环滚动。每一导轨上使用导轨块的数量根据导轨的长度和负载的大小决定。滚柱在支承块 2 中不断运动并承受一定的载荷。滚柱具有中心导向，运动时可自动定心，以免侧移，有利于在载荷作用下运动灵活，且寿命长。

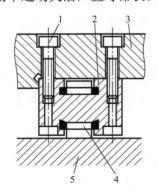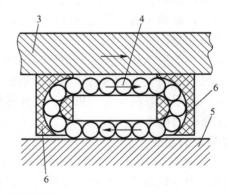

图 2-39　滚柱导轨块

1—螺钉　2—支承块　3—移动件　4—滚柱　5—支承导轨　6—挡板

2.4.4　导轨的润滑与防护

1．导轨的润滑

（1）润滑的目的、要求与方式

润滑的目的是降低摩擦力、减少磨损、降低温度和防止生锈。

润滑要求供给导轨清洁的润滑油，油量可以调节，尽量采取自动和强制润滑，润滑元件要可靠，要有安全装置。例如，静压导轨在未形成油膜之前不能开车和润滑不正常有报警信号等。

导轨的润滑方式有：人工定期向导轨面浇油、在运动部件上装油杯使油沿油孔流或滴向导轨面、在运动部件上装润滑电磁泵等。

（2）润滑油的选择

导轨常用的润滑剂有润滑油和润滑脂，滑动导轨用润滑油。滚动导轨支承多用润滑脂润滑。它的优点是不会泄漏，不需经常加油；缺点是尘屑进入后易磨损导轨，因此对防护要求较高。易被污染又难以防护的地方，可用润滑油润滑。

2．导轨的防护

防止或减少导轨副磨损的重要方法之一，就是对导轨进行防护。据统计，有可靠防护装置的导轨，比外露导轨的磨损量可减少 60％ 左右。常用的防护方式有以下几种。

（1）刮板式

图 2-40a 的耐热能力好，但只能排除较大的硬粒。

图 2-40b 除可去除细小的尘屑之外，还具有良好的吸油能力。

图 2-40c 的耐热能力好、防护能力强并有良好的润滑性，结构稍复杂，应用很多。

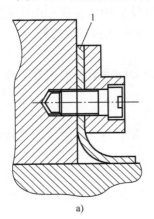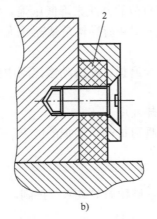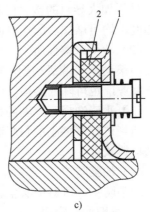

图 2-40　刮板式导轨防护装置

1—金属刮板　2—毛毡刮板

（2）伸缩式

图 2-41a 软式皮腔式防护装置，一般用皮革、帆布或人造革制成，结构简单，可用于高速导轨。缺点是不耐热。这种防护装置多用于磨床和精密机床，如导轨磨床等。但不能用于车床、铣床等有红热切屑的机床。

图 2-41b 层式的各层盖板均由钢板制成，耐热性好，强度高，刚性好，使用寿命长。该

防护装置多用于大型和精密机床，如龙门式机床、数控机床和坐标镗床等。

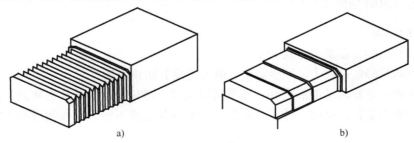

a)　　　　　　　　　　　　　　　　b)

图2-41　伸缩式导轨防护装置

2.4.5 提高导轨耐磨性的措施

从设计角度提高耐磨性的基本思路是，尽量争取无磨损；在无法避免磨损时尽量争取少磨损、均匀磨损以及磨损后能够补偿，以便提高使用期限。

1. 争取无磨损

磨损的原因是配合面在一定的压强作用下直接接触并做相对运动。因此不磨损的条件是配合面在做相对运动时不直接接触，接触时则无相对运动。其办法之一是使润滑剂把摩擦面完全分隔开，如静压导轨、静压轴承或其他的静压副。

2. 争取少磨损

争取无磨损只能在少数和特殊情况下才能做到。多数情况只能争取少磨损以延长工作期限。

（1）降低压强

采用加大导轨的接触面和减轻负荷的办法来降低压强。提高导轨面的直线度和细化表面粗糙度，均可增加实际接触面积。采用卸荷导轨是减轻导轨负荷、降低压强的好办法。

（2）改变摩擦性质

用滚动副代替滑动副，可以减少磨损。在滑动摩擦副中保证充分润滑避免出现干摩擦或半干摩擦，也可降低磨损。

（3）正确选择摩擦副的材料和热处理

适当选择摩擦副的材料和热处理可提高抗磨损的能力。例如，支承导轨淬硬，动导轨表面贴塑料软带。

（4）加强防护

加强防护，可避免灰尘、切屑、砂轮屑等进入摩擦副，是提高导轨耐磨性的有效措施。

3. 争取均匀磨损

磨损是否均匀对零部件的工作期限影响很大。例如床身导轨，如果磨损是均匀的，对机床加工精度一般影响不大，而且可以补偿。磨损不均匀的原因主要有两个：在摩擦面上压强分布不均；各个部分的使用机会不同。争取均匀磨损有如下措施：

1）力求使摩擦面上压强均匀分布，例如导轨的形状和尺寸要尽可能对集中载荷对称。

2）尽量减小扭转力矩和倾覆力矩；保证工作台、溜板等支承件有足够的刚度。

3）摩擦副中全长上使用机会不均的那一件硬度应高些，例如车床床身导轨的硬度应比床鞍导轨硬度高。

4. 磨损后应能补偿磨损量

磨损后间隙变大了,设计时应考虑在构造上能补偿这个间隙。补偿方法可以是自动的连续补偿,也可以是定期的人工补偿。自动连续补偿可以靠自重,例如三角形导轨。定期的人工补偿,如矩形和燕尾形导轨靠调整镶条,闭式导轨还要调整压板等。

2.5 执行机构

机械执行机构向执行末端件提供动力并带动它实现运动,即把传动机构传递过来的运动和动力进行必要的交换,以满足执行末端件的要求。

2.5.1 执行机构的基本要求

机电一体化产品的执行机构是实现其主功能的重要环节,应能快速完成预期的动作,并具有响应速度快、动态性能好、动静态精度高和动作灵敏度高的特点,另外为便于计算机集中控制,还应满足惯量小、动力大、体积小、重量轻、便于维修和安装、易于计算机控制等要求。

2.5.2 微动执行机构

微动执行机构是一种能在一定的范围内精确、微量地移动到给定的位置或实现特定的进给运动的机构。

1. 热变形式

热变形式执行机构属于微动机构,该类机构利用电热元件作为动力源,电热元件通电后产生的热变形实现微小位移,其工作原理如图 2-42 所示。

传动杆 1 的一端固定在机座上,另一端固定在沿导轨移动的运动件 3 上。电阻丝 2 通电加热时,传动杆 1 受热伸长,其伸长量 ΔL 为

$$\Delta L = \alpha L(t_1 - t_0) = \alpha L \Delta t$$

式中,α 为传动杆 1 材料的线性膨胀系数(mm/℃);L 为传动杆长度(mm);t_1 为加热后的温度(℃);t_0 为加热前的温度(℃);Δt 为加热前后的温度差(℃)。

热变形微动机构具有高刚度和无间隙的优点,并可通过控制加热电流来得到所需微量位移;但由于热惯性以及冷却速度难以精确控制等,这种微动系统只适用于行程较短、频率不高的场合。

2. 磁致伸缩式

磁致伸缩式机构利用某些材料在磁场作用下具有改变尺寸的磁致伸缩效应,来实现微量位移,其原理如图 2-43 所示。

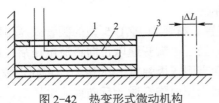

图 2-42　热变形式微动机构

1—传动杆　2—电阻丝　3—运动件

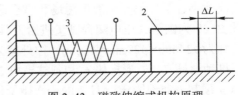

图 2-43　磁致伸缩式机构原理

1—伸缩棒　2—运动件　3—磁致线圈

磁致伸缩棒 1 左端固定在机座上，右端与运动件 2 相连；绕在伸缩棒外的磁致线圈 3 通电励磁后，在磁场作用下，棒 1 产生伸缩变形而使运动件 2 实现微量移动。通过改变线圈的通电电流来改变磁场强度，使棒 1 产生不同的伸缩变形，从而运动件可得到不同的位移量。在磁场作用下，伸缩棒的变形量 ΔL 为

$$\Delta L = \pm \lambda L$$

式中，λ 为材料磁致伸缩系数（μm/m）；L 为伸缩棒被磁化部分的长度（m）。

磁致伸缩式微动机构的特征为重复精度高，无间隙，刚度好，转动惯量小，工作稳定性好，结构简单、紧凑；但由于工程材料的磁致伸缩量有限，该类机构所提供的位移量很小，如 100mm 长的铁钴矾棒，磁致伸缩只能伸长 7μm，因而该类机构适用于精确位移调整、切削刀具的磨损补偿及自动调节系统，如图 2-44 所示。

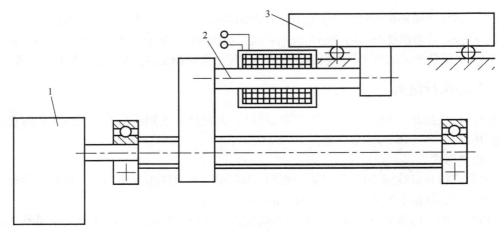

图 2-44　磁致伸缩式精密坐标工作台

1—传动箱　2—磁致伸缩式精密坐标工作台　3—工作台

3. 压电微动装置

用钛酸铅和锆酸铅组成的多晶固溶体——锆钛酸铅压电陶瓷（简称压电陶瓷，代号为 PZT）是一种新型的压电材料；它具有从机械能转变成电能或从电能转变为机械能的压电效应。经极化处理后的压电陶瓷在外力作用下，发生机械变形，在其表面上产生电荷，这种现象称为正压电效应；反之，在压电陶瓷上加直流电场，改变陶瓷体的极化强度，其形状尺寸也会发生变化，则称此为逆压电效应。

利用压电陶瓷的逆压电效应来实现微量位移，就不必采用传统的传动系统，因而避免了机械结构造成的误差；这种形式的微量位移具有位移分辨率高（可达千分之几微米）、结构简单而尺寸小、不发热无杂散电磁场和易于遥控等特点。

图 2-45 为圆管式压电陶瓷微量进给刀具补偿装置。材料为 PZT-5 型的圆管式压电陶瓷 8 的尺寸为 $\phi24\text{mm} \times \phi27\text{mm} \times 48\text{mm}$，内外壁为电极。当压电陶瓷通以正向直流电压后，向左伸张，推动滑柱 7、方形楔块 6 和圆柱楔块 2 的斜面克服压板弹簧 5 的压力，将固定镗刀 4 的刀套 3 顶起，实现固定镗刀 4 的一次微量位移。而当压电陶瓷通上反向直流电压后，向右收缩，方形楔块 6 的右端出现空隙，因而对压电陶瓷 8 通上正反向交替变化的直流脉冲电

压，就可以连续地实现镗刀的径向补偿，刀尖总位移量为 0.1mm。

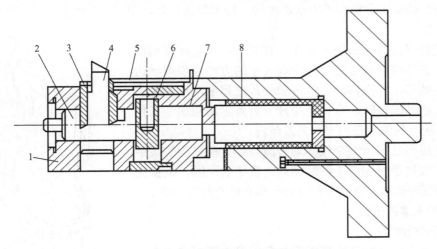

图 2-45 压电陶瓷微量进给刀具补偿装置

1—刀体 2—圆柱楔块 3—刀套 4—固定镗刀 5—压板弹簧 6—方形楔块 7—滑柱 8—压电陶瓷

4. 电气机械式微动装置

图 2-46 为切入式外圆磨床的一种进给方式。该机构由步进电动机 1 与 2、齿轮 3、丝杠螺母副、快速液压缸 5 和砂轮架 4 等元件组成。进给动作如下：由步进电动机 1 经齿轮、丝杠螺母副，带动砂轮架实现粗磨、半精磨、精磨等进给。通过步进电动机 2，经减速器及丝杠螺母实现补偿进给，最小微进量为 0.0005mm。

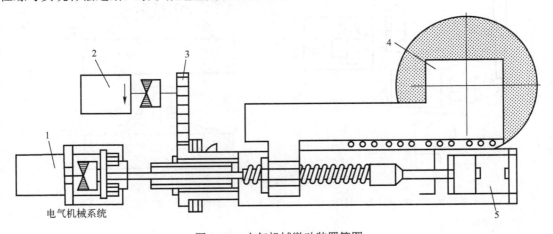

电气机械系统

图 2-46 电气机械微动装置简图

1、2—步进电动机 3—齿轮 4—砂轮架 5—快速液压缸

2.5.3 工业机械手末端执行器

工业机械手是一种自动控制、可重复编程、多自由度的操作机，是能搬运物料、工件或操作工具以及完成其他各种作业的机电一体化设备。工业机械手末端执行器装在操作机械手腕的前端，是直接执行操作功能的机构。

1．机械夹持器

机械夹持器是工业机械手中最常用的一种末端执行器，图 2-47 所示为教学型机器人中的机械夹持器。

机械夹持器应具备的基本功能：首先它应具有夹持和松开的功能。夹持器夹持工件时，应有一定的力约束和形状约束，以保证被夹工件在移动、停留和装入过程中，不改变姿态。当需要松开工件时，应完全松开。另外它还应保证工件夹持姿态再现几何偏差在给定的公差带内。

机械夹持器常用压缩空气作动力源，经传动机构实现手指的运动。根据手指夹持工件时的运动轨迹的不同，机械夹持器分为圆弧开合型、圆弧平行开合型和直线平行开合型。

2．特种末端执行器

（1）真空吸附手

工业机器人中常把真空吸附手与负压发生器组成一个工作系统，控制电磁换向阀的开合从而实现对工件的吸附和脱开。它的结构简单、价格低廉，且吸附作业具有一定柔顺性（见图 2-48），即使工件有尺寸偏差和位置偏差也不会影响吸附手的动作。它常用于小件搬运，也可根据工件形状、尺寸、重量的不同将多个真空吸附手组合使用。

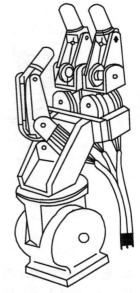

图 2-47　机械夹持器应用实例

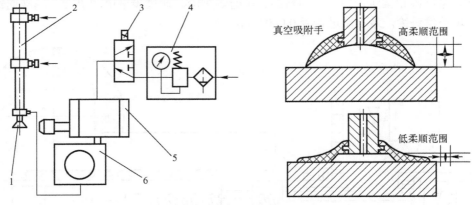

图 2-48　真空吸附手

1—吸附手　2—送进缸　3—电磁换向阀　4—调压单元　5—负压发生器　6—空气净化过滤器

（2）电磁吸附手

电磁吸附手利用通电线圈的磁场对可磁化材料的作用力来实现对工件的吸附作用，具有结构简单、价格低廉等特点，但其最特殊的是，吸附工件的过程从不接触工件开始，工件与吸附手接触之前处于漂浮状态，即吸附过程由极大的柔顺状态突变到低的柔顺状态。吸附力是由通电线圈的磁场提供的，所以可用于搬运较大的可磁化性材料的工件。

吸附手的形式根据被吸附工件表面形状来设计，用于吸附平坦表面工件的应用场合较多。图 2-49 所示的电磁吸附手可用于吸附不同的曲面工件，这种吸附手在吸附部位装有磁粉袋，线圈通电前将可变形的磁粉袋贴在工件表面上，当线圈通电励磁后，在磁场作用下，磁粉袋端部外形固定成被吸附工件的表面形状，从而达到吸附不同表面形状工件的目的。

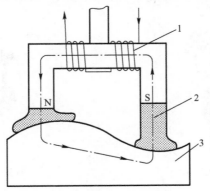

图 2-49　具有磁粉袋的电磁吸附手

1—励磁线圈　2—磁粉袋　3—工件

（3）灵巧手

灵巧手是一种模仿人手制作的多指多关节的机器人末端执行器。它可以适应物体外形的变化，对物体进行任意方向、任意大小的夹持力，可以满足对任意形状、不同材质的物体操作和抓持要求，但其控制、操作系统技术难度较大。图 2-50 为灵巧手的实例。

图 2-50　灵巧手

（4）夹爪

夹爪广泛应用于各种自动化生产线和机器人技术中，可以用于各种形状和尺寸的工件夹持、搬运、装配和加工等作业。它的出现大大提高了生产效率和加工质量，同时也降低了工人的劳动强度和操作难度。

夹爪按照其结构分类可以分为刚性夹爪和柔性夹爪，如图 2-51 所示。刚性夹爪主要由刚性材料制成，它的夹持力大、驱动稳定。柔性夹爪则是一种新型的夹爪，由超弹性体材料制成或利用易屈曲变形的结构达到吸能效果。与刚性夹爪相比，柔性夹爪具有更好的触感运动和操作能力，可以适应各种形状和尺寸的物体，同时避免对其造成损害。然而，柔性夹爪的夹持力较小，需要

图 2-51　夹爪分类

配合其他机构实现大范围、大载荷的夹持需求。在应用方面，刚性夹爪适用于对夹持力要求较高、夹持对象较为固定的应用场景，如工业生产线上的装配、搬运等作业。而柔性夹爪则适用于对夹持对象形状和尺寸变化较大、易碎易损的应用场景，如医疗、食品加工等行业。

不同结构的夹爪按照驱动方式分类又可以分为电动夹爪和气动夹爪，如图 2-52～图 2-55 所示。

1）电动夹爪是一种电动驱动的夹紧装置，具有开合夹紧和释放的功能。它通常由电动机、传动机构和夹爪组成，通过电动机的转动，经过传动机构的减速和传动，最终驱动夹爪的开合运动。电动夹爪的传动机构通常采用齿轮或链条传动，能够实现高速、高精度的夹紧和松开动作。与气动夹爪相比，电动夹爪具有更高的精度和可控性，能够实现更加快速、准

确的夹持和释放动作。此外，电动夹爪通常采用电力驱动，不需要压缩空气等外部能源，因此在使用上也更加方便和灵活。

图 2-52 电动刚性夹爪

图 2-53 电动柔性夹爪

图 2-54 气动刚性夹爪

图 2-55 气动柔性夹爪

2）气动夹爪，也称为气动手指，是一种利用压缩空气作为动力源，通过气缸的轴向力转换为手指的横向力，从而夹取或抓取工件的执行装置。常见的类型包括平行开闭型、旋转型、三点型等。其中，平行开闭型气动夹爪是最常见的一种，其手指气缸通过两个活塞动作，每个活塞由一个滚轮和一个双曲柄与气动手指相连，形成一个特殊的驱动单元。这种类型的气动夹爪能够快速、准确地夹取和放置工件，适用于各种自动化生产线和装配线。气动夹爪可以通过调整气压和位置来适应不同大小和形状的工件，具有较高的灵活性和适应性。

习题

2-1 典型机械系统由哪几种机构组成？

2-2 试叙述什么是动态系统设计。

2-3 机电一体化系统中，对传动机构有什么要求？

2-4 机械运动中的摩擦和阻尼会降低效率，但是设计中要适当选择其参数，而不是越小越好。为什么？

2-5 在机械传动系统中，什么是低速爬行现象？请叙述低速爬行产生的原因及克服方法。

2-6 齿侧隙对齿轮传动系统有什么样的影响？对于圆柱齿轮、斜齿轮、锥齿轮各有怎样的消除间隙方法？

2-7 谐波齿轮的组成结构、工作原理和特点是什么？

2-8 滚珠花键的组成结构、工作原理和特点是什么？

2-9 叙述静压导轨的分类和各自的工作原理。

2-10 常用微动机构有几种？请叙述其各自的工作原理。

第3章　计算机控制技术

随着微电子技术和计算机技术的发展，计算机在速度、存储量、位数接口和系统应用软件方面有着很大的提高。同时批量生产技术进步使计算机的成本大幅度下降，计算机因其优越的特性而广泛地应用于工业、农业、国防及日常生活的各个领域，例如数控机床、工业机器人、飞机和大型游轮的自动驾驶等。

机电一体化与非机电一体化产品本质的区别在于前者是具有计算机控制的伺服系统。计算机作为伺服系统的控制器，将来自各传感器的检测信号与外部输入的命令进行采集存储分析、转换和处理，然后根据处理结果发出指令控制整个系统的运行。同模拟控制器相比，计算机能够实现更为复杂的控制理论和算法，具有更好的柔性和抗干扰能力。

本章重点介绍计算机控制系统的组成以及工业控制计算机。

3.1　计算机控制系统

自动控制系统通常由被控对象、检测传感装置和控制器等组成。控制器既可以由模拟控制器组成，也可以由数字控制器组成，数字控制器大多是用计算机实现的。因此计算机控制系统指的是采用了数字控制器的自动控制系统。在计算机控制系统中，用计算机代替自动控制系统中的常规控制设备，对动态系统进行调节和控制，实现对被控对象的有效控制。

3.1.1　计算机控制系统概述

计算机控制系统包括控制计算机（包括硬件、软件和网络）和生产过程（包括被控对象、检测传感器、执行机构）两大部分。典型的计算机闭环控制系统如图 3-1 所示，该系统的过程（被控对象）输出信号 $y(t)$ 是连续时间信号，用测量传感器检测被控对象的被测参数（如温度、压力、流量、速度、位置等物理量），通过变送器将这些量变换成一定形式的电信号，由模-数（A-D）转换器转换成数字量反馈给控制器。控制器将反馈信号对应的数字量与设定值比较，控制器根据差值产生控制量，经过数-模（D-A）转换器转换成连续控制信号 $u(t)$ 来驱动执行机构，以使被控对象的被控参数值与设定值保持一致。这就构成了计算机闭环控制系统。

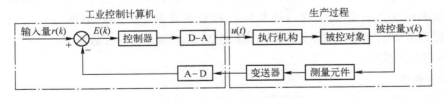

图 3-1　典型计算机闭环控制系统

如将图 3-1 中的具有变送器和测量元件的反馈通道断开，这时被控对象的输出与系统的设定值之间没有联系，这就是计算机开环控制。它的控制是直接根据给定信号去控制被控对象，这种系统本质上不会自动消除控制系统的误差。它与闭环控制系统相比，控制结构简单，但性能较差，通常用于对控制要求不高的场合。

计算机控制系统可以充分发挥计算机强大的计算、逻辑判断和记忆等信息加工能力。只要运用微处理器的各种指令，就能编出相应控制算法的程序，微处理器执行该程序就能实现对被控参数的控制。由于计算机处理的输入/输出信号都是数字量，因此在计算机控制系统中，需要有将模拟信号转换为数字信号的 A-D 转换器，以及将数字信号转换为模拟信号的 D-A 转换器。除了这些硬件之外，计算机控制系统的核心是控制程序。计算机控制系统执行控制程序的过程如下：

1）实时数据采集。对被控参数按一定的采样时间间隔进行检测，并将结果输入计算机。

2）实时计算。对采集到的被控参数进行处理后，按预先设计好的控制算法进行计算，决定当前的控制量。

3）实时控制。根据实时计算得到的被控量，通过 D-A 转换器将控制信号作用于执行机构。

4）实时管理。根据采集到的被控参数和设备的状态，对系统的状态进行监督和管理。

由以上可知，计算机控制系统是一个实时控制系统，计算机实时控制系统要求在一定的时间内完成输入信号采集、计算和控制输出，如果超出这个时间，也就失去了控制的时机，控制也就失去了意义。上述测、算、控、管的过程不断重复，使整个系统按照一定的动态品质指标进行工作，并且对被控参数和设备状态进行监控，对异常状态及时监督并做出迅速的处理。

由上面的分析可知，在计算机控制系统中存在着两种截然不同的信号，即连续信号和数字（离散）信号。以计算机为核心的控制器的输入/输出信号和内部处理都是数字信号，而生产过程的输入/输出信号都是离散信号，因而对于计算机控制系统的分析和设计就不能采用连续控制理论，需要运用离散控制理论对其进行分析和设计。

3.1.2　计算机控制系统的组成

从图 3-1 可见，计算机控制系统由控制计算机和生产过程两大部分组成，控制计算机是计算机控制系统中的核心装置，是系统中信号处理和决策的机构，相当于控制系统的神经中枢。生产过程中包含了被控对象、执行机构、测量变送等装置。从控制的角度看，可以将生产过程看作广义对象，虽然计算机控制系统中被控对象和控制任务多种多样，但是就系统中的计算机而言，计算机控制系统其实也就是计算机系统，系统中广义被控对象可以看作计算机外围设备。计算机控制系统和一般的计算机系统一样，也是由硬件和软件两部分组成的。

1. 系统硬件

计算机控制系统的硬件主要由主机、外围设备、过程输入/输出通道和生产过程组成，如图 3-2 所示。

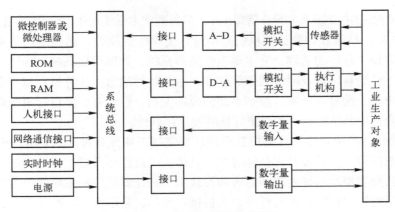

图 3-2　典型计算机控制系统

1）主机。主机由 CPU 和内存储器（RAM 和 ROM）通过系统总线连接而成，是整个控制系统的核心。它按照预先存放在内存中的程序指令，由过程输入通道不断地获取反映被控对象运行工况的信息，并按程序中规定的控制算法，或操作人员通过键盘输入的操作命令自动地发出控制命令，以实现对被控对象的自动控制。

2）常规外围设备。计算机的常规外围设备有四类：输入设备、输出设备、外存储器和网络通信设备。

输入设备最常用的有键盘，用来输入（或修改）程序、数据和操作命令。鼠标也是一种常见的图形界面输入装置。

输出设备通常有 CRT、LED 和 LED 显示器、打印机和记录仪等。它们以字符、图形、表格等形式反映被控对象的运行工况和有关控制信息。

外存储器最常用的是磁盘（包括硬盘和软盘）、光盘和磁带机。它们具有输入和输出两种功能，用来存放程序、数据库和备份重要的数据，作为内存储器的后备存储器。

网络通信设备用来与其他相关计算机控制系统或计算机管理系统进行联网通信，形成规模更大、功能更强的网络分布式计算机控制系统。

以上的常规外围设备通过接口和主机连接便构成通用计算机，若要用于控制，还需配备过程输入/输出通道构成控制计算机。

3）过程输入/输出通道。过程输入/输出通道又简称过程通道。被控对象的过程参数一般是非电物理量，必须经过传感器（又称一次仪表）变换为等效的电信号。为了实现计算机对生产过程的控制，必须在计算机和生产过程之间设置信息传递和变换的连接通道。过程输入/输出通道分为模拟量和数字量（开关量）两大类型。

4）生产过程。生产过程包括被控对象及其测量变送仪表和执行机构。测量变送仪表将被控对象需要监视和控制的各种参数（如温度、流量、压力、液位、位置、速度等）转换为电的模拟信号（或数字信号），而执行机构将过程通道输出的模拟控制信号转换为相应的控制动作，从而改变被控对象的被控量。在计算机控制系统设计过程中，检测变送仪表、电动和气动执行机构、电气传动的交流/直流驱动装置是需要熟悉和掌握的内容。

2. 系统软件

计算机控制系统的硬件是完成控制任务的设备基础，而计算机的操作系统和各种应用程序是执行控制任务的关键，统称为软件。计算机控制系统的软件程序不仅决定其硬件功能的发挥，而且也决定着控制系统的控制品质和操作管理水平。软件通常由系统软件和应用软件组成。

1）系统软件。系统软件是计算机的通用性、支撑性的软件，是为用户使用、管理、维护计算机提供方便的程序的总称。它主要包括操作系统、数据管理系统、各种计算机语言编译和调试系统、诊断程序以及网络通信等软件。系统软件通常由计算机厂商和专门软件公司研制，可以从市场上购置。计算机控制系统的设计人员一般没有必要自行研制系统软件，但需要了解和学会使用系统软件，才能更好地开发应用软件。

2）应用软件。应用软件是计算机在系统软件支持下实现各种应用功能的专用程序。计算机控制系统的应用软件是设计人员针对某一具体生产过程而开发的各种控制和管理程序。其性能优劣直接影响控制系统的控制品质和管理水平。计算机控制系统的应用软件一般包括过程输入和输出的接口程序、控制程序、人机接口程序、显示程序、打印程序、报警和故障联锁程序、通信和网络程序等。

一般应用软件应由计算机控制系统设计人员根据所确定的硬件系统和软件环境来开发编写。

计算机控制系统中的控制计算机和通常用作信息处理的通用计算机相比，前者要对被控对象进行实时控制和监视，工作环境一般都较恶劣，而且需要长期不间断可靠地工作，这就要求计算机系统必须具有实时响应能力和很强的抗干扰能力以及很高的可靠性。除了选用高可靠性的硬件系统外，在选用系统软件和设计编写应用软件时，还应满足对软件的实时性和可靠性的要求。

3.1.3 计算机控制系统的特点

计算机控制系统中信号的具体变换与传输如图 3-3 所示。

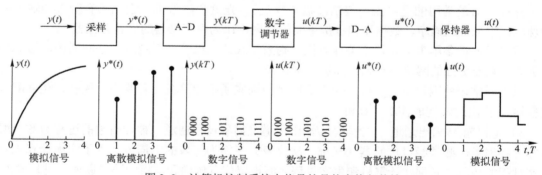

图 3-3 计算机控制系统中信号的具体变换与传输

计算机控制系统与连续控制系统相比，具有如下特点：

1）控制规律的实现灵活、方便。

2）控制精度高。

3）控制效率高。

4）可集中操作显示。

5）可实现分级控制与整体优化，可通过计算机网络系统与上下位计算机相通信，进行分级控制，实现生产过程控制与生产管理的一体化与整体优化，提高企业的自动化水平。

6）存在着采样延迟。

3.1.4　计算机控制系统的类型

在生产过程中，根据被控对象的特点和控制功能，计算机控制系统有各种各样的结构和形式。

按计算机参与的形式，计算机控制系统可以分为开环和闭环控制系统。

按采用的控制方案，计算机控制系统又分为程序和顺序控制、常规控制、高级控制（最优、自适应、预测、非线性等）、智能控制（Fuzzy 控制、专家系统和神经网络等）。

计算机控制系统的分类不是严格地按照其结构或者功能进行分类的。计算机控制系统的分类，是根据计算机控制系统的发展历史和在实际应用中的状态并参考以往的文献资料进行分类的。

计算机控制系统一般可分为六大类，即数据采集系统、直接数字控制系统、监督控制系统、集散控制系统、现场总线控制系统和计算机集成制造系统。

1. 采集和监视系统（Data Acquisition System，DAS）

计算机在数据采集和处理时，主要是对大量的过程参数进行巡回检测、数据记录、数据计算、数据统计和处理、参数的越限报警及对大量数据进行积累和实时分析。这种应用方式，计算机不直接参与过程控制，对生产过程不直接产生影响。

（1）采集和监视系统结构图

采集和监视系统结构图如图 3-4 所示。

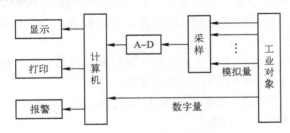

图 3-4　采集和监视系统结构图

（2）数据采集系统功能

1）生产过程的集中监视。DAS 通过输入通道对生产过程的参数进行实时采集、加工处理，并以一定格式在 CRT 上显示，或通过打印机打印出来，实现生产过程的集中监视。

2）操作指导。DAS 对采集到的数据进行分析处理，并以有利于指导生产过程的方式表示出来，实现生产过程的操作指导。

3）越限报警。DAS 预先将各种工艺参数的极限存入计算机，DAS 在数据采集过程中进行越限判断和报警，以确保生产过程安全。

2. 直接数字控制（Direct Digital Control，DDC）系统

它是用一台计算机不仅完成对多个被控参数的数据采集，而且能按一定的控制规律进行实时决策，并通过过程输出通道发出控制信号，实现对生产过程的闭环控制。为了操作方便，DDC 系统还配置一个包括给定、显示、报警等功能的操作控制台。DDC 系统中一台计算机不仅完成取代了多个模拟调节器，而且在各个回路的控制方案上，不需要改变硬件，只需要改变程序就可以实现多种较为复杂的控制规律。

（1）直接数字控制系统结构图

直接数字控制系统结构图如图 3-5 所示。

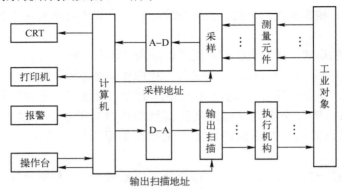

图 3-5　直接数字控制系统结构图

（2）直接数字控制系统特点

1）计算机通过过程控制通道对工业生产过程进行在线实时控制。

2）计算机参与闭环控制，可完全替代模拟调节器，实现对多回路多参数的控制。

3）系统灵活性大、可靠性高，能实现各种从常规到先进的控制方式。

3. 监督计算机控制（Supervisory Computer Control，SCC）系统

在这个系统中，计算机根据工艺参数和过程参数的检测值，按照所设定的控制算法进行计算，得出最佳设定值并直接传递给常规的模拟调节器或者 DDC 计算机，最后由模拟调节器或者 DDC 计算机控制生产过程。

在 SCC 系统中，计算机的主要任务是输入采样和计算设定值，由于它不参加频繁的输出控制，所以有时间进行复杂规律的控制算法计算。

SCC 优点：可进行复杂规律的控制，当 SCC 出现故障时，下级仍可继续执行控制任务。

（1）监督计算机控制系统结构图

监督计算机控制系统结构图如图 3-6 所示。

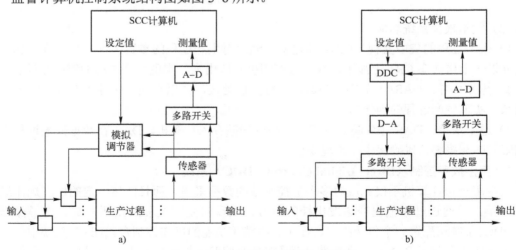

图 3-6　监督计算机控制系统结构图
a) SCC＋模拟调节器系统　b) SCC＋DDC

（2）监督计算机控制系统特点

1）SCC 计算机输出不通过人去改变，而直接由控制器改变控制的设定值或参数，完成对生产过程的控制。该系统类似计算机操作指导控制系统。

2）SCC 计算机可以利用有效的资源去完成生产过程控制的参数优化，协调各直接控制回路的工作，而不参与直接的控制。

3）SCC 系统是安全性、可靠性较高的一类计算机控制系统，是计算机集散系统的最初、最基本的模式。

4. 集散控制系统（Distributed Control System，DCS）

（1）集散控制系统概念

集散控制系统又称分布控制系统。该系统采用分散控制、集中操作、分级管理、分而自治、综合协调形成具有层次化体系结构的分级分布式控制；一般分为四级，即过程控制级、控制管理级、生产管理级和经营管理级。过程控制级是集散控制的基础，直接控制生产过程，在这级参与直接控制的可以是计算机，也可以是 PLC 或专用数字控制器，完成对现场设备的直接监测和控制。

（2）集散控制系统结构图

集散控制系统结构图如图 3-7 所示。

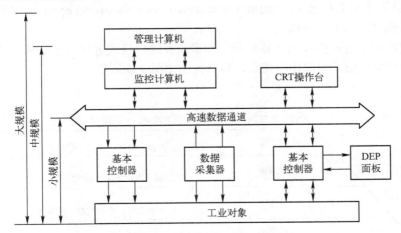

图 3-7　集散控制系统结构图

（3）集散控制系统特点

由于生产过程控制分别由独立控制器进行控制，可以分散控制器故障，局部故障不会影响整个系统工作，提高了系统工作可靠性。

5. 现场总线控制系统（Fieldbus Control System，FCS）

（1）现场总线控制系统概念

现场总线控制系统：利用现场总线将各智能现场设备、各级计算机和自动化设备互联，形成了一个数字式全分散双向串行传输、多分支结构和多点通信的通信网络。

现场总线：一种数字通信协议，可以连接各智能设备以形成通信网络。

（2）现场总线控制系统结构图

现场总线控制系统结构图如图 3-8 所示。

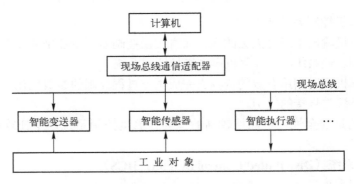

图 3-8　现场总线控制系统结构图

（3）现场总线控制系统特点

1）在现场总线控制系统中，生产过程现场的各种仪表、变送器、执行机构控制器等都配有分级处理器，属于智能现场设备。现场总线可以直接连接其他的局域网，甚至 Internet，可构成不同层次的复杂控制网络，它已经成为今后工业控制体系结构发展的方向之一。

2）FCS 是从 DCS 发展而来，仅变革了 DCS 的控制站，形成现场控制层，其他层不变。

6. 计算机集成制造系统（Computer Integrated Manufacturing System，CIMS）

（1）计算机集成制造系统概念

将工业生产的全过程集成由计算机网络和系统在统一模式进行，包括从设计、工艺、加工制造到产品的检验出厂一体化的模式，其结构图如图 3-9 所示。

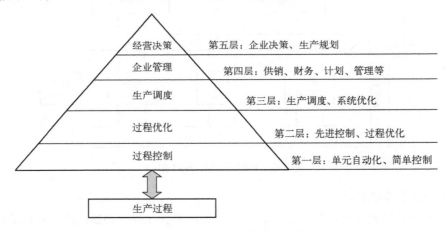

图 3-9　计算机集成制造系统结构图

（2）发展

随着现代市场需求和企业模式现代化，计算机集成制造已将制造集成转换为信息集成，并融入企业全面管理和市场营销。

（3）前景

尽管目前 CIMS 工程在企业的推广中存在许多困难，但是它确实是企业真正走向现代化的方向。

（4）规模

CIMS 是一项庞大的系统工程，需要有许多基础的应用平台支持，实现的是企业物流、资金流和信息流的统一。由于涉及面广，应用存在困难较多，许多 CIMS 工程在规划实施中都提出了整体规划分步实施策略。

3.2　工业控制计算机

控制器是机电一体化系统的中枢，它的主要任务是，按照编制的程序指令、完成机械工作状态或工业现场各种物理量状态的实时信息采集、加工和处理、分析、判读，做出相应的调节校正和控制决策，发出模拟或数字形式的控制信号，控制执行机构动作，实现机电一体化系统控制目标。当今，最能胜任这个任务的控制器就是用于工业现场控制的工业控制计算机。

3.2.1　工业控制计算机概述

工业控制计算机是用于工业现场的生产设备和工艺过程控制的计算机，如 PLC、总线型工业控制计算机等都是专为工业环境下应用而设计的控制计算机，简称"工业控制机"或"工控机"。它的最大特点是抗干扰性强、电磁兼容性好、可靠性高、适应工业环境能力强。

工业控制计算机按被控工业对象的控制要求，接收并处理来自被测对象的各种物理参数，然后把处理结果输出至执行机构去控制生产过程，同时可对生产过程进行监督、管理。

3.2.2　工业控制计算机的特点

工业领域中，由于现场存在干扰，环境恶劣，普通计算机在工业现场不能正常运行，工业控制计算机的应用对象及使用环境的特殊性，决定了其要满足以下基本要求。

1．完善的过程输入/输出功能

要保证所面向工业现场的各种机电设备、测量和控制的仪器仪表、执行机构正常运转，必须有丰富的模拟量和数字量的输入/输出通道，以方便计算机系统数据采集，及时反映过程控制参数的变化，要求做到信息传递快速、准确、灵敏。

2．实时控制功能

工业控制计算机应具有时间与事件驱动能力，在工况发生变化时，能实时进行监视和控制。当被控参数出现偏差时，能迅速响应与纠偏，因此必须要有实时操作系统与中断系统。

3．高可靠性

工业控制计算机需昼夜不停地连续工作，系统需要高可靠性和自诊断系统。一般要求工控机的平均无故障时间（MTBF）不低于上万小时，现有的工业控制机无故障工作时间已经达到了几十万小时。

4．较强的环境适应性

工业控制计算机具有能在高温、低温、高湿、振动等恶劣环境下工作和抗电磁干扰、电源波动等的能力。

5．丰富的应用软件

工业控制计算机的控制软件正向结构化、组态化方向发展。在进行控制时，一般需建立能正确反映生产过程规律的数学模型，寻找生产过程的最佳工况，编制标准控制算法及控制程序。

3.2.3 工业控制计算机的常用类型

在设计机电一体化系统时，必须根据控制方案、体系结构、复杂程度、系统功能等具体情况，正确地选择工业控制计算机系统。按软硬件结构与应用特点，常用的工业控制计算机有三种类型：可编程序控制器（PLC）、总线工业控制计算机和单片机控制器或嵌入式单片机控制器。每种控制器都具有自己的性能特点，它们与个人PC的性能比较见表3-1。

表3-1 常用工业控制计算机的性能比较

比较项目	PC	基于微处理器的控制系统	基于PLC的控制系统	总线工业控制计算机
控制系统的组成	一般不用作工业控制	自行开发（非标准化）	按要求选择主机与扩展模块	按要求选择主机与相关过程I/O板卡
系统功能	数据、图像、文字处理	简单的处理和控制功能	逻辑控制为主，也可组成模拟量控制系统	可组成简单到复杂的各类控制系统
速度	快	快	一般	快
可靠性	差	差	好	好
环境适应性	差	差	好	好
通信功能	多种接口，如串口、并口、USB、网口	可通过外围元件自行扩展	串口，通过通信模块扩展USB或网口	多种接口，如串口、并口、USB、网口
软件开发	专用语言或支持高级语言	汇编或高级语言自行开发	以梯形图为主，也支持高级语言	用高级语言开发或选用工业组态软件
人机界面	好	较差	一般（可选配触摸屏）	好
应用场合	实验室环境的信号采集和控制	智能仪表、简单控制	一般规模现场控制	一般现场控制或较大规模控制
开发周期	长	较长	短	一般
成本	高	低	中	高

3.3 Arduino

Arduino是一个开源的开发平台，在全世界范围内成千上万的人正在用它开发制作一个又一个电子产品，这些电子产品包括从平时生活的小物件到时下流行的3D打印机，它降低了电子开发的门槛，即使是从零开始的入门者也能迅速上手，制作有趣的东西，这便是开源Arduino的魅力。通过本节的介绍，读者对Arduino会有一个更全面的认识。

3.3.1 Arduino概述

什么是Arduino？相信很多读者会有这个疑问，也需要一个全面而准确的答案。不仅是读者，很多使用Arduino的人也许对这个问题都难以给出一个准确的说法，甚至认为手中的开发板就是Arduino，其实这并不准确。那么，Arduino究竟该如何理解呢？

1. Arduino不只是电路板

Arduino是一种开源的电子平台，该平台最初主要基于AVR单片机的微控制器和相应的开发软件，目前在国内正受到电子发烧友的广泛关注。自从2005年Arduino腾空出世以来，其硬件和开发环境一直进行着更新换代，现在市场上称为Arduino的电路板已经有各式各样的版本了。Arduino 开发团队正式发布的是 Arduino Uno R3 和 Arduino Mega 2560 R3，如图 3-10 和图 3-11 所示。

图 3-10　Arduino Uno R3

图 3-11　Arduino Mega 2560 R3

Arduino 项目起源于意大利，该名字在意大利是男性用名，音译为"阿尔杜伊诺"，意思为"强壮的朋友"，通常作为专有名词，在拼写时首字母需要大写。其创始团队成员包括：Massimo Banzi、David Cuartielles、Tom Igoe、Gianluca Martino、David Mellis 和 Nicholas Zambetti 6 人。Arduino 的出现并不是偶然，Arduino 最初是为一些非电子工程专业的学生设计的。设计者最初为了寻求一个廉价好用的微控制器开发板，从而决定自己动手制作开发板，Arduino 一经推出，因其开源、廉价、简单易懂的特性迅速受到了广大电子迷的喜爱和推崇。几乎任何人，即便不懂计算机编程，利用这个开发板也能用 Arduino 做出炫酷有趣的东西，比如对感测器探测做出一些回应、闪烁灯光、控制电动机等。

Arduino 的硬件设计电路和软件都可以在其官方网站上获得，正式的制作商是意大利的 SmartProjects（www.smartprj.com），许多制造商也在生产和销售他们自己的与 Arduino 兼容的电路板和扩展板，但是由 Arduino 团队设计和支持的产品需要始终保留着 Arduino 的名字。所以，Arduino 更加准确的说法是一个包含硬件和软件的电子开发平台，具有互助和奉献的开源精神以及团队力量。

2．Arduino 程序的开发过程

由于 Arduino 主要是为了非电子专业和业余爱好者使用而设计的，所以 Arduino 被设计成一个小型控制器的形式，通过连接到计算机进行控制。Arduino 开发过程如下：

1）开发者设计并连接好电路。

2）将电路连接到计算机上进行编程。

3）将编译通过的程序下载到控制板中进行观测。

4）最后不断修改代码进行调试以达到预期效果。

3．为什么要使用 Arduino

在嵌入式开发中，根据不同的功能开发者会用到各种不同的开发平台，而 Arduino 作为新兴开发平台，在短时间内受到很多人的欢迎和使用，这与其设计的原理和思想是密切相关的。

首先，Arduino 无论是硬件还是软件都是开源的，这就意味着所有人都可以查看和下载其源码、图表、设计等资源，并且用来做任何开发都可以。用户可以购买克隆开发板和基于 Arduino 的开发板，甚至可以自己动手制作一个开发板。但是自己制作的不能继续使用 Arduino 这个名称，可以自己命名，比如 Robotduino。

其次，正如林纳斯·本纳第克特·托瓦兹的 Linux 操作系统一样，开源还意味着所有人可以下载使用并且参与研究和改进 Arduino，这也是 Arduino 更新换代如此迅速的原因。全世界各种电子爱好者用 Arduino 开发出各种有意思的电子互动产品。有人用它制作了一个自动除草机，去上班的时候打开，不久花园里的杂草就被清除干净了！有人用它制作微博机器人，配合一些传感器监测植物的状态，并及时发微博来提醒主人，植物什么时间该浇水、施肥、除草等，非常有趣。

图 3-12 所示为日本一开发者用 Arduino 和 Kinect 制作的可以自己接住丢掉垃圾的智能垃圾桶。

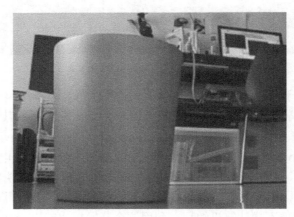

图 3-12　智能垃圾桶

Arduino 可以和 LED、点阵显示板、电动机、各类传感器、按钮、以太网卡等各类输出输入数据或被控制的任何东西连接，在互联网上各种资源十分丰富，各种案例、资料可以帮助用户迅速制作自己想要的电子设备。

在应用方面，Arduino 突破了传统的依靠键盘、鼠标等外界设备进行交互的局限，可以更方便地进行双人或者多人互动，还可以通过 Flash、Processing 等应用程序与 Arduino 进行交互。

3.3.2　Arduino 硬件分类

在了解 Arduino 起源以及使用 Arduino 制作的各种电子产品之后，接下来对 Arduino 硬件和开发板，以及其他扩展硬件进行初步的了解和学习。

1．Arduino 开发板

Arduino 开发板设计得非常简洁，包括一块 AVR 单片机、一个晶振或振荡器和一个 5V 的直流电源。常见的开发板通过一条 USB 数据线连接计算机。Arduino 有各式各样的开发板，其中最通用的是 Arduino Uno。另外，还有很多小型的、微型的、基于蓝牙和 Wi-Fi 的变种开发板。还有一款新增的开发板叫作 Arduino Mega 2560，它提供了更多的 I/O 引脚和更大的存储空间，并且启动更加迅速。以 Arduino Uno 为例，Arduino Uno 的处理器核心是 ATmega 328，同时具有 14 路数字输入/输出口（其中 6 路可作为 PWM 输出）、6 路模拟输入、一个 16MHz 的晶体振荡器、一个 USB 口、一个电源插座、一个 ICSP header 和一个复位按钮。因为 Arduino Uno 开发板的基础构成在一个表里显示不下，所以这里特意设计了两个表来展示，见表 3-2 和表 3-3。

表 3-2　Arduino Uno 开发板基本概要构成（ATmega 328）1

处理器	工作电压	输入电压	数字 I/O 脚	模拟输入脚	串口
ATmega 328	5V	6～20V	14	6	1

表 3-3　Arduino Uno 开发板基本概要构成（ATmega 328）2

I/O 脚直流电流	3.3V 脚直流电流	程序存储器	SRAM	EEPROM	工作时钟
40 mA	50mA	32KB	2KB	1KB	16MHz

图 3-13 对一块 Arduino Uno 开发板功能进行了详细标注。

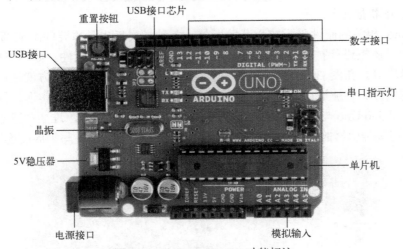

图 3-13　Arduino Uno R3 功能标注

Arduino Uno 可以通过以下三种方式供电，自动选择供电方式：

1）外部直流电源通过电源插座供电。

2）电池连接电源连接器的 GND 和 VIN 引脚。

3）USB 接口直接供电，稳压器可以把输入的 7～12V 电压稳定到 5V。

在电源接口上方，一个右侧引出三个引脚，左侧一个比较大的引脚细看会发现上面有 AMS1117 的字样，其实这个芯片是一个三端 5V 稳压器，电源口的电源经过它稳压之后才给板子输入，其实电源适配器内已经有稳压器，但是电池没有。可以理解为它是一个安检员，一切从电源口经过的电源都必须过它这一关，这个"安检员"对不同的电源会进行区别对待。

首先，AMS1117 的片上微调把基准电压调整到 1.5% 的误差以内，而且电流限制也得到了调整，以尽量减少因稳压器和电源电路超载而造成的压力。再者根据输入电压的不同而输出不同的电压，可提供 1.8V、2.5V、2.85V、3.3V、5V 稳定输出，电流最大可达 800mA，内部的工作原理这里不必去探究，读者只需要知道，当输入 5V 的时候输出为 3.3V，输入 9V 的时候输出才为 5V，所以必须采用 9V（9～12V 均可，但是过高的电源会烧坏板子）电源供电。如使用 5V 的适配器与 Arduino 连接，之后连接外设做实验，会发现一些传感器没有反应，这是因为某些传感器需要 5V 的信号源，可是板子最高输出只能达到 3.3V。

重置按钮和重置接口都用于重启单片机，就像重启计算机一样。若利用重置接口来重启单片机，应暂时将接口设置为 0V 即可重启。

GND 引脚为接地引脚，也就是 0V。A0～A5 引脚为模拟输入的 6 个接口，可以用来测量连接到引脚上的电压，测量值可以通过串口显示出来。当然也可以用作数字信号的输入/输出。

Arduino 同样需要串口进行通信，图 3-13 所示的串口指示灯在串口工作的时候会闪烁。Arduino 通信在编译程序和下载程序时进行，同时还可以与其他设备进行通信。而与其他设备进行通信时则需要连接 RX（接收）和 TX（发送）引脚。ATmega 328 芯片中内置的串口通信硬件是可以通过同步和异步模式工作的。同步模式需要专用的信号来表示时钟信息，而 Arduino 的串口（USART 外围设备，即通用同步/异步接收发送装置）工作在异步模式下，这和大多数 PC 的串口是一致的。数字引脚 0 和 1 分别标注着 RX 和 TX，表明这两个可以当作串口的引脚是异步工作的，即可以只接收、发送，或者同时接收和发送信号。

2. Arduino 扩展硬件

与 Arduino 相关的硬件除了核心开发板外，各种扩展板也是重要的组成部分。Arduino 开发板可以通过盾板进行扩展。它们是一些电路板，包含其他的元件，如网络模块、GPRS 模块、语音模块等。在图 3-13 所示的开发板两侧可以插其他引脚的地方就是可以用于安装其他扩展板的地方。它被设计为类似积木的形状，通过一层层的叠加而实现各种各样的扩展功能。例如 Arduino Uno 与 W5100 网络扩展板可以实现上网的功能，堆插传感器扩展板可以扩展 Arduino 连接传感器的接口。图 3-14 和图 3-15 为 Arduino Uno 与扩展板连接的例子。

图 3-14　Arduino Uno 与一块原型扩展板连接

图 3-15　Arduino Uno 与网络扩展板连接

3.3.3　Arduino IDE 介绍

Arduino IDE（全称为 Integrated Development Environment）软件，译为集成开发环境。在安装完 Arduino IDE 后，进入 Arduino 安装目录，打开 arduino.exe 文件，进入初始界面。打开软件会发现这个开发环境非常简洁（上面提到的三个操作系统 IDE 的界面基本一致），依次显示为菜单栏、图形化的工具栏、中间的编辑区域和底部的状态区域。Arduino IDE 用户界面的区域功能如图 3-16 所示。

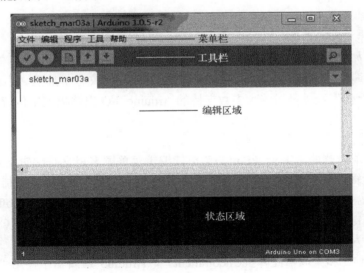

图 3-16　Arduino IDE 用户界面

图 3-17 为 Arduino IDE 工具栏，从左至右依次为编译、上传、新建程序、打开程序、保存程序和串口监视器（Serial Monitor）。

编辑器窗口选用一致的选项卡结构来管理多个程序，编辑器光标所在的行号在当前屏幕的左下角。

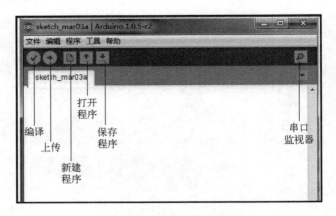

图 3-17　Arduino IDE 工具栏

1．文件菜单

写好的程序通过文件的形式保存在计算机时，需要使用文件（File）菜单，文件菜单常用的选项包括：

1）新建文件（New）。

2）打开文件（Open）。

3）保存文件（Save）。

4）文件另存为（Save as）。

5）关闭文件（Close）。

6）程序示例（Examples）。

7）打印文件（Print）。

其他选项，如"程序库"是打开最近编辑和使用的程序，"参数设置"可以设置程序库的位置、语言、编辑器字体大小、输出时的详细信息、更新文件扩展名（用扩展名.ino 代替原来的.pde）。"上传"选项是对绝大多数支持的 Arduino I/O 电路板使用传统的 Arduino 引导装载程序来上传。

2．编辑菜单

紧邻文件菜单右侧的是编辑（Edit）菜单，编辑菜单顾名思义是编辑文本时常用的选项集合。常用的编辑选项为恢复（Undo）、重做（Redo）、剪切（Cut）、复制（Copy）、粘贴（Paste）、全选（Select all）和查找（Find）。这些选项的快捷键也和 Microsoft Windows 应用程序的编辑快捷键相同。恢复为〈Ctrl+Z〉、剪切为〈Ctrl+X〉、复制为〈Ctrl+C〉、粘贴为〈Ctrl+V〉、全选为〈Ctrl+A〉、查找为〈Ctrl+F〉。此外，编辑菜单还提供了其他选项，如"注释（Comment）"和"取消注释（Uncomment）"，Arduino 编辑器中使用"//"代表注释。还有"增加缩进"和"减少缩进"选项、"复制到论坛"和"复制为 HTML"等选项。

3．程序菜单

程序（Sketch）菜单包括与程序相关功能的菜单项。主要包括：

1）"编译/校验（Verify）"，和工具栏中的编译相同。

2）"显示程序文件夹（Show Sketch Folder）"，打开当前程序的文件夹。

3）"增加文件（Add File）"，将一个其他程序复制到当前程序中，并在编辑器窗口的新选项卡中打开。

4）"导入库（Import Library）"，导入所引用的 Arduino 库文件。

4．工具菜单

工具（Tools）菜单是一个与 Arduino 开发板相关的工具和设置集合。主要包括：

1）"自动格式化（Auto Format）"，整理代码的格式，包括缩进、括号，使程序更易读和规范。

2）"程序打包（Archive Sketch）"，将程序文件夹中的所有文件均整合到一个压缩文件中，以便将文件备份或者分享。

3）"修复编码并重新装载（Fix Encoding & Reload）"，在打开一个程序时发现由于编码问题导致无法显示程序中的非英文字符时使用，如一些汉字无法显示或者出现乱码时，可以使用其他编码方式重新打开文件。

4）"串口监视器（Serial Monitor）"，是一个非常实用而且常用的选项，类似即时聊天的通信工具，PC 与 Arduino 开发板连接的串口"交谈"的内容会在该串口监视器中显示出来，如图 3-18 所示。在串口监视器运行时，如果要与 Arduino 开发板通信，需要在串口监视器顶部的输入栏中输入相应的字符或字符串，再单击"发送"按钮就能发送信息给 Arduino。在使用串口监视器时，需要先设置串口波特率，当 Arduino 与 PC 的串口波特率相同时，两者才能够进行通信。Windows PC 的串口波特率在计算机设备管理器的端口属性中设置。

图 3-18　Arduino 串口监视器

5）"串口"，需要手动设置系统中可用的串口时提供选择，在每次插拔一个 Arduino 电路板时，这个菜单的菜单项都会自动更新，也可手动选择哪个串口接开发板。

6）"板卡"，用来选择串口连接的 Arduino 开发板型号，当连接不同型号的开发板时需要根据开发板的型号到"板卡"选项中选择相应的开发板。

7）"烧写 Bootloader"，将 Arduino 开发板变成一个芯片编程器，也称为 AVRISP 烧写器。

5．帮助菜单

帮助（Help）菜单是使用 Arduino IDE 时可以迅速查找帮助的选项集合，包括快速入门、问题排查和参考手册，可以及时帮助了解开发环境，解决一些遇到的问题。访问

Arduino 官方网站的快速链接也在帮助菜单中，下载 IDE 后首先查看帮助菜单是个不错的习惯。

3.3.4　常用的 Arduino 第三方软件介绍

Arduino 开发环境安装完成之后，一些第三方软件可以帮助读者更好地学习和使用 Arduino 制作电子产品。

1. 图形化编程软件 ArduBlock

ArduBlock 是一款专门为 Arduino 设计的图形化编程软件，由上海新车间创客研制开发。这是一款第三方 Arduino 官方编程环境软件，目前必须在 Arduino IDE 的软件下运行。但是区别于官方文本编辑环境，ArduBlock 是以图形化积木搭建的方式进行编程的。就如同小孩子玩的积木玩具一样，这种编程方式使得编程的可视化和交互性大大增强，而且降低了编程的门槛，让没有编程经验的人也能够给 Arduino 编写程序，让更多的人投身到新点子新创意的实现中来。

上海新车间是国内第一家创客空间。新车间开发的 ArduBlock 受到了国际同道的好评，尤其在 Make 杂志主办的 2011 年纽约 Maker Faire 展会上 Arduino 的核心开发团队成员 Massimo 特别感谢了上海新车间创客开发的图形化编程环境 ArduBlock。ArduBlock 的官方下载网址为：http://blog.ardublock.com/zh/。

ArduBlock 软件界面如图 3-19 所示。

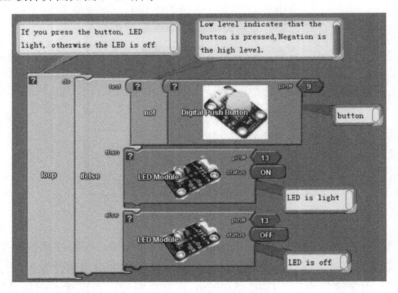

图 3-19　ArduBlock 软件界面

2. Arduino 仿真软件 Virtual breadboard

Virtual breadboard 是一款专门的 Arduino 仿真软件，简称 VBB，中文名为"虚拟面包板"。这款软件主要通过单片机实现嵌入式软件的模拟和开发环境，它不但包括了所有 Arduino 的样例电路，可以实现对面包板电路的设计和布置，非常直观地显示出面包板电路，还可实现对程序的仿真调试。VBB 还支持 PIC 系列芯片、Netduino，以及 Java、VB、

C++等主流的编程环境。

Virtual breadboard 软件界面如图 3-20 所示。

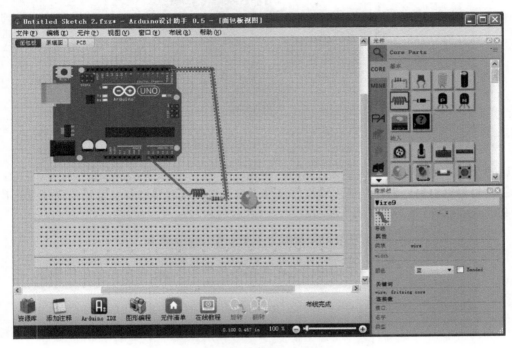

图 3-20　VBB 软件界面

VBB 可以模拟 Arduino 连接各种电子模块,例如液晶屏、舵机、逻辑数字电路、各种传感器以及其他的输入/输出设备。这些部件都可以直接使用,也可以通过组合,设计出更复杂的电路和模块。

使用 VBB 可以更加直观地了解电路设计,能够在设计出原型后快速实现。而且虚拟面板具有的可视性和模拟交互效果,可以实时地在软件上看到 LED、LCD 等可视模块的变化,同时可以确保安全,因为这不是实物操作不会引起触电或者烧毁芯片等问题。另外,用 VBB 设计出的作品也可以更快速地分享和整理,使学习和使用更加方便、简单。

还有其他不错的第三方软件如 Proteus,既可以进行 Arduino 仿真,又能画出标准的电路图和 PCB 图样,在国内外使用的人很多。读者如果有兴趣可以自行查阅资料下载学习。

3.3.5　Arduino 使用方法

（1）硬件连接

用对应的 USB 线连接开发板和计算机,如图 3-21 所示。

（2）驱动安装

Windows 10 系统会提示"新硬件需要安装驱动",直接关掉,选择手动安装。Win7 及以上系统会自动搜索驱动安装,大部分都能正确安装,如果不能正确安装,直接手动安装,方法同 Windows 10。

图 3-21　通过 USB 开发板与计算机连接

　　USB 线插入计算机后会提示如上信息，单击"取消"，需要手动安装驱动程序。

　　手动打开 CH341 文件夹（驱动程序文件夹内）中的 CH341.exe，双击安装驱动，出现图 3-22 所示对话框单击"安装"即可。

图 3-22　驱动安装对话框

　　在 Windows 10 系统中，右键单击"我的电脑"→"属性"→"硬件"→"设备管理器"，出现虚拟串口 COM3，如图 3-23 所示，必须确认是 USB-SERIAL CH340 字样，否则表明驱动安装不正确。

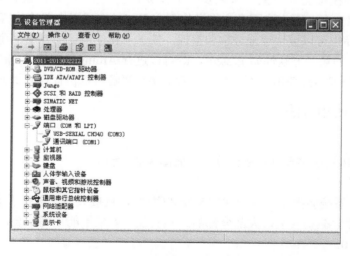

图 3-23　计算机设备管理器窗口

（3）安装 IDE 软件

解压 IDE 开发软件，或去官网下载最新版本。此软件解压后需安装，双击 arduino.exe 文件安装软件。

安装好软件后，打开软件出现图 3-24 所示界面，英文菜单可以通过参数设置变成中文菜单，仅能改成中文菜单，由于 Arduino 不支持中文编辑，编写中文注释需要用第三方编辑软件，比如 notepad++。

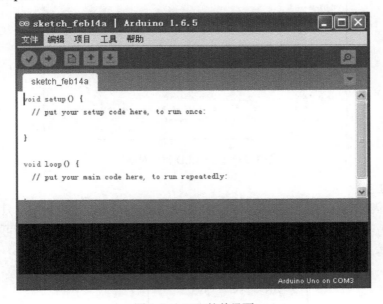

图 3-24　IDE 软件界面

如果完成了自己的第一个作品，首先要在 IDE 的 TOOL 选项中选择板卡（单片机主板型号），与自己所使用的主板型号相对应，选错会导致不能识别板卡，不能完成程序下载等任务。

3.3.6　Arduino 应用实例

1. 数字量输出（闪烁 LED）

（1）实例简介

闪烁 LED 是最简单却经典的程序之一。选择"File"→"Examples"→"01.Basics"→"Blink"，随即系统打开一个新的窗口，这个就是 Arduino 的程序。可以看出这个程序非常简洁，灰色部分的文字是注释（注释用于解释程序并对一些参数等信息进行说明，不参与实际运行）。该程序是正确无误的，下一步就是把这个程序编译成功并烧写到板卡中，让其运行。

单击项目上传，有两个执行过程：第一部分是编译，编译就是把高级语言变成计算机可以识别的二进制语言；第二部分是下载程序，即把编译好的二进制代码文件装入单片机对应的存储区。一般情况下，第一次使用时会出现一个图 3-25 所示的对话框。

```
Blink | Arduino 1.6.5
文件 编辑 项目 工具 帮助

Blink

modified 8 May 2014
  by Scott Fitzgerald
*/


// the setup function runs once when you press reset or power the board
void setup() {
  // initialize digital pin 13 as an output.
  pinMode(13, OUTPUT);
}

// the loop function runs over and over again forever
void loop() {
  digitalWrite(13, HIGH);   // turn the LED on (HIGH is the voltage level)
  delay(1000);              // wait for a second
  digitalWrite(13, LOW);    // turn the LED off by making the voltage LOW
  delay(1000);              // wait for a second
}
```

图 3-25　闪烁 LED 程序对话框

（2）硬件连接

图 3-26 为闪烁 LED 硬件连接图，该连接图以 Arduino Nano 板卡为例，只需在数字输入输出端与 GND 端，串联一个 220Ω 左右的电阻和一个 LED 发光二极管即可，接线时注意 LED 极性不要接反。

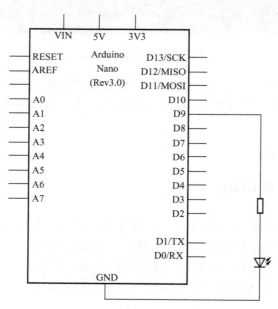

图 3-26　闪烁 LED 硬件连接图

（3）程序基本结构说明

这个程序的基本内容如下，通过这个程序可以了解 Arduino 语言的特点。

```
int LED = 9;                        //定义 LED 引脚
void setup() {
pinMode(LED, OUTPUT); }             //初始化端口
void loop() {
digitalWrite(LED, HIGH);            //设定 LED 为高电平
    delay(1000);                    //延时 1s，即 1000μs
digitalWrite(LED, LOW);             //设定 LED 为低电平
    delay(1000);                    //延时 1s
}
```

（4）程序详细解释

程序是用英文编写的，它的格式和 C 语言一样。有 C 语言基础的读者容易看懂，Arduino 语言的特点是把所有寄存器的选择、修改、执行等工作编写成库文件，用户不需要了解底层的内容就可以写出好的应用程序。

Arduino 也有关键字高亮功能，通过关键字可以看到程序的意图，关键字是内部规定的，不能修改，必须完全一样，否则系统会识别错误。

int LED = 9;这句和 C 语言的定义是一样的效果，指定 LED 对应单片机硬件的第 9 引脚，开发板上对每个引脚都有标号标明。板卡的 LED 也连接到这个引脚。

void setup(){}是一个函数，这个函数相当于 C 语言中的初始化函数，一些在主程序运行之前需要做的准备工作都在这里设置完成，比如端口输入或者输出功能、输出的标准或者推挽模式等。

pinMode(LED，OUTPUT)这个语句的功能是把 LED 引脚定义为输出，这样就可以用来驱动 LED，引脚状态有 OUTPUT（输出）和 INPUT（输入），拼写必须为大写。

函数 loop 相当于 C 语言的主循环函数，所有需要循环执行的功能都在这里面操作。

digitalWrite(LED，HIGH)；译为数字信号写入函数，通过这个函数可以对指定的端口写入数字信号 0 或 1，这里用 HIGH 和 LOW 表示 1 或 0。第一句是把 LED 端口置 1，从硬件角度看就是点亮 LED。

delay(1000)，延时 1000ms，也就是延时 1s，如果延时 300ms，只要把对应的数字改成 300 即可，最小值为 1，这个函数的最小延时时长为 1ms。

digitalWrite(LED，LOW)，熄灭 LED。

delay(1000)，然后延时 1s。

这样就完成了一个闪烁周期，由于 loop 内的语句是循环执行的，之后会重新从点亮 LED、延时 1s、熄灭 LED、延时 1s，反复循环。最终看到 LED 以周期 2s 的频率闪烁（亮 1s 灭 1s）。

2．串口通信

利用 Arduino IDE 的串口工具，在计算机中显示想要显示的内容。

（1）实例程序

```
void setup() {
Serial.begin(9600);                 // 打开串口，设置波特率为 9600bit/s
Serial.println("Hello World!"); }
void loop() {  }
```

（2）说明

Serial.begin(9600); 这个函数是为串口数据传输设置每秒数据传输速率，每秒多少位数（波特率）。为了能与计算机进行通信，可选择使用以下波特率：300bit/s、1200bit/s、2400bit/s、4800bit/s、9600bit/s、14400bit/s、19200bit/s、28800bit/s、38400bit/s、57600bit/s或115200bit/s。

（3）实验结果与操作

1）把代码下载到 Arduino 控制板。

2）下载成功后，先从选项"TOOL"中选择相应的 Arduino 控制板，和对应的"COM"口。打开串口工具，在新打开的串口工具窗口的"右下角"选择相应的波特率，显示结果如图 3-27 所示。

图 3-27　串口显示界面

3. PWM 应用（控制 LED 亮度）

（1）实例简介

PWM 是英文"Pulse Width Modulation（脉冲宽度调制）"的缩写，简称脉宽调制。它是利用微处理器的数字输出来对模拟电路进行控制的一种非常有效的技术，广泛应用于测量、通信、功率控制与变换等许多领域。

PWM 是一种对模拟信号电平进行数字编码的方法，由于计算机不能输出模拟电压，只能输出 0 或 5V 数字电压值，因此可通过使用高分辨率计数器，利用方波的占空比被调制的方法来对一个具体模拟信号的电平进行编码。PWM 信号仍然是数字的，因为在给定的任何时刻，满幅值的直流供电要么是 5V（ON），要么是 0V（OFF）。电压或电流源是以一种通（ON）或断（OFF）的重复脉冲序列被加到模拟负载上的。通的时候即是直流供电被加到负载上的时候，断的时候即是供电被断开的时候。只要带宽足够，任何模拟值都可以使用 PWM 进行编码。输出的电压值是通过通和断的时间进行计算的，如图 3-28 所示。输出电压=（接通时间/脉冲时间）×最大电压。

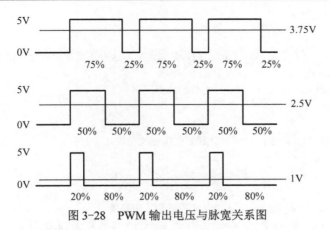

图 3-28　PWM 输出电压与脉宽关系图

PWM 的三个基本参数如下：

1）脉冲宽度变化幅度（最小值/最大值）。

2）脉冲周期（1s 内脉冲频率个数的倒数）。

3）电压高度（例如 0～5V）。

PWM 在一些情况下可以替代 DAC（数-模转换）功能。所以在 Arduino 里面使用函数 analogWrite();写模拟量，Arduino 的 PWM 是 8 位，换算成数字量是 0～255。PWM 使用芯片内部自带的 PWM 发生器功能，只有在主板上标有 PWM 的端口才能使用这个功能，否则此函数写无效。Uno 的 PWM 端口是 3、5、6、9、10、11。

基本的硬件连接图如图 3-29 所示。

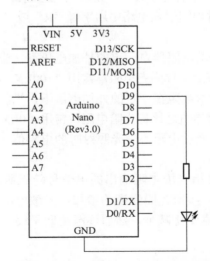

图 3-29　PWM 控制 LED 亮度硬件连接图

（2）实例程序

```
int LED = 9;                    // LED 引脚定义，这里需要使用有 PWM 功能的引脚
int brightness = 0;             // LED 亮度
int fadeAmount = 5;             //调节的单步间隔
//   初始化
void setup()    {
pinMode(LED, OUTPUT);           //LED 引脚定义位输出
}
//   主循环
void loop()    {
analogWrite(LED, brightness);   //设置了 LED 的亮度
brightness = brightness + fadeAmount;          //下一个循环调整 LED 亮度
 //   到最大值后反向调整
if (brightness == 0 || brightness == 255) {
fadeAmount = -fadeAmount ;
   }
    delay(30);                  //延时 30ms
}
```

4. 模拟量信号读取（光敏电阻检测）

（1）实例简介

光敏电阻又称光导管，常用的制作材料为硫化镉，另外还有硒、硫化铝、硫化铅和硫化铋等材料。这些制作材料具有在特定波长的光照射下，其阻值迅速减小的特性。

通常，光敏电阻器都制成薄片结构，以便吸收更多的光能，图 3-30 为光敏电阻外形图。当它受到光的照射时，半导体片（光敏层）内就激发出电子-空穴对，参与导电，使电路中电流增强。为了获得高的灵敏度，光敏电阻的电极常采用梳状图案，它是在一定的掩膜下向光电导薄膜上蒸镀金或铟等金属形成的。光敏电阻器通常由光敏层、玻璃基片（或树脂防潮膜）和电极等组成。光敏电阻器在电路中用字母"R"或"RL""RG"表示。

（2）主要参数与特性

1）光电流、亮电阻。光敏电阻器在一定的外加电压下，当有光照射时，流过的电流称为光电流，外加电压与光电流之比称为亮电阻，常用"100LX"表示。

2）暗电流、暗电阻。光敏电阻在一定的外加电压下，当没有光照射的时候，流过的电流称为暗电流。外加电压与暗电流之比称为暗电阻，常用"0LX"表示。

3）灵敏度。灵敏度是指光敏电阻不受光照射时的电阻值（暗电阻）与受光照射时的电阻值（亮电阻）的相对变化值。

4）光照特性。光照特性指光敏电阻输出的电信号随光照度而变化的特性。从光敏电阻的光照特性曲线可以看出，随着光照强度的增加，光敏电阻的阻值开始迅速下降。若进一步增大光照强度，则电阻值变化减小，然后逐渐趋向平缓。在大多数情况下，该特性为非线性。

（3）硬件连接

光敏电阻采集硬件连接图如图 3-31 所示。

图 3-30　光敏电阻外形图

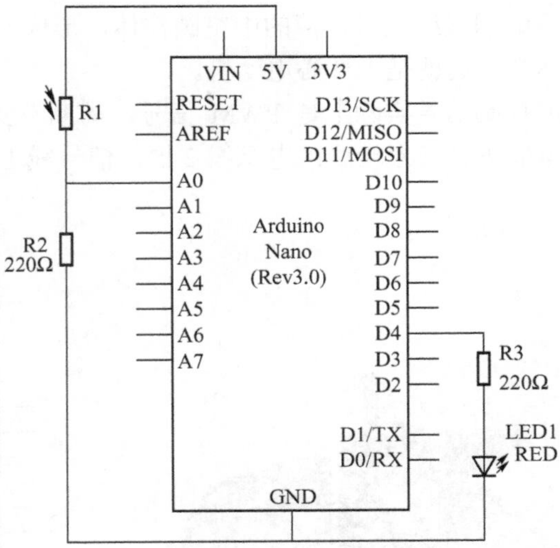

图 3-31　光敏电阻采集硬件连接图

（4）程序

```
int sensorPin = 0;                              //模拟输入引脚
int LEDPin = 4;                                 //LED 引脚
int sensorValue = 0;                            //模拟输入数值变量
void setup() {
pinMode(LEDPin, OUTPUT);                        //声明引脚为输出模式
}
void loop() {
sensorValue = analogRead(sensorPin);                        //读取电位器电压值
if(sensorValue>=800) digitalWrite(LEDPin, HIGH);            //点亮 LED
else if(sensorValue<=600)digitalWrite(LEDPin,LOW);          //熄灭
}
```

5. 运动控制（舵机控制）

（1）实例简介

舵机是船舶上的一种大甲板机械。舵机的大小由外舾装按照船级社的规范决定，选型时主要考虑扭矩大小。在航天方面，舵机应用广泛，导弹姿态变换的俯仰、偏航、滚转运动都是靠舵机相互配合完成的。舵机在许多工程上都有应用，不仅限于船舶。

（2）舵机基本组成

舵机主要由外壳、电路板、无核心电动机、齿轮与位置检测器所构成，小型舵机外形如图 3-32 所示。其工作原理是由接收机发出信号给舵机，经由电路板上的 IC 判断转动方向，再驱动无核心电动机开始转动，透过减速齿轮将动力传至摆臂，同时由位置检测器送回信号，判断是否已经到达定位。位置检测器其实就是可变电阻，当舵机转动时电阻值也会随之改变，由检测电阻值便可知转动的角度。

一般的伺服电动机是将细铜线缠绕在三极转子上，当电流流经线圈时便会产生磁场，与转子外围的磁铁产生排斥作用，进而产生转动的作用力。依据物理学原理，物体的转动惯量与质量成正比，因此要转动质量越大的物体，所需的作用力也越大。舵机为求转速快、耗电小，于是将细铜线缠绕成极薄的中空圆柱体，形成一个重量极轻的五极中空转子，并将磁铁置于圆柱体内，这就是无核心电动机。

舵机的控制信号实际上是 PWM 信号，周期不变，高电平的时间决定舵机的实际位置。标准的模拟舵机有三根接线：电源线 2 根，信号线 1 根。舵机接线图如图 3-33 所示。

图 3-32　小型舵机外形

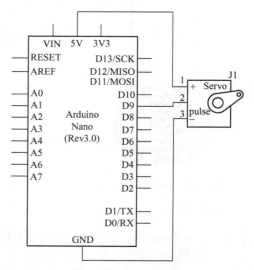

图 3-33　舵机接线图

舵机的控制信号为周期是 20ms 的脉宽调制（PWM）信号，其中脉冲宽度为 0.5～2.5ms，相对应舵盘的位置为 0°～180°，呈线性变化。也就是说，给它提供一定的脉宽，它的输出轴就会保持在一个相对应的角度上，无论外界扭矩怎样改变，直到给它提供一个另外宽度的脉冲信号，它才会改变输出角度到新的对应位置上。舵机内部有一个基准电路，产生周期为 20ms、宽度为 1.5ms 的基准信号，有一个比较器，将外加信号与基准信号相比较，判断出方向和大小，从而产生电动机的转动信号。由此可见，舵机是一种位置伺服的驱动器，转动范围不能超过 180°，适用于那些需要角度不断变化并可以保持的驱动中。

（3）实例程序

```
#include <Servo.h>      //调用舵机库文件
Servo myservo;          //最多可以控制 8 路舵机
int pos = 0;            //用于存储舵机位置的变量
//初始化
void setup()
{
myservo.attach(9);     //舵机控制信号引脚
}
//主循环
void loop()
{
for(pos = 0; pos < 180; pos += 1)   //从 0°～180°
    {                               //步进角度 1°
```

```
myservo.write(pos);            //输入对应的角度值，舵机会转到此位置
delay(15);                     //15ms 后进入下一个位置
    }
for(pos = 180; pos>=1; pos-=1)  //从 180°～0°
{
myservo.write(pos);            //输入对应的角度值，舵机会转到此位置
delay(15);                     //15ms 后进入下一个位置
    }
}
```

程序解读：舵机也使用内部函数库，使用这个库文件，舵机的控制非常简单。标准的舵机旋转角度是 0°～180°，只需要输入对应的度数，电动机就会自动转到对应的位置，非常方便，完全不用理会其控制原理。

6．直流电动机控制

（1）直流电动机简介

直流电动机是将直流电能转换为机械能的电动机，因其良好的调速性能而在电力拖动中得到广泛应用。

基本构造：分为两部分，即定子与转子。定子包括主磁极、机座、换向极、电刷装置等。转子包括电枢铁心、电枢绕组、换向器、轴和风扇等。

（2）硬件连接图

图 3-34 为利用电位器调整小型直流电动机转速的电路原理图，图 3-35 为实物连接图。

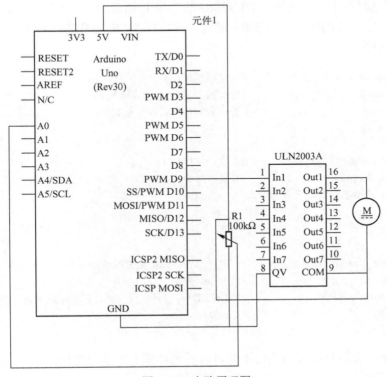

图 3-34　电路原理图

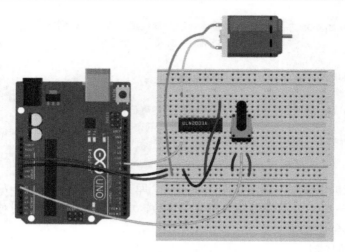

图 3-35　实物连接图

直流电动机调速就是通过调节两端的电压进行调速。之前学过 PWM，这里使用通用的方法控制速度，实际是控制有效电压。在本例中只讲解调速功能，起停功能实际就是开关功能，另外，直流电动机还有正反转功能，这需要专用的驱动芯片配合控制，比如 L9110、L298 等，这里不做讲解。下面是简单的连接电路图和实物连接图。本例使用 ULN2003 驱动电动机，这种芯片内部是达林顿管，宽范围电源供电，大电流输出，适应性较广，适应于驱动扬声器、电动机、继电器等功率器件。

图 3-34 的电路图中，仅使用了 ULN2003 的其中 1 路驱动，最大为 7 路。

实物连接图中，使用插件 ULN2003 芯片，这里以 5V 电动机进行讲解。

（3）实例程序

```
int potpin=0;                    //定义模拟接口 0
int ledpin=9;                    //定义数字接口 9（PWM 输出）
int val=0;                       //暂存来自传感器的变量数值
void setup()
{
pinMode(ledpin,OUTPUT);          //定义数字接口 11 为输出
Serial.begin(9600);              //设置波特率为 9600
//注意：模拟接口自动设置为输入
}
void loop()
{
val=analogRead(potpin);          //读取传感器的模拟值并赋值给 val
Serial.println(val);             //显示 val 变量
analogWrite(ledpin,val/4);       //打开 LED 并设置亮度（PWM 输出最大值 255）
delay(10);                       //延时 0.01s
}
```

下载完程序，旋转电位计的旋钮不但可以看到屏幕上数值的变化，还可以清楚地看到面包板上的 LED 小灯的亮度也在随之变化。

3.4　可编程序控制器

3.4.1　PLC 概述

1. PLC 简介

可编程序控制器（Programmable Logic Controller，PLC），是将继电器逻辑控制技术与计算机技术相结合而发展起来的一种工业控制计算机系统。PLC 低端产品为继电器逻辑电路的替代品，而高端产品实际上就是一种高性能的计算机实时控制系统。PLC 以顺序控制为主，能完成各种逻辑运算、定时、计数、定位、算术运算和通信等功能，它既能控制开关量又能控制模拟量。PLC 的最大特点是采用了无触点的存储程序电路代替传统的有触点的继电器逻辑电路，将控制过程用简单的"用户逻辑语言"编程，并存入存储器中。运行时 PLC 一条一条地读取程序指令，依次控制各输入/输出点。目前，PLC 已广泛应用于数控机床、机器人和各种自动化生产线等顺序控制中。

目前 PLC 著名品牌有德国西门子公司（Siemens）、中国台达（DELTA）、美国 A-B 公司（Allen-Bradley）、日本欧姆龙公司（OMRON）和日本三菱电机株式会社（MITSUBISHI）等。图 3-36 为德国西门子公司 PLC 外形，图 3-37 为日本三菱 PLC 外形。

图 3-36　德国西门子 PLC 外形　　　　　图 3-37　日本三菱 PLC 外形

2. PLC 的特点

（1）使用方便，编程简单

采用简明的梯形图、逻辑图或语句表等编程语言，系统开发周期短，现场调试容易。另外，可在线修改程序，改变控制方案而不拆动硬件。

（2）功能强，性能价格比高

一台小型 PLC 内有成百上千个可供用户使用的编程元件，有很强的功能，可以实现非常复杂的控制功能。它与相同功能的继电器控制系统相比，具有很高的性能价格比。PLC 可以通过通信联网，实现分散控制，集中管理。

（3）硬件配套齐全，用户使用方便，适应性强

PLC 产品已经标准化、系列化、模块化，配备有品种齐全的各种硬件装置供用户选用，

用户能灵活方便地进行系统配置，组成不同功能、不同规模的系统。PLC 的安装接线也很方便，一般用接线端子连接外部接线。PLC 有较强的带负载能力，可以直接驱动一般的电磁阀和小型交流接触器。硬件配置确定后，可以通过修改用户程序，方便快速地适应工艺条件的变化。

（4）可靠性高，抗干扰能力强

传统的继电器控制系统使用了大量的中间继电器、时间继电器，由于触点接触不良，容易出现故障。PLC 用软件代替大量的中间继电器和时间继电器，仅剩下与输入和输出有关的少量硬件元件，接线可减少到继电器控制系统的 1/100～1/10，因触点接触不良造成的故障大幅减少。

PLC 采取了一系列硬件和软件抗干扰措施，具有很强的抗干扰能力，平均无故障时间达到数万小时以上，可以直接用于有强烈干扰的工业生产现场，PLC 已被广大用户公认为最可靠的工业控制设备之一。

（5）系统的设计、安装、调试工作量少

PLC 用软件功能取代了继电器控制系统中大量的中间继电器、时间继电器、计数器等器件，使控制柜的设计、安装、接线工作量大幅减少。

PLC 的梯形图程序一般采用顺序控制设计法来设计。这种编程方法很有规律，很容易掌握。对于复杂的控制系统，设计梯形图的时间比设计相同功能的继电器控制系统电路图的时间要少得多。PLC 的用户程序可以在实验室模拟调试，输入信号用小开关来模拟，通过 PLC 上的发光二极管可观察输出信号的状态。完成了系统的安装和接线后，在现场的统调过程中发现的问题一般通过修改程序就可以解决，系统的调试时间比继电器系统少得多。

（6）维修工作量小，维修方便

PLC 的故障率很低，且有完善的自诊断和故障显示功能。PLC 或外部的输入装置和执行机构发生故障时，可以根据 PLC 上的发光二极管或编程器提供的信息迅速查明故障的原因，用更换模块的方法迅速地排除故障。

3. PLC 应用领域

目前，PLC 在国内外已广泛应用于钢铁、石油、化工、电力、建材、机械制造、汽车、轻纺、交通运输、环保及文化娱乐等行业，使用情况大致可归纳为如下几类。

（1）开关量的逻辑控制

这是 PLC 最基本、最广泛的应用领域，它取代传统的继电器电路，实现逻辑控制、顺序控制，既可用于单台设备的控制，也可用于多机群控及自动化流水线。如注塑机、印刷机、订书机械、组合机床、磨床、包装生产线、电镀流水线等。

（2）模拟量控制

在工业生产过程中，有许多连续变化的量，如温度、压力、流量、液位和速度等都是模拟量。为了使 PLC 能处理模拟量，必须实现模拟量（Analog）和数字量（Digital）之间的 A-D 转换及 D-A 转换。PLC 厂家都生产配套的 A-D 和 D-A 转换模块，使 PLC 用于模拟量控制。

（3）运动控制

PLC 可以用于圆周运动或直线运动的控制。从控制机构配置来说，早期直接用于开关量的 I/O 模块连接位置传感器和执行机构，现在一般使用专用的运动控制模块，如可驱动步进电动机或伺服电动机的单轴或多轴位置控制模块。世界上各主要 PLC 厂家的产品几乎都有运动控制功能，广泛用于各种机械、机床、机器人、电梯等场合。

（4）过程控制

过程控制是指对温度、压力、流量等模拟量的闭环控制。作为工业控制计算机，PLC 能编制各种各样的控制算法程序，完成闭环控制。PID 调节是一般闭环控制系统中用得较多的调节方法。大中型 PLC 都有 PID 模块，目前许多小型 PLC 也具有此功能模块。PID 处理一般是运行专用的 PID 子程序。过程控制在冶金、化工、热处理、锅炉控制等场合有非常广泛的应用。

（5）数据处理

现代 PLC 具有数学运算（含矩阵运算、函数运算、逻辑运算）、数据传送、数据转换、排序、查表、位操作等功能，可以完成数据的采集、分析及处理。这些数据可以与存储在存储器中的参考值比较，从而完成一定的控制操作，也可以利用通信功能传送到其他智能装置，或将它们打印制表。数据处理一般用于大型控制系统，如无人控制的柔性制造系统；也可用于过程控制系统，如造纸、冶金、食品工业中的一些大型控制系统。

（6）通信及联网

PLC 通信含 PLC 间的通信及 PLC 与其他智能设备间的通信。随着计算机控制的发展，工厂自动化网络发展得很快，各 PLC 厂商都十分重视 PLC 的通信功能，纷纷推出各自的网络系统。新近生产的 PLC 都具有通信接口，通信非常方便。

4. PLC 未来展望

21 世纪，PLC 会有更大的发展。从技术上看，计算机技术的新成果会更多地应用于 PLC 的设计和制造上，会有运算速度更快、存储容量更大、智能性更强的品种出现；从产品规模上看，会进一步向超小型及超大型方向发展；从产品的配套性上看，产品的品种会更丰富、规格会更齐全，完美的人机界面、完备的通信设备会更好地适应各种工业控制场合的需求；从市场上看，各国各自生产多品种产品的情况会随着国际竞争的加剧而被打破，会出现少数几个品牌垄断国际市场的局面，会出现国际通用的编程语言；从网络的发展情况来看，PLC 和其他工业控制计算机组网构成大型的控制系统是 PLC 技术的发展方向。目前的计算机集散控制系统（Distributed Control System，DCS）中已有大量的 PLC 应用。伴随着计算机网络的发展，PLC 作为自动化控制网络和国际通用网络的重要组成部分，将在工业及工业以外的众多领域发挥越来越大的作用。

3.4.2　S7–1200 PLC

1. S7-1200 PLC 的基本结构与工作原理

SIMATIC S7-1200 PLC 是西门子公司的一款紧凑型、模块化的 PLC，可完成简单与高级逻辑控制、触摸屏（HMI）网络通信等任务；对于需要网络通信功能和单屏或多屏 HMI 的自动化系统，易于设计和实施；具有支持小型运动控制系统、过程控制系统的高级应用功能。

S7-1200 系列 PLC 的 CPU 将微处理器、集成电源、输入和输出电路、内置 PROFINET、高速运动控制 I/O 以及板载模拟量输入组合到一个设计紧凑的外壳中来形成功能强大的控制器。

S7-1200 系列 CPU 有五种不同型号的模块，分别为 CPU 1211C、CPU 1212C、CPU

1214C、CPU 1215C 和 CPU 1217C，其特征见表 3-4。每一种模块都可以进行扩展，以满足用户系统需要。用户可以在任何型号的 CPU 前方加入一个信号板，用来扩展数字量或模拟量 I/O，同时不影响控制器的实际大小，也可将信号模块连接至 CPU 的右侧以进一步扩展数字量或模拟量 I/O 的容量。

表 3-4 S7-1200 系列 CPU 特征

特征		CPU 1211C	CPU 1212C	CPU 1214C	CPU 1215C	CPU 1217C
物理尺寸/mm		90×100×75		110×100×75	130×100×75	150×100×75
用户存储器	工作/KB	50	75	100	125	150
	负载/MB	1	2	4		
	保持性/KB	10				
本地板 I/O	数字量	6 个输入	8 个输入	14 个输入		
		4 个输出	6 个输出	10 个输出		
	模拟量	2 路输入				2 点输入/2 点输出

2. S7-1200 PLC 的硬件组成

（1）CPU 模块

下面以 CPU 1211C DC/DC/Rly 型号的 CPU 为例讲解 CPU 模块的组成与功能，其外形如图 3-38 所示。

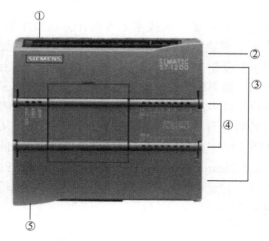

图 3-38 CPU 1211C DC/DC/Rly
① 电源接口 ② 存储卡插槽（上保护盖下面） ③ 可拆卸用户接线端子
④ 板载 I/O 状态指示 LED ⑤ PROFINET 连接端口（CPU 的底部）

该 CPU 提供一个 PROFINET 端口用于与其他模块进行 PROFINET 网络通信，还可以使用附加模块通过 PROFIBUS、RS485、RS232、GPRS、IEC 等协议进行网络通信。电源接口用于给 CPU 提供 24V 直流电，存储卡可以作为 CPU 的预装载存储区，用户项目文件仅存储在卡中，CPU 中没有项目文件，离开存储卡将无法运行；忘记密码时，清除 CPU 内部项目文件和密码；存储卡还可以用于更新 S7-1200 CPU 的固件版本（只限 24MB 存储卡）。接线端子用于 PLC 与外部设备进行数字或模拟通信；PROFINET 连接端口用于 PLC 与外部设备以及编程计算机进行总线通信。

（2）信号模块

信号模块又称为 SM 模块（Signal Module），包括数字量输入模块（DI）、输出模块（DO）和模拟量输入模块（AI）、输出模块（AO）。

输入模块用于采集和接收输入信号，数字量输入模块（DI）用于接收开关、按钮、限位开关、光电开关、继电器等提供的数字量输入信号；模拟量输入模块（AI）用于接收电位器、温度传感器、测速发电机、压力传感器等提供的连续变化的模拟量信号。

输出模块用于控制外部设备。数字量输出模块（DO）用于控制接触器、继电器、指示灯、电磁阀等数字量控制的外部设备；模拟量输出模块（AO）可用于控制变频器、压力阀等模拟量控制的外部设备。

（3）通信模块

通信模块（CB）安装在 CPU 模块的左边（见图 3-39），最多可以添加三块通信模块，可以使用点对点通信模块、RPOFIBUS 模块、AS-i 接口模块和 IO-Link 模块等。

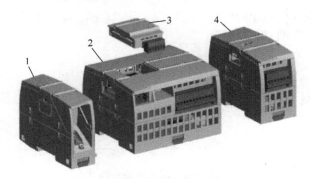

图 3-39　S7-1200 PLC 模块

1—通信模块　2—CPU　3—信号板　4—信号模块

3. S7-1200 的编程语言

（1）梯形图

如图 3-40 所示，程序段 1 就是一段典型的电动机自锁起动程序，I0.0 是起动按钮，按下后，Q0.0 控制电动机起动，同时 Q0.0 的常开触点闭合，等起动按钮 I0.0 松开后，能保持电路是通的，让电动机继续运行，达到自锁的目的。I0.1 是停止按钮，按下后，Q0.0 断开。

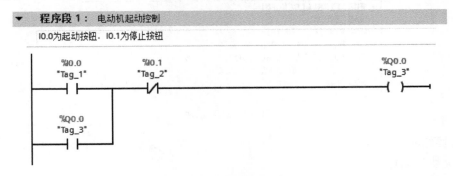

图 3-40　梯形图示例

梯形图和继电器的电气图比较类似，具有直观易懂的优点，很容易被熟悉继电器控制的电气工作者掌握，适合数字量逻辑控制，梯形图也被称为电路或者程序。

梯形图由触点、线圈和用方框表示的指令框组成。触点表示输入条件，如外部按钮、开关和内部的中间变量条件等。线圈通常表示逻辑运算的结果，常用于控制外部负载和内部中间变量。指令框用于表示定时器、计数器、数学运算或运动控制等指令。

（2）功能块图

功能块图（Function Block Diagram，FBD）使用类似于数字电路的图形逻辑符号来表示控制逻辑，有数字电路基础的人比较容易掌握，使用这种方式编程的人不多。

在刚才编写的程序段 1 中，用鼠标右键单击"MAIN(OB1)"，找到"切换编程语言"，选择"FBD"。

在功能块图中，用类似与门（符号"&"）、或门（符号">=1"）的方框表示逻辑运算关系，方框左边为逻辑运算的输入变量，右边为输出变量，输出端的小圆圈表示"非"运算，信号的方向也是从左到右，如图 3-41 所示。指令框用来表示一些复杂的功能，例如数学运算等。

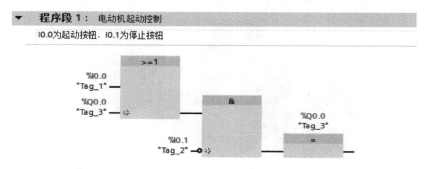

图 3-41　功能块图示例

（3）SCL

SCL（Structured Control Language，结构化控制语言）是一种基于 PASCAL 的高级编程语言。SCL 除了包含 PLC 的典型元素（例如输入、输出、定时器等）外，还包含高级编程语言中的表达式、运算符和赋值运算，如图 3-42 所示。SCL 提供了简便的指令进行程序控制，如创建程序分支、循环或跳转。SCL 主要适用于以下领域：数据处理、过程优化、数学运算和统计任务等。

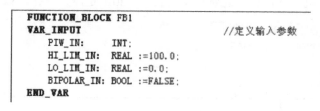

图 3-42　SCL 示例

4．程序结构

（1）模块化编程

模块化编程将复杂的任务分成较小的子任务，每个子任务对应一个称为"块"的子程序

（见表 3-5），可以通过块与块之间的相互调用来组织程序。这样的程序易于调试、查错和修改，增加了 PLC 程序的组织性、逻辑性和可维护性。

表 3-5　块的简要说明

块	简要说明
组织块（OB）	操作系统与用户程序的接口，决定程序的结构
功能块（FB）	用户编写的包含经常使用的功能的子程序，有专用的背景数据块
功能（FC）	用户编写的包含经常使用的功能的子程序，无专用的背景数据块
背景数据块(DB)	用于保存 FB 的输入、输出参数和静态变量，数据在编译时自动生成
全局数据块(DB)	存储用户数据的数据区域，供所有的代码块共享

（2）组织块

组织块（Organization Block, OB）是操作系统与用户程序的接口，由操作系统调用，用于控制扫描循环和中断程序的执行、PLC 的启动和错误处理等。其中的程序由用户编写。每个组织块必须有唯一的编号，123 号之前的一些编号是保留的，其他 OB 的编号应大于或等于 123。OB 不能互相调用，也不能被 FC 和 FB 调用，只有启动事件（如周期性中断事件或诊断中断事件）可以启动 OB 的执行。OB1 是用户程序中的主程序，在每一次循环中，操作系统程序调用一次 OB1，因此 OB1 中的程序是循环执行的。一个 PLC 程序中允许有多个程序循环，默认的块是 OB1，其他循环程序 OB 的编号必须大于或等于 123。

当 CPU 的工作模式从 STOP 切换到 RUN 时，执行一次启动（STARTUP）组织块，初始化程序循环 OB 中的某些变量。执行完启动 OB 后，开始执行程序循环 OB，可以有多个启动 OB，默认的为 OB100，其他启动 OB 编号应大于或等于 123。

中断处理用来实现对特殊内部事件或外部事件的快速响应。如果出现中断事件，由于 OB1 的中断优先级最低，操作系统在执行完当前程序的当前指令后，立即响应中断，CPU 将暂停正在执行的程序块，启动调用一个分配给该事件的组织块（中断程序）来处理中断事件，执行完中断组织块后，返回被中断的程序断点处继续执行原来的程序。

（3）功能（函数）

功能（Function，FC）是用户编写的子程序，包含完成特定任务的代码和参数。FC 有与调用它的块共享的输入输出参数，执行完 FC 和 FB 后，返回调用它的代码块。

可以在程序的不同位置多次调用同一个 FC 或 FB，这样可以简化重复执行的任务编程。FC 没有固定的存储区，执行结束后，其临时变量中的数据也就丢失了。

（4）功能块

功能块（Function Block, FB）是用户编写的子程序。调用 FB 时，需要指定背景数据块，后者是功能块专用的存储区。CPU 执行 FB 中的程序，将块的输入、输出参数和局部静态变量保存在背景数据块中，以便在后面的扫描周期访问它们。FB 的典型应用是执行不能在一个扫描周期内完成的操作。在调用 FB 时，会自动打开对应的背景数据块，数据块中的变量可以供其他代码块使用。

（5）数据块

数据块（Data Block，DB）是用于存放执行代码块时所需数据的数据区，与代码块不同，数据块没有指令，STEP 7 按照数据生成的顺序自动为数据块中的变量分配地址。

背景数据块存储的数据供特定的 FB 使用，保存的是对应的 FB 的输入、输出参数和局部静态变量。FB 的临时数据不是用背景数据块保存的。全局数据块存储供所有代码块使用的数据，所有的 OB、FB 和 FC 都可以访问。

5. 数据类型

（1）基本数据类型

S7-1200 支持的基本数据类型详见表 3-6。

表 3-6 基本数据类型

分类	数据类型	位数	取值范围	说明/举例
位	布尔（Bool）	1	1,0	TRUE,FALSE 或 1,0
位序列	字节（Byte）	8	16#00～16#FF	MB0, IB3, QB1, DB0.DBB12
	字（Word）	16	16#0000～16#FFFF	MW0, IW2, QW1, DB0.DBW10
	双字（DWord）	32	16#00000000～16#FFFFFFFF	MD0, ID2, QD1, DB0.DBD10
整数	短整数（SInt）	8	-128～127	有符号十进制整数，-121,123
	整数（Int）	16	-32768～32767	有符号十进制整数，-121,123
	双整数（DInt）	32	-2147483648～-2147483647	有符号十进制整数，-121,123
	无符号短整数（USInt）	8	0～255	无符号十进制整数，123
	无符号整数（UInt）	16	0～65535	无符号十进制整数，123
	无符号双整数（DUInt）	32	0～4294967295	无符号十进制整数，123
浮点数	浮点数（Real）	32	正数范围：1.175495e-38～3.402823e+38 负数范围：-3.402823e+38～-1.175495e+38	IEEE 浮点数
	双精度浮点数（LReal）	64	正数范围：2.2250738585072014 e-308～1.7976931348623158 e+308 负数范围：-1.7976931348623158 e+308～-2.2250738585072014 e-308	
字符	Char	8	ASCII 编码 16#20～16#7F（32～127）	任何可打印的字符，除去 DEL（16#20）和空格（16#7F）

（2）常用位逻辑指令及应用

使用 S7-1200 CPU 提供的位逻辑运算指令，可以实现最基本的位逻辑操作，包括常开、常闭、置位、复位、沿指令等，具体见表 3-7。

表 3-7 常用位逻辑指令

指令	说明	指令	说明
─┤├─	常开触点	RS	复位/置位触发器
─┤/├─	常闭触点	─┤P├─	扫描操作数的信号上升沿
─┤NOT├─	取反 RLO	─┤N├─	扫描操作数的信号下降沿
──（ ）──	线圈	──（ P ）──	在信号上升沿置位操作数
──（ / ）──	取反线圈	──（ N ）──	在信号下降沿置位操作数

（续）

指令	说明	指令	说明
—（ S ）—	置位输出	P_TRING	扫描 RLO 的信号上升沿
—（ R ）—	复位输出	N_TRING	扫描 RLO 的信号下降沿
—（SET_BF）—	置位位域	R_TRING	检测信号上升沿
—（RESET_BF）—	复位位域	F_TRING	检测信号下降沿
SR	置位/复位触发器		

3.4.3　博途软件（TIA Portal）的使用

1．博途软件简介

STEP 7 是 TIA Portal 中的编程和组态软件。除了包括 STEP 7 外，TIA Portal 中还包括设计和执行运行过程可视化的 WinCC，以及 WinCC 和 STEP 7 的在线帮助。软件提供了一个用户友好的环境，供用户开发、编辑和监视控制应用所需的逻辑，其中包括用于管理和组态项目中所有设备（例如控制器和 HMI 等设备）的工具。为了帮助用户查找需要的信息，STEP 7 提供了内容丰富的在线帮助系统。STEP 7 提供了标准编程语言，用于方便高效地开发适合用户具体应用的控制程序。

2．软件的安装

安装好软件后，打开桌面上的"TIA PORTAL V14"图标。可以看到软件开始界面，如图 3-43 所示。

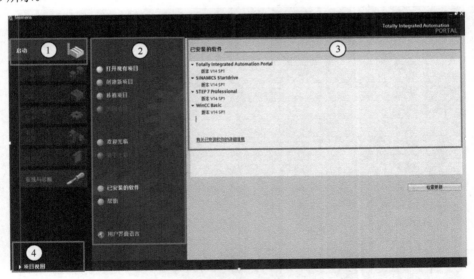

图 3-43　软件开始界面

软件打开后主要分为 4 个区域，功能分别如下：① 不同任务的门户；② 所选门户的任务；③ 所选操作的选择面板；④ 切换到项目视图。

切换到项目视图后，可以看到软件界面主要分为 7 个区域：①菜单和工具栏；②项目浏览器；③工作区；④任务卡；⑤巡视窗口；⑥切换到门户视图；⑦编辑器栏，如图 3-44 所示。

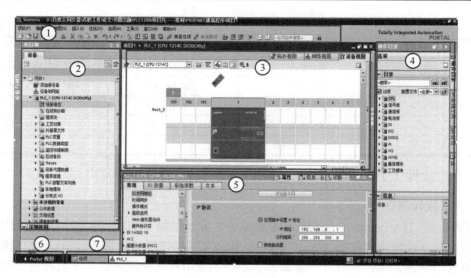

图 3-44　项目视图

3. TIA Portal 软件的使用

下面用一个简单的例子来讲解博途软件如何使用。在这个例子中，用中间变量 M0.0 作为输入，M0.1 作为输出，当 M0.0 置高电平时，输出 M0.1 也为高电平。

1）CPU 的 L 和 M 端分别接入 24V 电源的正、负极，然后新建项目，如图 3-45 所示。

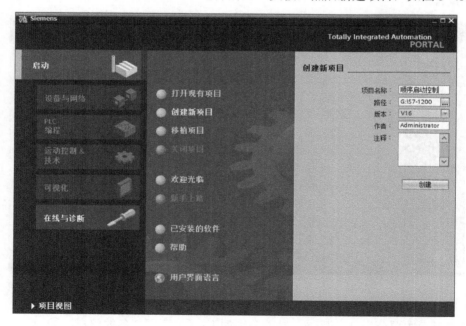

图 3-45　新建项目

2）打开项目视图，单击"添加新设备"，选择"CPU 1214C DC/DC/Rly"，如图 3-46 所示。

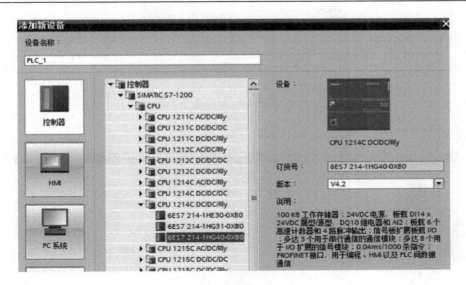

图 3-46　选择"CPU 1214C DC/DC/Rly"

3）打开 PLC 默认变量表，添加变量 M0.0 和 M0.1，如图 3-47 所示。

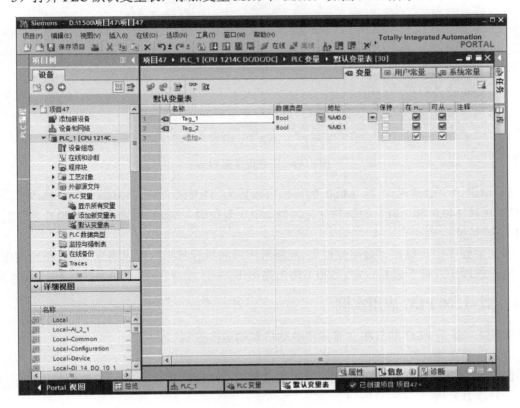

图 3-47　添加变量

4）在主程序中添加如图 3-48 所示程序段。

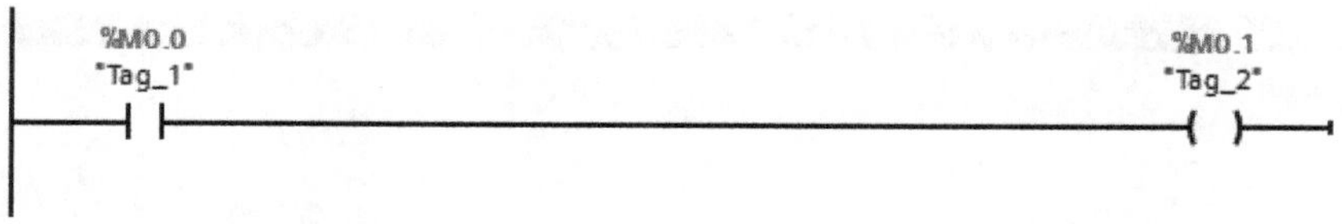

图 3-48 程序段

5）下载程序至 PLC，如图 3-49 所示。

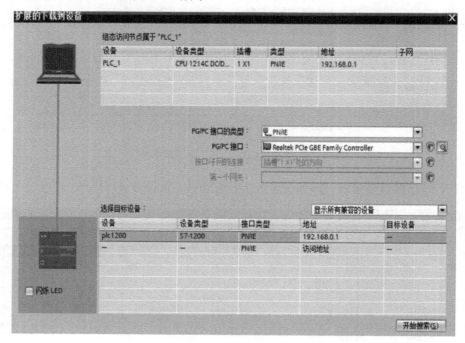

图 3-49 下载程序至 PLC

6）单击"全部监视"，将 M0.0 的修改值设置为 TRUE，单击"立即一次性修改全部选定值"，观察 M0.0 和 M0.1 的值的变化，当 M0.0 置位时，M0.1 也被置位；M0.0 复位时，M0.1 也被复位。

回到主程序中，单击"启用监视"，观察程序段的执行状态，可以看到 M0.0 被置高电平后，第一条程序段处于通路状态，M0.1 输出高电平。

3.4.4 S7-1200 PLC 应用实例

实例1 基于 PLC 的三相交流异步电动机点动运行控制

（1）项目要求

使用 S7-1200 PLC 实现三相交流异步电动机的点动控制运行。

（2）项目分析

三相交流异步电机的点动控制要求：按下起动按钮，电动机运行，松开按钮，电动机停止运行。

图 3-50 为接触器控制的三相交流异步电动机点动控制原理图，由主电路和控制电路两

部分组成。电动机起动过程：断路器 QF1 闭合，当按下起动按钮 SB 时，交流接触器 KM 线圈得电，其主触点闭合，电动机 M 起动运行；当松开按钮 SB 时，交流接触器 KM 线圈失电，其主触点断开，电动机 M 停止运行。

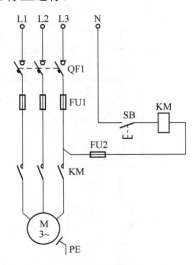

图 3-50　三相交流异步电动机点动控制原理图

（3）控制系统设计

根据本项目任务分析，SB 为点动按钮，通过 PLC 输出控制 KM 线圈的得电和失电控制电动机的起停。由于交流接触器线圈需交流 220V 供电，因此本项目选择继电器输出类型的 PLC，且系统只有点动一个输入点和一个 KM 输出点，根据以上分析，西门子 S7-1200 系列中 CPU 1211C DC/DC/Rly、CPU 1211C AC/DC/Rly、CPU 1212C AC/DC/Rly、CPU 1212C DC/DC/Rly 等 PLC 从 I/O 点数和输出类型两方面都可以满足本项目控制要求。本项目 PLC 选型为 CPU 1211C DC/DC/Rly，订货号 6ES7-211-1HE40-0XB0。主要设备清单见表 3-8。

表 3-8　三相交流异步电动机点动控制主要设备清单

序号	名称	型号与规格	单位	数量	备注
1	三相交流异步电动机	YS8012 60W	台	1	可根据实际情况选择电动机
2	交流接触器	CJX2-1210	个	1	
3	PLC	西门子 S7-1200 CPU 1211C DC/DC/Rly	台	1	可根据实际情况选择继电器输出型 PLC

（4）I/O 地址分配

三相交流异步电动机点动控制 I/O 分配表见表 3-9。

表 3-9　三相交流异步电动机点动控制 I/O 分配表

输入信号			输出信号		
输入元件	作用	输入继电器	输出元件	作用	输出继电器
SB	点动按钮	I0.0	KM	电动机接触器	Q0.0

（5）系统接线图

基于 PLC 的三相交流异步电机点动控制原理图如图 3-51 所示，左图为主电路，右图为控制电路。

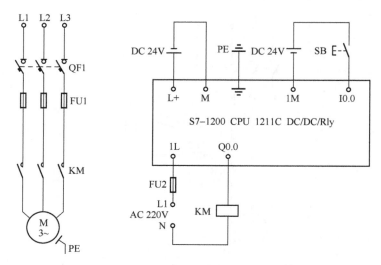

图 3-51　基于 PLC 的三相交流异步电动机点动控制原理图

（6）PLC 程序设计

1）变量定义。变量表如图 3-52 所示。

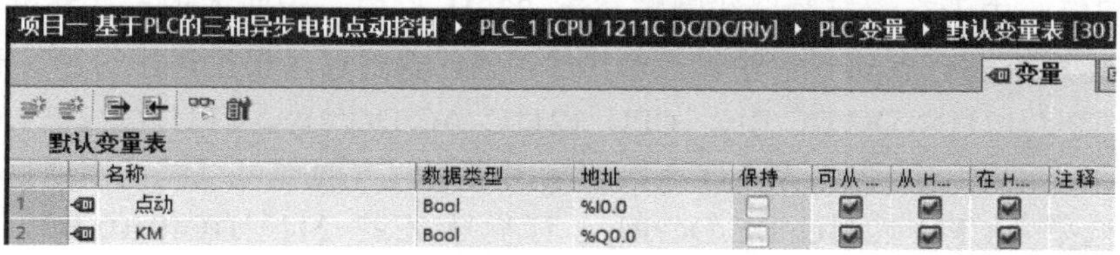

图 3-52　三相交流异步电动机点动控制变量表

2）程序设计。梯形图如图 3-53 所示。

```
      %I0.0                                                    %Q0.0
      "点动"                                                    "KM"
   ─────┤├─────────────────────────────────────────────────────( )───────
```

图 3-53　三相交流异步电动机点动控制梯形图

（7）控制系统调试

按控制原理图完成控制系统的安装接线，合上开关 QF1，同时使 PLC 处于运行状态，按下按钮 SB→I0.0 的状态由 0 变为 1→I0.0 的常开触点闭合→输出线圈 Q0.0 得电输出→接触器 KM 线圈得电→接触器主触点闭合→三相交流异步电动机得电运行。

松开按钮 SB→I0.0 的状态由 1 变为 0→I0.0 恢复为常开状态→输出线圈 Q0.0 失电→接触器线圈失电→接触器主触点断开→三相交流异步电动机失电停止运行。

实例 2　基于 PLC 的三相交流异步电动机正反转循环控制

（1）项目分析

本任务要求按下起动按钮，三相交流异步电动机正转 5s，暂停 2s，反转 5s，暂停 2s，如此循环，按下停止按钮电动机立即停止运行。同时电动机正转时，正转指示灯亮，反转时反转指示灯亮。

（2）控制系统设计

根据项目任务分析，正反转循环控制系统有停止按钮、起动按钮和过载保护 3 个输入信号，有正转接触器 KM1、反转接触 KM2、正转指示灯 HL1 和反转指示灯 HL2 总共 4 个输出控制信号，其中交流接触器 KM1、KM2 线圈电压为 220V，指示灯额定电压为 DC 24V，因此项目选择既有交流输出回路又有 24V 直流输回路类型的 PLC。根据以上分析，西门子 S7-1200 系列中 1212C、1214C 等继电器输出类型的 PLC 从 I/O 点数和输出类型两方面都可以满足本项目控制要求。

三相交流异步电动机正反转循环控制流程图如图 3-54 所示。

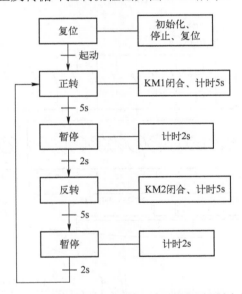

图 3-54　三相交流异步电动机正反转循环控制流程图

主要设备清单见表 3-10。

表 3-10　三相交流异步电动机正反转循环控制主要设备清单

序号	名称	型号与规格	单位	数量	备注
1	三相交流异步电动机	YS8012 60W	台	1	可根据实际情况选择电动机
2	交流接触器	CJX2-1210	个	2	
3	PLC	西门子 S7-1200 CPU 1212C DC/DC/Rly	台	1	可根据实际情况选择继电器输出型 PLC
4	指示灯	施耐德 XB2BVB3LC	个	2	

（3）I/O 地址分配

三相交流异步电动机正反转循环控制 I/O 分配表见表 3-11。

表 3-11 三相交流异步电动机正反转循环控制 I/O 分配表

输入信号			输出信号		
输入元件	作用	输入继电器	输出元件	作用	输出继电器
SB0	停止按钮	I0.0	KM1	正转接触器	Q0.4
SB1	起动按钮	I0.1	KM2	反转接触器	Q0.5
FR	过载保护	I0.2	HL1	正转指示灯	Q0.0
			HL2	反转指示灯	Q0.1

（4）系统接线图

由 1212C CPU 的接线图（见图 3-55）可知，它的第一组输出回路可接直流 24V，第二输出回路只能接交流 220V，因此两个指示灯 HL1、HL2 接在输出的第一组回路中，接触器线圈 KM1、KM2 接在第二组回路中。基于 PLC 的三相交流异步电动机正反转循环控制原理图如图 3-56 所示。

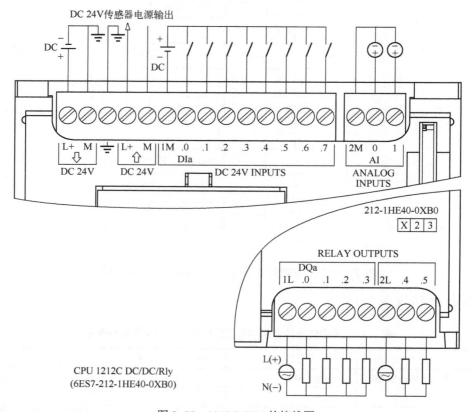

图 3-55 1212C CPU 的接线图

（5）PLC 程序设计

1）变量定义。变量表如图 3-57 所示。

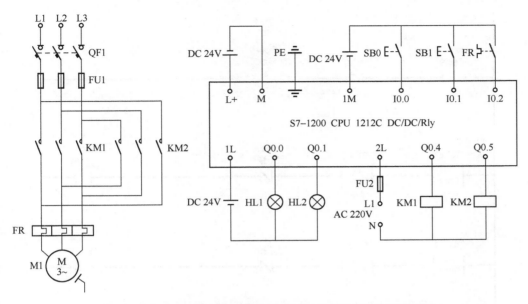

图 3-56　基于 PLC 的三相交流异步电动机正反转循环控制原理图

项目47 三相交流异步电机正反转循环控制 ▸ PLC_1 [CPU 1212C DC/DC/Rly] ▸ PLC 变量 ▸ 默认变量表

默认变量表

	名称	数据类型	地址	保持	在 H...	可从 ...	注释
1	停止	Bool	%I0.0	☐	☑	☑	
2	起动	Bool	%I0.1	☐	☑	☑	
3	过载保护	Bool	%I0.2	☐	☑	☑	
4	正转指示灯	Bool	%Q0.0	☐	☑	☑	
5	反转指示灯	Bool	%Q0.1	☐	☑	☑	
6	正转	Bool	%Q0.4	☐	☑	☑	
7	反转	Bool	%Q0.5	☐	☑	☑	
8	保持	Bool	%M0.0	☐	☑	☑	

图 3-57　三相交流异步电动机正反转循环控制变量表

2）PLC 程序设计。梯形图如图 3-58 所示。

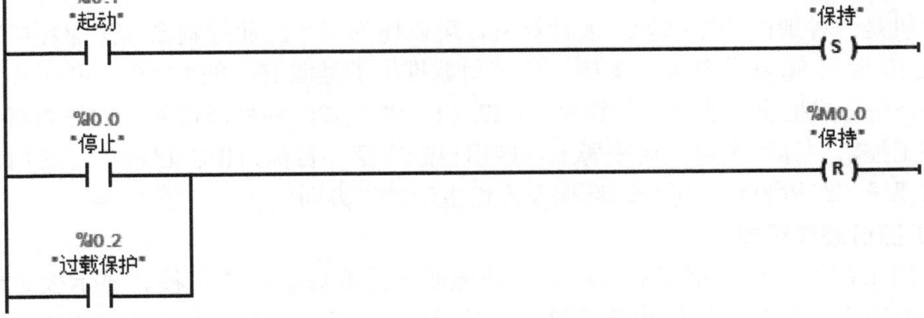

图 3-58　三相交流异步电动机正反转循环控制梯形图

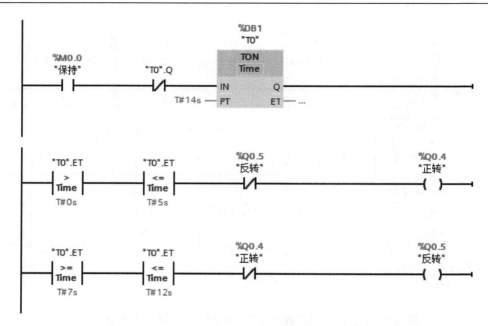

图 3-58 三相交流异步电动机正反转循环控制梯形图（续）

程序段 1：起-保-停电路，采用置位和复位指令实现。

程序段 2：完成一次正反转所需时间。

程序段 3：当定时器时间 0s<ET≤5s 时，电动机正转；当 7s≤ET≤12s 时，电动机反转。

3.5 总线工业控制机

3.5.1 总线工业控制机的组成与特点

工业控制计算机，简称工控机，也称为工业计算机（Industrial Personal Computer，IPC）。它主要用于工业过程测量、控制、数据采集等工作。以工控机为核心的测量和控制系统，处理来自工业系统的输入信号，再根据控制要求将处理结果输出到执行机构，去控制生产过程，同时对生产进行监督和管理。

工控机是一种加固的增强型个人计算机，可以作为一个工业控制器在工业环境中可靠运行。早在 20 世纪 80 年代初期，美国 AD 公司就推出了类似 IPC 的 MAC-150 工控机，随后美国 IBM 公司正式推出工业个人计算机 IBM7532。由于 IPC 的性能可靠、软件丰富、价格低廉，而在工控机中异军突起，后来居上，应用日趋广泛。目前，IPC 已被广泛应用于通信、工业控制现场、路桥收费、医疗、环保及人们生活的方方面面。

1. 工控机硬件组成

典型的工控机由加固型工业机箱、工业电源、无源底板、主机板、显示板、硬盘驱动器、光盘驱动器、各类输入/输出接口模块、显示器、键盘、鼠标和打印机等组成。

（1）全钢机箱

IPC的全钢机箱是按标准设计的，抗冲击、抗振动、抗电磁干扰，内部可安装同 PC-bus 兼容的无源底板。机箱前端如图 3-59 所示，机箱后端如图 3-60 所示。

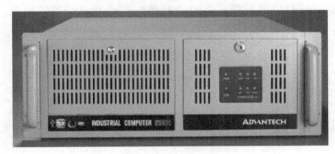

图 3-59　机箱前端

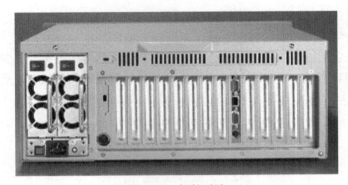

图 3-60　机箱后端

（2）无源底板

无源底板也称为背板（Back Plane），以总线结构形式（如 STD、ISA、PCI 总线等）设计成多插槽的底板，如图 3-61 所示。底板可插接各种板卡，包括CPU卡、显示卡、控制卡、I/O卡等。

图 3-61　无源底板

（3）主机板

主机板是工业控制机的核心，由中央处理器（CPU）、存储器（RAM、ROM）和 I/O 接口等部件组成，如图 3-62 所示。主机板的作用是将采集到的实时信息按照预定程序进行必要的数值计算、逻辑判断和数据处理，及时选择控制策略并将结果输出到工业过程。

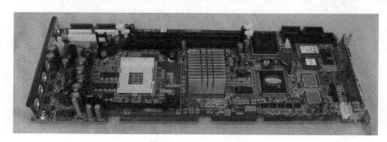

图 3-62　主机板

（4）系统总线

系统总线可分为内部总线和外部总线，其连接示意图如图 3-63 所示。内部总线是工控机内部各组成部分之间进行信息传送的公共通道，是一组信号线的集合。常用的内部总线有 IBM PC 总线和 STD 总线。外部总线是工控机与其他计算机和智能设备进行信息传送的公共通道，常用外部总线有 RS 232C、RS485 和 IEEE 488 通信总线。

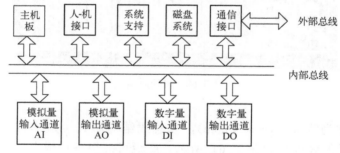

图 3-63　系统总线连接示意图

（5）人-机接口

人-机接口包括显示器、键盘、打印机以及专用操作显示台等。通过人-机接口设备，操作员与计算机之间可以进行信息交换。

（6）通信接口

通信接口是工业控制机与其他计算机和智能设备进行信息传送的通道。常用的有 RS 232C、RS485 和 IEEE 488 接口。为方便主机系统集成，USB 总线接口技术正日益受到重视。

（7）输入/输出模板

输入/输出模板是工控机和生产过程之间进行信号传递和变换的连接通道，包括模拟量输入通道（AI）、模拟量输出通道（AO）、数字量（开关量）输入通道（DI）、数字量（开关量）输出通道（DO）。

（8）系统支持

系统支持功能主要包括：①监控定时器，俗称"看门狗"（Watchdog）；②电源掉电监测；③后备存储器；④实时日历时钟。

（9）磁盘系统

硬盘系统主要包括半导体虚拟磁盘、软盘、硬盘或 USB 磁盘。

2．工控机应用软件

（1）系统软件

系统软件用来管理 IPC 的资源，并以简便的形式向用户提供服务。如早期的 MS-DOS；实时多任务操作系统、引导程序、调度执行程序，如 Unix、Windows、美国 Intel 公司的 RMX86 实时多任务操作系统；嵌入式系统操作系统 Linux、Windows CE、VxWorks、Palm OS 等。

（2）工具软件

工具软件是技术人员从事软件开发工作的辅助软件，包括汇编语言、高级语言、编译程序、编辑程序、调试程序、诊断程序等。

（3）应用软件

应用软件是系统设计人员针对某个生产过程而编制的控制和管理程序，通常包括过程输入/输出程序、过程控制程序、人-机接口程序、打印显示程序和公共子程序等。

3．工控机的特点

与通用的计算机相比，工控机的主要特点如下：

1）可靠性高。工控机常用于控制连续的生产过程，在运行期间不允许停机检修，一旦发生故障将会导致质量事故，甚至生产事故。因此要求工控机具有很高的可靠性、低故障率和短维修时间。

2）实时性好。工控机必须实时地响应控制对象的各种参数的变化，才能对生产过程进行实时控制与监测。当过程参数出现偏差或故障时，能实时响应并实时地进行报警和处理。通常工控机配有实时多任务操作系统和中断系统。

3）环境适应性强。由于工业现场环境恶劣，要求工控机具有很强的环境适应能力，如对温度/湿度变化范围要求高；具有防尘、防腐蚀、防振动冲击的能力；具有较好的电磁兼容性和高抗干扰能力及高共模抑制能力。

4）丰富的输入/输出模板。工控机与过程仪表相配套，与各种信号打交道，要求具有丰富的多功能输入/输出配套模板，如模拟量、数字量、脉冲量等输入/输出模板。

5）系统扩充性和开放性好。灵活的系统扩充性有利于工厂自动化水平的提高和控制规模的不断扩大。采用开放性体系结构，便于系统扩充、软件的升级和互换。

6）控制软件包功能强，具有人机交互方便、画面丰富、实时性好等性能；具有系统组态和系统生成功能；具有实时及历史趋势记录与显示功能；具有实时报警及事故追忆等功能；具有丰富的控制算法。

7）系统通信功能强。一般要求工控机能构成大型计算机控制系统，具有远程通信功能。为满足实时性要求，工控机的通信网络速率要高，并符合国际标准通信协议。

8）冗余性。在对可靠性要求很高的场合，要求有双机工作及冗余系统，包括双控制站、双操作站、双网通信、双供电系统、双电源等，具有双机切换功能、双机监视软件等，以保证系统长期不间断工作。

3.5.2　工控机的总线结构

微机系统采用由大规模集成电路 LSI 芯片为核心构成的插件板，多个不同功能的插件板与主机板共同构成微机系统。构成系统的各类插件板之间的互联和通信通过系统总线来完成。这里的系统总线不是指中央处理器内部的三类总线，而是指系统插件板交换信息的板级总线。这种系统总线是一种标准化的总线电路，提供通用的电平信号来实现各种电路信号的传递。同时，总线标准实际上是一种接口信号的标准和协议。

内部总线是指微机内部各功能模块间进行通信的总线，也称为系统总线。它是构成完整微机系统的内部信息枢纽。工业控制计算机采用内部总线母板结构，母板上各插槽的引脚都连接在一起，组成系统的多功能模板插入接口插槽，由内部总线完成系统内各模板之间的信息传送，从而构成完整的计算机系统。各种型号的计算机都有自身的内部总线。

目前存在多种总线标准，国际上已正式公布或推荐的总线标准有 STD 总线、PC 总线、VME 总线、MULTIBUS 总线和 UNIBUS 总线等。这些总线标准都是在一定的历史背景和应用范围内产生的。限于篇幅，本节只简要介绍 STD 总线和部分 PC 系列总线。

1. STD 总线

STD 总线是美国 PRO-LOG 公司于 1978 年推出的一种工业标准微型计算机总线，STD 是 STANDARD 的缩写。该总线结构简单，全部 56 根引脚都有确切的定义。STD 总线定义了一个 8 位微处理器总线标准，其中有 8 根数据线、16 根地址线、控制线和电源线等，可以兼容各种通用的 8 位微处理器，如 8080、8085、6800、Z80、NSC800 等。通过采用周期窃取和总线复用技术，定义了 16 根数据线、24 根地址线，使 STD 总线升级为 8 位/16 位微处理器兼容总线，可以容纳 16 位微处理器，如 8086、68000、80286 等。

1987 年，STD 总线被国际标准化会议定名为 IEEE 961。随着 32 位微处理器的出现，通过附加系统总线与局部总线的转换技术，1989 年美国 EAITECH 公司又开发出对 32 位微处理器兼容的 STD32 总线。

STD 总线具有以下三个特点：

1）小模板结构。STD 总线采用了小模板结构，每块功能模板尺寸为 165mm×114mm。这种小模板有较好的机械强度，具有抗振动、抗冲击等优点。一块模板上只有一两种功能，元器件少，因而便于散热，也便于故障的诊断和维修，从而提高了系统的可靠性和可维护性。STD 模板的设计标准化，信号流向基本上都是由总线输送到功能模块，再到 I/O 驱动输出。

2）开放式系统结构。STD 总线采取了开放式的系统结构，计算机系统的组成没有固定的模式或标准机型，而是提供了大量的功能模板，用户可根据自己的需要选用各种功能模板，像搭积木一样任意拼装自己所需的计算机系统。必须注意，一个系统只允许选用一块 CPU 模板（称主模板），其余的从模板可任意选用。

3）兼容式总线结构。STD 总线采取了兼容式的总线结构，既可支持 8 位微处理器，如 8085、Z80 等，也可支持 16 位微处理器，如 8086、68000 等。这种兼容性可灵活地扩充和升级，只要将新选的 CPU 主模板插入总线槽，取代原来的 CPU 板，然后将软件改变过来，而原有的各种从模板仍可被利用。这样可避免重复投资，降低改造费用，缩短新系统的开发和调试周期，提高了系统的可用性。

2. PC 系列总线

PC 总线是 IBM PC 总线的简称，PC 总线因 IBM 及其兼容机的广泛普及而成为全世界用户承认的一种事实上的标准。PC 系列总线是在以 8088/8086 为 CPU 的 IBM/XT 及其兼容机的总线基础上发展起来的，从最初的 XT 总线发展到 PCI 局部总线。由于 PC 系列总线包括 XT 总线、ISA 总线、MCA 总线、ESIA 总线、PCI 总线等多种总线结构，在此仅对 PC 系列总线的发展和特点进行简要介绍。

（1）ISA 总线

IBM PC 问世初始，就为系统的扩展留下了余地——I/O 扩展槽，这是在系统板上安装的系统扩展总线与外设接口的连接器。通过 I/O 扩展槽，用 I/O 接口控制卡可实现主机板与外设的连接。当时 XT 机的数据位宽度只有 8 位，地址总线的宽度为 20 根。稍后一些以 80286 为 CPU 的 AT 机一方面与 XT 机的总线完全兼容，另一方面将数据总线扩展到 16 位，地址总线扩展到 24 根。IBM 推出的这种 PC 总线成为 8 位和 16 位数据传输的工业标准，被命名为 ISA（Industry Standard Architecture）。

ISA 总线的数据传输速率为 8Mbit/s，寻址空间为 16MB。它的特点是把 CPU 视为唯一的主模块，其余外围设备均属从模块，包括暂时掌管总线的 DMA 控制器和协处理器。AT 机虽然增加了一个 MASTER 信号引脚，以作为 CPU 脱离总线控制而由智能接口控制卡占用总线的标志，但它只允许一个这样的智能卡工作。

（2）MCA 总线

由于 ISA 标准的限制，尽管 CPU 性能提高了，但系统总的性能没有根本改变。系统总线上的 I/O 和存储器的访问速度没有很大的提高，因而在强大的 CPU 处理能力与低性能的系统总线之间形成了一个瓶颈。为了打破这一瓶颈，IBM 公司在推出第一台 386 微机时，便突破了 ISA 标准，创造了一个全新的与 ISA 标准完全不同的系统总线标准——MCA（Micro Channel Architecture）标准，即微通道结构。该标准定义系统总线上的数据宽度为 32 位，并支持猝发方式（Burst Mode），使数据的传输速率提高到 ISA 的 4 倍，达 33Mbit/s，地址总线的宽度扩展为 32 位，支持 4GB 的寻址能力，满足了 386 和 486 处理器的处理能力。

MCA 在一定条件下提高了 I/O 的性能，但它不论在电气上还是在物理上均与 ISA 不兼容，导致用户在 MCA 为扩展总线的微机上不能使用已有的许多 I/O 扩展卡。另一个问题是为了垄断市场，IBM 没有将这一标准公诸于世，因而 MCA 没有形成公认的标准。

（3）ESIA 总线

随着 486 微处理器的推出，I/O 瓶颈问题越来越成为制约计算机性能的关键问题。为打破 IBM 公司对 MCA 标准的垄断，以 Compaq 公司为首的 9 家兼容机制造商联合起来，在已有的 ISA 基础上，于 1989 年推出了 EISA（Extension Industry Standard Architecture）扩展标准。EISA 具有 MCA 的全部功能，并与传统的 ISA 完全兼容，因而得到了迅速的推广。

EISA 总线主要有以下技术特点：

1）具有 32 位数据总线宽度，支持 32 位地址通路。总线的时钟频率是 33MHz，数据传输速率为 33Mbit/s，并支持猝发传输方式。

2）总线主控技术（Bus Master）。扩展卡上有一个称为总线主控的本地处理器，它不需要系统主处理器的参与而直接接管本地 I/O 设备与系统存储器之间的数据传输，从而能使主处理器发挥其强大的数据处理功能。

3）与 ISA 总线兼容，支持多个主模块。总线仲裁采用集中式的独立请求方式，优先级固定；提供了中断共享功能，允许用户配置多个设备共享一个中断。而 ISA 不支持中断共享，有些中断分配给某些固定的设备。

4）扩展卡的安装十分容易，自动配置，无须 DIP 开关。EISA 系统借助于随产品提供的配置文件能自动配置系统的扩展板。EISA 系统对各个插槽都规定了相应的 I/O 地址范围，使用这种 I/O 端口范围的插件不管插入哪个插槽中都不会引起地址冲突。

5）EISA 系统能自动地根据需要进行 32、16、8 位数据间的转换，这保证了不同 EISA 扩展板之间、不同 ISA 扩展板之间以及 EISA 系统扩展板与 ISA 扩展板之间的相互通信。

6）具有共享 DMA，总线传输方式增加了块 DMA 方式、猝发方式，在 EISA 的几个插槽和主机板中分别具有各自的 DMA 请求信号线，允许 8 个 DMA 控制器，各模块可按指定优先级占用 DMA 设备。

7）EISA 还可支持多总线主控模块和对总线主控模块的智能管理。最多支持 6 个总线主控模块。

（4）PCI 局部总线

微处理器的飞速发展使得增强的总线标准如 EISA 和 MCA 也显得落后。这种发展的不同步，造成硬盘、视频卡和其他一些高速外设只能通过一个慢速而且狭窄的路径传输数据，使得 CPU 的高性能受到很大影响。而局部总线打破了这一瓶颈。从结构上看，局部总线好像是在 ISA 总线和 CPU 之间又插入一级，将一些高速外设如图形卡、网络适配器和硬盘控制器等从 ISA 总线上卸下，直接通过局部总线挂接到 CPU 总线上，使之与高速 CPU 总线相匹配。

PCI（Peripheral Component Interconnect，外围设备互连）总线是 1992 年以 Intel 公司为首设计的一种先进的高性能局部总线。它支持 64 位数据传送、多总线主控模块、线性猝发读写和并发工作方式。

1）PCI 局部总线的主要特点。

① 高性能。PCI 总线标准是一整套的系统解决方案。它能提高硬盘性能，可出色地配合影像、图形及各种高速外围设备的要求。PCI 局部总线采用的数据总线为 32 位，可支持多组外围部件及附加卡。传送数据的最高速率为 132Mbit/s。它还支持 64 位地址/数据多路复用，其 64 位设计中的数据传输速率为 264Mbit/s。而且由于 PCI 插槽能同时插接 32 位和 64 位卡，以实现 32 位与 64 位外围设备之间的通信。

② 线性猝发传输。PCI 总线支持一种称为线性猝发的数据传输模式，可以确保总线不断满载数据。外围设备一般会由内存某个地址顺序接收数据，这种线性或顺序的寻址方式，意味着可以由某一个地址自动加 1，便可接收数据流内下一个字节的数据。线性猝发传输能更有效地运用总线的带宽传送数据，以减少无谓的地址操作。

③ 采用总线主控和同步操作。PCI 的总线主控和同步操作功能有利于 PCI 性能的改善。总线主控是大多数总线都具有的功能，目的是让任何一个具有处理能力的外围设备暂时接管总线，以加速执行高吞吐量、高优先级的任务。PCI 独特的同步操作功能可保证微处理器能够与这些总线主控同时操作，不必等待后者的完成。

④ 具有即插即用（Plug Play）功能。PCI 总线的规范保证了自动配置的实现，用户在安装扩展卡时，一旦 PCI 插卡插入 PCI 槽，系统 BIOS 将根据读到的关于该扩展卡的信息，结合系统的实际情况，自动为插卡分配存储地址、端口地址、中断和某些定时信息，从根本上免除人工操作。

⑤ PCI 总线与 CPU 异步工作。PCI 总线的工作频率固定为 33MHz，与 CPU 的工作频率无关，可适合各种不同类型和频率的 CPU。因此，PCI 总线不受处理器的限制。加上 PCI 支

持 3.3V 电压操作，使 PCI 总线不但可用于台式机，也可用于便携机、服务器和一些工作站。

⑥ PCI 独立于处理器的结构形成一种独特的中间缓冲器设计，将中央处理器子系统与外围设备分开。用户可随意增设多种外围设备。

⑦ 兼容性强。由于 PCI 的设计是要辅助现有的扩展总线标准，因此它与 ISA、EISA 及 MCA 完全兼容。这种兼容能力能保障用户的投资。

⑧ 低成本、高效益。PCI 的芯片将大量系统功能高度集成，节省了逻辑电路，耗用较少的线路板空间，使成本降低。PCI 部件采用地址/数据线复用，从而使 PCI 部件用以连接其他部件的引脚数减少至 50 以下。

2）PCI 总线的应用。PCI 局部总线已形成工业标准。它的高性能总线体系结构满足了不同系统的需求，低成本的 PCI 总线构成的计算机系统达到了较高的性价比水平。因此，PCI 总线被应用于多种平台和体系结构中。

PCI 总线的组件、扩展板接口与处理器无关，在多处理器系统结构中，数据能够高效地在多个处理器之间传输。与处理器无关的特性，使 PCI 总线具有很好的 I/O 性能，最大限度地使用各类 CPU/RAM 的局部总线操作系统、各类高档图形设备和高速外围设备，如 SCSI、HDTV、3D 等。

PCI 总线特有的配置寄存器为用户使用提供了方便。系统嵌入自动配置软件，在加电时自动配置 PCI 扩展卡，为用户提供了简便的使用方法。

3）PCI 总线计算机系统。用 PCI 总线构建的计算机系统结构框图如图 3-50 所示。CPU/Cache/DRAM 通过一个 PCI 桥连接。外设板卡，如 SCSI 卡、网卡、声卡、视频卡、图像处理卡等高速外设，挂接在 PCI 总线上。基本 I/O 设备，或一些兼容 ISA 总线的外设，挂接在 ISA 总线上。ISA 总线与 PCI 总线之间由扩展总线桥连接。典型的 PCI 总线一般仅支持 3 个 PCI 总线负载，由于特殊环境需要，专门的工业 PCI 总线可以支持多于 3 个的 PCI 总线负载。外插板卡可以是 3.3V 或 5V，两者不可通用。3.3V、5V 的通用板是专门设计的。在图 3-64 所示系统中，PCI 总线与 ISA 总线，或者 PCI 总线与 ESIA 总线、PCI 总线与 MCA 总线并存在同一系统中，使在总线换代时间里，各类外设产品有一个过渡期。

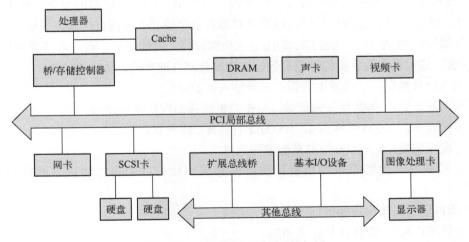

图 3-64　PCI 计算机系统结构框图

3.5.3 工控机 I/O 模块

采用工控机对生产现场的设备进行控制，首先要将各种测量的参数读入计算机，计算机要将处理后的结果进行输出，经过转换后以控制生产过程。因此，对于一个工业控制系统，除了 IPC 主机外，还应配备各种用途的输入/输出（I/O）接口部件。I/O 接口的基本功能是连接计算机与工业生产控制对象，进行必要的信息传递和变换。部分 I/O 模板的用途对照见表 3-12。

工业控制需要处理和控制的信号主要有模拟量信号和数字量信号（开关量信号）两类。

表 3-12 部分 I／O 模板的用途对照

输入/输出信息来源及用途	信息种类	相应的接口模板产品
来自现场设备运行状态的模拟电信号，如温度、压力信号	模拟量输入信息	模拟量输入模板
执行机构的控制执行、记录等（模拟电流/电压）	模拟量输出信息	模拟量输出模板
限位开关状态、数字装置的输出数码、接点断通状态、"0" "1" 电平变化	数字量输入信息	数字量输入模板
执行机构的驱动执行、报警显示蜂鸣器、其他	数字量输出信息	数字量输出模板
流量计算、电功率计算、速度、长度测量等	脉冲量输入信号	脉冲计数/处理模板
操作中断、事故中断、报警中断及其他需要	中断输入信号	多通道中断控制模板
前进驱动机构的驱动控制信号输出	间断信号输出	步进电动机控制模板
串行/并行通信信号	通信收发信号	RS232/RS422 通信模板
远距离输入/输出模拟（数字）信号	模/数远端信息	远程（Remote I/O）模块

1. 模拟量输入/输出模块

（1）模拟量输入模块主要指标

1）输入信号量程：即所能转换的电压（电流）范围，有 0～200mV、0～5V、0～10V、±2.5V、±5V、±10V、0～10mA、4～20mA 等多种范围。

2）分辨率：定义为基准电压与 2^{n-1} 的比值，其中 n 为 A-D 转换的位数，有 8 位、10 位、12 位、16 位之分。分辨率越高，转换时对输入模拟信号变化的反映就越灵敏。

3）灵敏度：指 A-D 转换器实际输出电压与理论值之间的误差，有绝对精度和相对精度两种表示法。通常采用数字量的最低有效位作为度量精度的单位，如±1/2LSB。

4）输入信号类型：电压或电流型；单端输入或差分输入。

5）输入通道数：单端/差分通道数，与扩充板连接后可扩充通道数。

6）转换速率：30000 采样点/s，50000 采样点/s，或更高。

7）可编程增益：1～1000 增益系数编程选择。

8）支持软件：性能良好的模板可支持多种应用软件并带有多种语言的接口及驱动程序。

（2）模拟量输出模块主要指标

1）分辨率：与 A-D 转换器定义相同。

2）稳定时间：又称转换速率，是指 D-A 转换器中代码有满度值的变化时，输出达到稳定（一般稳定到与±1/2 最低位值相当的模拟量范围内）所需的时间，一般为几十毫微秒到几毫微秒。

3）输出电平：不同型号的 D-A 转换器件的输出电平相差较大，一般为 5～10V，也有一些高压输出型为 24～30V。电流输出型为 4～20mA，有的高达 3A 级。

4）输入编码：如二进制 BCD 码、双极性时的符号数值码、补码、偏移二进制码等。

5）编程接口和支持软件：与 A-D 转换器相同。

（3）举例：Advantech PCI-1713U

研华 PCI-1713U 数据采集卡具有以下特点：

1）32 路单端或 16 路差分模拟量输入，或组合输入方式。

2）12 位 A-D 转换分辨率。

3）A-D 转换器的采样速率可达 100kS/s。

4）卡上 4096 采样 FIFO 缓冲器。

5）DC 2500V 隔离保护。

6）每个输入通道的增益可编程。

7）支持软件、内部定时器触发或外部触发采样模式。

图 3-65 为 Advantech PCI-1713U 与 PCL-10137 双屏蔽通信电缆、ADAM-3937 接线端子板配套使用示意图。

图 3-65　Advantech PCI-1713U + PCL-10137 + ADAM-3937

2. 数字量输入/输出模块

在工业控制现场，除随时间而连续变化的模拟量外，还有各种两态开关信号可视为数字量（开关量）信号。数字量模块实现工业现场的各类开关信号的输入/输出控制。数字量输入、输出模块分为非隔离型和隔离型两种，隔离型一般采用光隔离，少数采用磁电隔离方法。

数字量输入模块（DI）将被控对象的数字信号或开关状态信号送给计算机，或把双值逻辑的开关量变换为计算机可接收的数字量。数字量输出模块（DO）把计算机输出的数字信号传送给开关型的执行机构，控制它们的通、断或指示灯的亮、灭等。

数字量通道模块从输入/输出功能上可分为单纯的数字量输入模块、数字量输出模块和数字量双向通道模块（DI/DO）。

举例：Advantech PCI-1756

主要参数：32 DI/32 DO；5～40V 输入允许；DC 2500V 隔离保护；输入/输出可编程设置；数值锁定功能。

图 3-66 为 Advantech PCI-1756 与 PCL-10250 双屏蔽通信电缆、ADAM-3951 接线端子板配套使用示意图。

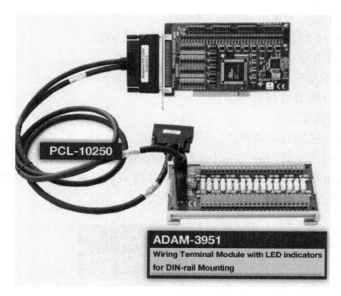

图 3-66　PCI-1756＋PCL-10250＋ADAM-3951

3. 信号调理与接线端子板

在工业控制中，由传感器输出的电信号不一定满足 A-D 转换和数字量输入的要求，数据采集系统的输入通道中应采取对现场信号进行放大、滤波、线性化、隔离和保护等措施，使输入信号能够满足数据采集要求，控制系统的输出通道也存在同样问题。

信号调理是指将现场输入信号经过隔离放大，成为工控机能够接收到的统一信号电平以及将计算机输出信号经过放大、隔离转换成工业现场所需信号电平的处理过程。

PCLD-789D 是一款用于 PC-LabCard 模拟量输入端口的前端信号调理及通道多路选通板，如图 3-67 所示。它能够将 16 路差分信号切换到单个 A-D 转换器的输入通道上，最多可以级联 10 块 PCLD-789D，级联后单个数据采集卡最多可读取 160 个模拟量输入通道。PCLD-789D 带有 DB-37 接口和 20 芯扁平电缆接口，可以使 PCL-818L 或 PCL-818HD 最多读取 128 个通道，而不必使用更多的数字量输出电缆来选择通道。PCLD-789D 使用了一个先进的仪器放大器，提供了可供开关选择的增益：1、2、10、50、100、200 和 1000。该放大器可以在使用 PC-LabCard 的情况下精确测量微弱信号。该卡还带有一个冷端补偿检测电路，可以直接连接热电偶变送器的输出端来测量温度。通过实用软件补偿及线性化功能，可以使用各种类型的热电偶。

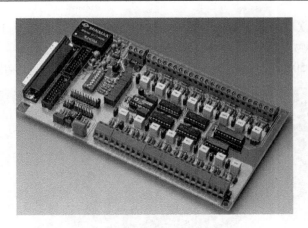

图 3-67 PCLD-789D 信号调理选通板

4. 通信模板、远程 I/O 模块

（1）通信模板

通信模板是为实现 PC 之间以及 PC 与其他设备间的数据通信而设计的外围模板，有智能型和非智能型两种，通信方式采用 RS232 或 RS485 方式或两者兼而有之，以串行方式进行通信，波特率为 75～56000bit/s，通道数 4～16 可供选择。

（2）远程 I/O 模块

远程 I/O 模块可放置在生产现场，将现场的信号转换成数据信号，经远程通信线路传送给计算机进行处理，如图 3-68 所示。因各模块均采用隔离技术，可方便地与通信网络相连，大大减少了现场接线的成本。目前的远程 I/O 模块采用 RS485 标准总线，并正在向现场总线方向发展。

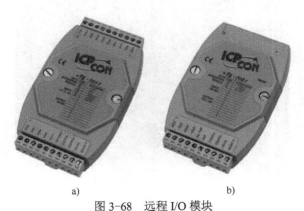

a) b)

图 3-68 远程 I/O 模块

a) I-7017 模拟量输入模块　b) I-7021 模拟量输出模块

5. 其他功能模块

其他功能模块包括计数器/定时器模块、继电器模块、固态电子盘模块、步进电动机控制模块和运动控制模块等。

工控机长期连续地运行在恶劣的环境中，有机械运动部件的磁盘容易出现故障，以固态电子盘代替磁盘的工作，极大地提高了工控机的可靠性和存取速度。

PCLD-885 是一款功率继电器输出模块，如图 3-69 所示。它带有 16 个 SPST 继电器通道，同时拥有最大的额定接触功率（AC 250V @5A 或 DC 30V @5A）。PCLD-885 可以通过 20 芯扁平电缆接口或 50 脚的 Opto-22 接口连接到 PC-LabCard 数字量输出端口来直接驱动。

图 3-69　PCLD-885 功率继电器输出模块

GE 系列连续轨迹运动控制器是固高科技股份有限公司针对需要高速高精度连续轨迹运动场合自主开发的一类经济型运动控制器，如图 3-70 所示。它拥有的 GE-300-SV、GE-200-SV、GE-300-SG、GE-200-SG 等产品，应用在大量有精度和速度要求的轮廓控制设备上，如雕刻机、雕铣机、切割机、裁剪机、点胶机、数控机床等。

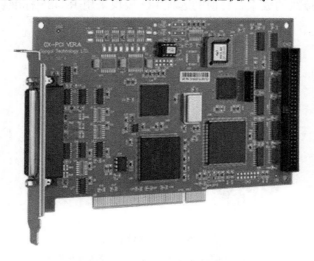

图 3-70　固高运动控制板卡

它可控制 2～3 个伺服/步进轴，实现 2～3 轴联动的连续轨迹插补运动。伺服采样周期为 200μs，用于管理速度规划，不影响插补精度。运动方式：直线插补、圆弧插补、手脉输入跟随（可指定任意轴跟随手脉速度和位置变化），插补速度可稳定工作在 256kHz，圆弧插补的径向误差在±0.5pulse 之内。

3.5.4　总线工控机 I/O 模块应用实例

1．硬件资源访问方法

在编写总线工业控制机上位机程序时，对各种板卡进行编程控制主要是通过调用 DLL 来实现的。DLL（动态链接库）是制造商为诸如 VC、VB、Delphi 和 Borland C++等高级语言提供的接口，通过这个链接库，编程人员可以方便地对硬件进行编程控制。该链接库是编制数据采集程序的基础。本节主要以 USB2831 数据采集板卡，以 VB 作为上位机编程语言举例说明。

2．USB2831 简介

USB2831 板卡是北京阿尔泰科技发展有限公司生产的一种基于 USB 总线的数据采集卡，该卡可直接和计算机的 USB 接口相连，构成实验室、产品质量检测中心等各种领域的数据采集、波形分析和处理系统，也可构成工业生产过程监控系统。它的主要应用场合为电子产品质量检测、信号采集、过程控制和伺服控制。

本采集卡主要参数：12 位 AD 精度，250kS/s 采样频率；单端 16 路/差分 8 路；AD 缓存：16K 字 FIFO 存储器；AD 量程：±10V，±5V，±2.5V，0～10V；12 位 DA 精度；4 路模拟量输出；DA 量程：±10.8V，±10V，±5V，0～5V，0～10V，0～10.8V；16 路 DI/DO。

本采集卡支持 VC、VB、C++Builder、Delphi、Labview、LabWindows/CVI、组态软件等语言的平台驱动，本例以 VB 作为上位机开发语言，讲解一个程序编写实例。

3．板卡模拟量输出

采用 USB2831 模拟量输出板卡的硬件连接图，如图 3-71 所示，共 4 路模拟量输出接口。

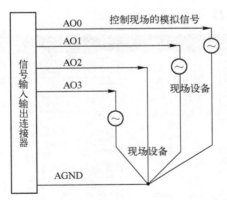

图 3-71　模拟量输出板卡的硬件连接图

上位机界面如图 3-72 所示，本上位机具有输出量程选择框，可以通过量程选择框在 ±10.8V、±10V、±5V、0～5V、0～10V、0～10.8V 6 个量程自由选择；具有输出通道选择框，可以在 0～3 任意一个通道进行自由选择；1 个输入框，显示需要输出的电压；1 个输出框，显示实际输出的电压。

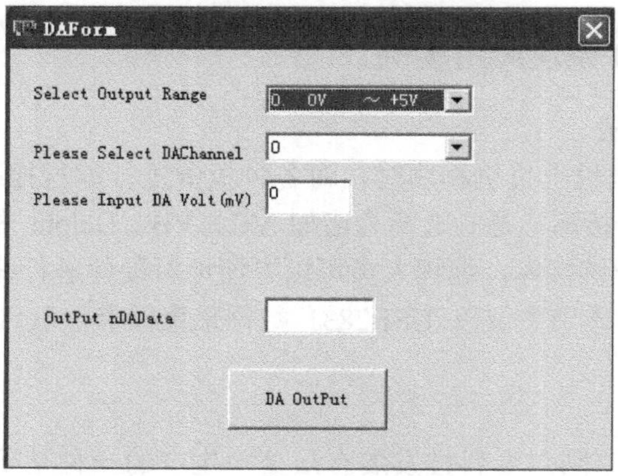

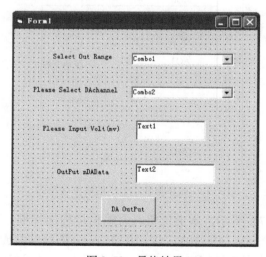

图 3-72 上位机界面

实际步骤如下：

1）使用本采集卡之前要先安装阿尔泰公司提供的相对应的 USB2831 板卡驱动程序。

2）打开 VB6.0 程序，新建工程，选择标准 EXE，单击确定按钮。

在编程之前首先将 USB2831.Bas 驱动模块头文件从 VB 的演示程序文件夹下复制到源程序文件夹中，然后将此模块文件加入 VB 工程中。其方法是选择 VB 编程环境中的工程（Project）菜单，执行其中的"添加模块"（Add Module）命令，在弹出的对话框中选择 USB2831.bas 和 Common_Module.bas 模块文件即可，一旦完成以上工作后，那么使用设备的驱动程序接口就跟使用 VB 自身的各种函数，其方法一样简单，毫无差别。

3）在 VB 常用工具窗口（General）中，将 ComboBox 拖放到窗体界面上 2 次，TextBox 拖放到窗体界面上 2 次，将 CommadButton 拖放到窗体界面上 1 次，将 Label 拖放到窗体界面上 4 次，并利用鼠标和各个 Box 属性窗口设定各自的宽度、位置、标题（通过 Caption 项修改）等，最终结果如图 3-73 所示。

图 3-73 最终结果

4）打开 Combo1 属性窗口，在 List 选项中依次输入 0. 0V～+5V；1. 0V～+10V；2. 0V～+10.8V；3. -5V～+5V；4. -10V～+10V；5. -10.8V～+10.8V，各个选择范围竖

向依次排列，如图 3-74 所示。打开 Combo2 属性窗口，在 List 选项中依次输入 0、1、2、3，各个数字竖向排列，如图 3-75 所示。

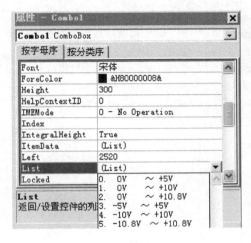

图 3-74　Combo1 窗口　　　　　　　　　　　图 3-75　Combo2 窗口

5）双击窗体进入程序编写窗口。

程序如下：

```
Option Explicit
Dim hDevice              As Long            '设备对象句柄
Dim DeviceID             As Integer         '设备号
Dim bReturnStatus        As Boolean         '函数的返回值
Dim OutputRange          As Integer         'DA 输出量程选项值
Dim nDAChannel           As Integer
Dim fDAVolt              As Single          'DA 输出的电压值
Dim nDAData              As Integer         'nDALsb, 存放将电压值换算而成的 LSB 原码值
Private Sub Command1_Click()                '按钮命令程序
DeviceID = 0
hDevice = INVALID_HANDLE_VALUE              '赋初值，以便准确控测函数的执行情况
hDevice = USB2831_CreateDevice(DeviceID)    '创建设备对象
        If hDevice = INVALID_HANDLE_VALUE Then
        MsgBox ("Create Device Error...")
        Exit Sub
    End If
OutputRange = Me.Combo1.ListIndex           '要求用户选择 DA 量程选项
nDAChannel = Me.Combo2.ListIndex            '要求用户选择 DA 通道号
fDAVolt = CSng(Me.Text1.Text)               '输入一个相对量，在 0～4095 之间取值，若量程是
                                            '-5V～+5V，则 0 代表-5V，4095 代表+5V

 '要求用户从键盘上输入 DA 的电压值
Select Case (OutputRange)
Case USB2831_OUTPUT_0_P5000mV: ' 0～5V
nDAData = Int(fDAVolt / (5000# / 4096))     '将 DA 电压值转换为原码值
Case USB2831_OUTPUT_0_P10000mV:             ' 0～10V
```

```
    nDAData = Int(fDAVolt / (10000# / 4096))          '将 DA 电压值转换为原码值
    Case USB2831_OUTPUT_0_P10800mV:                    '0~10.8V
    nDAData = Int(fDAVolt / (10800# / 4096))          '将 DA 电压值转换为原码值
    Case USB2831_OUTPUT_N5000_P5000mV:   '±5V
    nDAData = Int(fDAVolt / (10000# / 4096) + 2048)        '将 DA 电压值转换为原码值
    Case USB2831_OUTPUT_N10000_P10000mV:              '±10V
    nDAData = Int(fDAVolt / (20000# / 4096) + 2048)        '将 DA 电压值转换为原码值
    Case USB2831_OUTPUT_N10800_P10800mV:              '±10.8V
    nDAData = Int(fDAVolt / (21600# / 4096) + 2048)        '将 DA 电压值转换为原码值
    Case Else
            MsgBox "错误的量程"
        End Select
If nDAData> 4095 Then
nDAData = 4095
End If
If nDAData< 0 Then
nDAData = 0
End If
bReturnStatus = USB2831_WriteDeviceDA(hDevice, OutputRange, nDAData, nDAChannel)
                                                '输出恒定电压
If bReturnStatus = False Then
MsgBox ("USB2831_WriteDeviceDA is Error...")
Else
Me.Text2.Text = nDAData
End If
    USB2831_ReleaseDevice (hDevice)                  '释放设备对象
End Sub
Private Sub Form_Load()
    Me.Combo1.ListIndex = 0
    Me.Combo2.ListIndex = 0
End Sub
```

习题

3-1 机电一体化产品和非机电一体化产品的本质区别是什么？

3-2 简述计算机控制系统的基本要求。

3-3 简述计算机控制系统的常用类型及其特点。

3-4 计算机控制系统的硬件由哪些部分组成？

3-5 简述工业控制计算机的特点、常用工业控制计算机的类型及其特点。

3-6 什么是 Arduino？

3-7 以 Arduino 作为控制器，编写用电位器控制小型直流电动机转速的程序。

3-8 什么是 PLC？简述 PLC 的组成结构和应用场合。

3-9 简述总线工业控制计算机的组成结构和特点。

3-10 简述总线工业控制计算机常用的 I/O 口模块。

第4章 PID 控制算法

工业自动化水平已成为衡量各行各业现代化水平的一个重要标志。同时，控制理论的发展也经历了古典控制理论、现代控制理论和智能控制理论三个阶段。智能控制的典型实例是模糊全自动洗衣机等。自动控制系统可分为开环控制系统和闭环控制系统。一个控制系统包括控制器、传感器、变送器、执行机构和输入/输出接口。控制器的输出经过输出接口、执行机构，加到被控系统上；控制系统的被控量，经过传感器、变送器，通过输入接口送到控制器。不同的控制系统，其传感器、变送器、执行机构是不一样的，比如压力控制系统要采用压力传感器、电加热控制系统的传感器是温度传感器。目前，PID 控制及其控制器或智能 PID 控制器（仪表）已经很多，产品已在工程实际中得到了广泛的应用，有各种各样的 PID 控制器产品，各大公司均开发了具有 PID 参数自整定功能的智能调节器（Intelligent Regulator），其中 PID 控制器参数的自动调整是通过智能化调整或自校正、自适应算法来实现的。有利用 PID 控制实现的压力、温度、流量、液位控制器，能实现 PID 控制功能的可编程序控制器（PLC），还有可实现 PID 控制的 PC 系统等。可编程序控制器（PLC）是利用其闭环控制模块来实现 PID 控制，而 PLC 可以直接与 ControlNet 相连，如 Rockwell 的 PLC-5 等。还有可以实现 PID 控制功能的控制器，如 Rockwell 的 Logix 产品系列，它可以直接与 ControlNet 相连，利用网络来实现其远程控制功能。

4.1 PID 控制的原理和特点

在工程实际中，应用最为广泛的调节器控制规律为比例-积分-微分控制，简称 PID 控制，又称 PID 调节。PID 控制器问世至今已有近 70 年历史，它以其结构简单、稳定性好、工作可靠、调整方便而成为工业控制的主要技术之一。当被控对象的结构和参数不能完全掌握，或得不到精确的数学模型，控制理论的其他技术难以采用时，系统控制器的结构和参数必须依靠经验和现场调试来确定，这时应用 PID 控制技术最为方便。即当我们不完全了解一个系统和被控对象，或不能通过有效的测量手段来获得系统参数时，最适合用 PID 控制技术。PID 控制，实际中也有 PI 和 PD 控制。PID 控制器就是根据系统的误差，利用比例、积分、微分计算出控制量进行控制的。

控制算法是微机化控制系统的一个重要组成部分，整个系统的控制功能主要由控制算法来实现。目前提出的控制算法有很多。根据偏差的比例（P）、积分（I）、微分（D）进行的控制，称为 PID 控制。实际经验和理论分析都表明，PID 控制能够满足相当多工业对象的控制要求，至今仍是一种应用最为广泛的控制算法。下面分别介绍模拟 PID、数字 PID 及其参数整定方法。

4.1.1 模拟 PID

在模拟控制系统中，调节器最常用的控制规律是 PID 控制，模拟 PID 控制系统原理框图如图 4-1 所示，系统由模拟 PID 调节器、执行机构及控制对象组成。

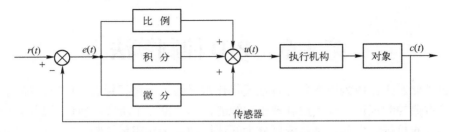

图 4-1　模拟 PID 控制系统原理框图

PID 调节器是一种线性调节器，它根据给定值 $r(t)$ 与实际输出值 $c(t)$ 构成的控制偏差：

$$e(t) = r(t) - c(t) \tag{4-1}$$

将偏差的比例、积分、微分通过线性组合构成控制量，对控制对象进行控制，故称为 PID 调节器。在实际应用中，常根据对象的特征和控制要求，将 P、I、D 基本控制规律进行适当组合，以达到对被控对象进行有效控制的目的。例如 P 调节器、PI 调节器、PID 调节器等。

模拟 PID 调节器的控制规律为

$$u(t) = K_P \left[e(t) + \frac{1}{T_I} \int_0^t e(t)\mathrm{d}t + T_D \frac{\mathrm{d}e(t)}{\mathrm{d}t} \right] \tag{4-2}$$

式中，K_P 为比例系数；T_I 为积分时间常数；T_D 为微分时间常数。

简单地说，PID 调节器各校正环节的作用如下。

1）比例环节：即成比例地反映控制系统的偏差信号 $e(t)$，偏差一旦产生，调节器立即产生控制作用以减少偏差。

2）积分环节：主要用于消除静差，提高系统的无差度。积分作用的强弱取决于积分时间常数 T_I，T_I 越大，积分作用越弱，反之则越强。

3）微分环节：能反映偏差信号的变化趋势（变化速率），并能在偏差信号的值变得太大之前，在系统中引入一个有效的早期修正信号，从而加快系统的动作速度，减少调节时间。

由式（4-2）可得，模拟 PID 调节器的传递函数为

$$D(s) = \frac{U(s)}{E(s)} = K_P \left(1 + \frac{1}{T_I s} + T_D s \right) \tag{4-3}$$

由于在计算机控制系统中主要采用数字 PID 算法，所以对于模拟 PID 只做此简要介绍。

4.1.2　数字 PID

1. 位置式 PID 控制算法

在 DDC 系统中，用计算机取代了模拟器件，控制规律的实现是由计算机软件来完成的。因此，系统中数字控制的设计，实际上是计算机算法的设计。

由于计算机只能识别数字量，不能对连续的控制算式直接进行运算，故在计算机控制系统中，首先必须对控制规律进行离散化的算法设计。

为将模拟 PID 控制规律按式（4-2）进行离散化，把图 4-1 中 $r(t)$、$e(t)$、$u(t)$、$c(t)$ 在第 n 次采样的数据分别用 $r(n)$、$e(n)$、$u(n)$、$c(n)$ 表示，于是式（4-1）变为

$$e(n) = r(n) - c(n) \tag{4-4}$$

当采样周期 T 很小时 $\mathrm{d}t$ 可以用 T 近似代替，$\mathrm{d}e(t)$ 可用 $e(n) - e(n-1)$ 近似代替，"积分"用"求和"近似代替，可做如下近似：

$$\frac{\mathrm{d}e(t)}{\mathrm{d}t} \approx \frac{e(n) - e(n-1)}{T} \tag{4-5}$$

$$\int_0^t e(t)\mathrm{d}t \approx \sum_{i=1}^n e(i)T \tag{4-6}$$

这样，式（4-2）便可离散化为以下差分方程：

$$u(n) = K_\mathrm{P}\left\{e(n) + \frac{T}{T_\mathrm{I}}\sum_{i=1}^n e(i) + \frac{T_\mathrm{D}}{T}[e(n) - e(n-1)]\right\} + u_0 \tag{4-7}$$

式中，u_0 是偏差为零时的初值；第一项起比例控制作用，称为比例（P）项 $u_\mathrm{P}(n)$，即

$$u_\mathrm{P}(n) = K_\mathrm{P}e(n) \tag{4-8}$$

第二项起积分控制作用，称为积分（I）项 $u_\mathrm{I}(n)$，即

$$u_\mathrm{I}(n) = K_\mathrm{P}\frac{T}{T_\mathrm{I}}\sum_{i=1}^n e(i) \tag{4-9}$$

第三项起微分控制作用，称为微分（D）项 $u_\mathrm{D}(n)$，即

$$u_\mathrm{D}(n) = K_\mathrm{P}\frac{T_\mathrm{D}}{T}[e(n) - e(n-1)] \tag{4-10}$$

这三种作用可单独使用（微分作用一般不单独使用）或合并使用，常用的组合有

P 控制：
$$u(n) = u_\mathrm{P}(n) + u_0 \tag{4-11}$$

PI 控制：
$$u(n) = u_\mathrm{P}(n) + u_\mathrm{I}(n) + u_0 \tag{4-12}$$

PD 控制：
$$u(n) = u_\mathrm{P}(n) + u_\mathrm{D}(n) + u_0 \tag{4-13}$$

PID 控制：
$$u(n) = u_\mathrm{P}(n) + u_\mathrm{I}(n) + u_\mathrm{D}(n) + u_0 \tag{4-14}$$

式（4-7）的输出量 $u(n)$ 为全量输出，对应于被控对象的执行机构每次采样时刻应达到的位置，如（阀门开度、电动机转速等），即输出值与阀门开度（电动机转速）一一对应，所以称为位置式 PID 控制算法。

由式（4-7）可以看出，每次输出与过去的状态有关，要想计算 $u(n)$，不仅涉及 $e(n)$ 和 $e(n-1)$，且需将 $e(n)$ 历次相加。此式计算复杂，浪费内存。考虑到第 $n-1$ 次采样时有

$$u(n-1) = K_\mathrm{P}\left\{e(n-1) + \frac{T}{T_\mathrm{I}}\sum_{i=0}^{n-1} e(i) + \frac{T_\mathrm{D}}{T}[e(n-1) - e(n-2)]\right\} + u_0 \tag{4-15}$$

$$\Delta u(n) = u(n) - u(n-1) = K_\mathrm{P}\left\{e(n) - e(n-1) + \frac{T}{T_\mathrm{I}}e(n) + \frac{T_\mathrm{D}}{T}[e(n) - 2e(n-1) + e(n-2)]\right\} \tag{4-16}$$

$$u(n) = u(n-1) + K_P\left(1 + \frac{T}{T_I} + \frac{T_D}{T}\right)e(n) - K_P\left(1 + \frac{2T_D}{T}\right)e(n-1) + K_P\frac{T_D}{T}e(n-2)$$

$$= u(n-1) + \alpha_0 e(n) - \alpha_1 e(n-1) + \alpha_2 e(n-2) \qquad (4\text{-}17)$$

式中，$\alpha_0 = K_P\left(1 + \frac{T}{T_I} + \frac{T_D}{T}\right)$；$\alpha_1 = K_P\left(1 + \frac{2T_D}{T}\right)$；$\alpha_2 = K_P\frac{T_D}{T}$。

式（4-17）为实用型算法公式，由式（4-17）可以看出，如果计算机控制系统采用恒定的采样周期 T，一旦确定 α_0、α_1、α_2，只要使用前后三次测量的偏差值，就可以由式（4-17）求出控制量 $U(n)$，算法程序流程图如图 4-2 所示。

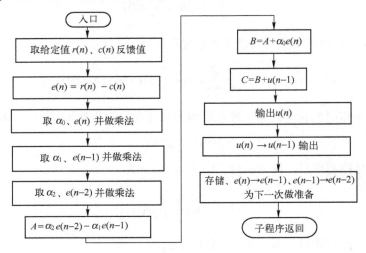

图 4-2　位置式 PID 算法程序流程图

2. 增量式 PID 算法

当执行机构需要的不是控制量的绝对数值，而是其增量（例如去驱动步进电动机）时，要采用增量式 PID 控制算法。

由式（4-7）可看出，位置式控制算式不够方便，这是因为要累加偏差 $e(i)$，这不仅要占用较多的存储单元，而且不便于编写程序，为此对式（4-7）进行改进。

根据式（4-7）不难看出 $u(n-1)$ 的表达式，即

$$u(n-1) = K_P\left\{e(n-1) + \frac{T}{T_I}\sum_{i=0}^{n-1}e(i) + \frac{T_D}{T}[e(n-1) - e(n-2)]\right\} + u_0 \qquad (4\text{-}18)$$

将 $u(n)$ 和 $u(n-1)$ 相减，即得数字 PID 增量式控制算式为

$$\Delta u(n) = u(n) - u(n-1)$$

$$\Delta u(n) = K_P\left(1 + \frac{T}{T_I} + \frac{T_D}{T}\right)e(n) - K_P\left(1 + \frac{2T_D}{T}\right)e(n-1) + K_P\frac{T_D}{T}e(n-2) \qquad (4\text{-}19)$$

令式（4-19）中 $\alpha_0 = K_P\left(1 + \frac{T}{T_I} + \frac{T_D}{T}\right)$，$\alpha_1 = K_P\left(1 + \frac{2T_D}{T}\right)$，$\alpha_2 = K_P\frac{T_D}{T}$，则

$$\Delta u(n) = \alpha_0 e(k) - \alpha_1 e(\text{k}-1) + \alpha_2 e(\text{k}-2) \qquad (4\text{-}20)$$

增量式 PID 控制算法与位置式 PID 算法相比，计算量小得多，因此在实际中得到广泛的应用。位置式 PID 控制算法也可以通过增量式控制算法推出递推计算公式。

增量 PID 算法程序流程图如图 4-3 所示。在实际编程时，α_0、α_1、α_2 可预先算出，存入预先固定的单元，设初值 $e(k-1)$、$e(k-2)$ 为 0。

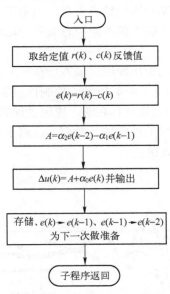

图 4-3　增量式 PID 算法程序流程图

3．增量式 PID 算法的优点

1）位置式算法每次的输出与整个过去状态有关，计算式中要用到过去偏差的累加值，容易产生较大的积累误差。而增量式只需计算增量，当存在计算误差或精度不足时，对控制量计算的影响较小。

2）对于位置式算法，控制从手动切换到自动时，必须先将计算机的输出值设置为原始阀门开度 u_0，才能保证无冲击切换。如果采用增量算法，则由于算式中不出现 u_0，易于实现手动到自动的无冲击切换。此外，在计算机发生故障时，由于执行装置本身有寄存作用，故可仍然保持在原位。

4．应用

若执行部件不带积分部件，其位置与计算机输出的数字量是一一对应的（如电液伺服阀），就要采用位置式算法。若执行部件带积分部件（如步进电动机、步进电动机带动阀门或带动多圈电位器），就可选用增量式算法。

4.2　PID 各环节对控制系统的影响

在单回路控制系统中，由于扰动作用使被控参数偏离给定值，从而产生偏差。自动控制系统的调节单元将来自变送器的测量值与给定值相比较后产生的偏差进行比例、积分、微分（PID）运算，并输出统一标准信号，去控制执行机构的动作，以实现对温度、压力、流量、液位及其他工艺参数的自动控制。

比例作用 P 与偏差成正比；积分作用 I 是偏差对时间的积累；微分作用 D 是偏差的变化率；各环节对控制系统有不同的影响。

1. 比例（P）控制

比例控制能迅速反映误差，从而减小稳态误差。除了系统控制输入为 0 和系统过程值等于期望值这两种情况，比例控制都能给出稳态误差。当期望值有一个变化时，系统过程值将产生一个稳态误差。但是，比例控制不能消除稳态误差。比例放大系数的加大，会引起系统的不稳定。

比例环节的作用是对偏差瞬间做出反应。偏差一旦产生，控制器立即产生控制作用，使控制量向减少偏差的方向变化。如图 4-4 所示，控制作用的强弱取决于比例系数 K_P，比例系数 K_P 越大，控制作用越强，则过渡过程越快，控制过程的静态偏差也就越小；但是 K_P 越大，也越容易产生振荡，破坏系统的稳定性。故而，比例系数 K_P 选择必须恰当，才能达到过渡时间少、静差小而又稳定的效果。

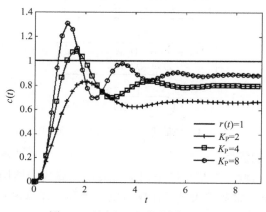

图 4-4　比例（P）控制阶跃响应

2. 积分（I）控制

在积分控制中，控制器的输出与输入误差信号的积分成正比关系。

为了减小稳态误差，在控制器中加入积分项，积分项对误差的作用取决于时间的积分，随着时间的增加，积分项会增大。这样，即使误差很小，积分项也会随着时间的增加而加大，它推动控制器的输出增大使稳态误差进一步减少，直到等于零。

积分（I）和比例（P）通常一起使用，称为比例+积分（PI）控制器，这样可以使系统在进入稳态后无稳态误差。如果单独用积分（I），由于积分输出随时间积累而逐渐增大，故调节动作缓慢，这样会造成调节不及时，使系统稳定裕度下降。

积分环节的调节作用虽然会消除静态误差，但也会降低系统的响应速度，增加系统的超调量。如图 4-5 所示，积分常数 T_I 越大，积分的积累作用越弱，这时系统在过渡时不会产生振荡；但是增大积分常数会减慢静态误差的消除过程，消除偏差所需的时间也较长，但可以减小超调量，提高系统的稳定性。当 T_I 较小时，积分的作用较强，这时系统过渡时间内有可能产生振荡，不过消除偏差所需的时间较短。所以必须根据实际控制的具体要求来确定 T_I。

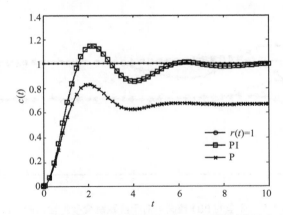

图 4-5　积分（I）控制和比例积分（PI）控制阶跃响应

3. 微分（D）控制

在微分控制中，控制器的输出与输入误差信号的微分（即误差的变化率）成正比关系。

微分环节的作用是阻止偏差的变化。它是根据偏差的变化趋势（变化速度）进行控制的。偏差变化得越快，微分控制器的输出就越大，并能在偏差值变大之前进行修正。微分作用的引入，将有助于减小超调量，克服振荡，使系统趋于稳定，特别对高阶系统非常有利，它加快了系统的跟踪速度。但微分的作用对输入信号的噪声很敏感，对那些噪声较大的系统一般不用微分，或在微分起作用之前先对输入信号进行滤波。

如图 4-6 所示，微分部分的作用由微分时间常数 T_D 决定。T_D 越大时，则它抑制偏差 $e(t)$ 变化的作用越强；T_D 越小时，则它反抗偏差 $e(t)$ 变化的作用越弱。微分部分显然对系统稳定有很大的作用。

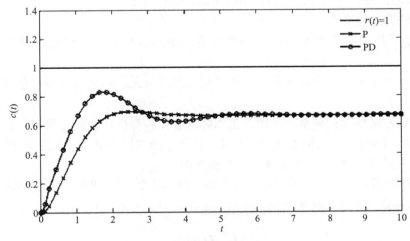

图 4-6　微分（D）控制和比例微分（PD）控制阶跃响应

4. 总结

如图 4-7 所示，PI 比 P 少了稳态误差，PID 比 PI 有更快的响应且没有了过冲。所谓过冲主要指输出超过了设定值。

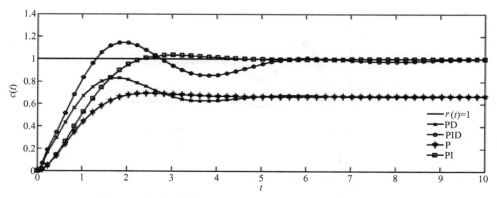

图 4-7 典型的 PID 控制器对于阶跃跳变参考输入的响应

4.3 数字 PID 参数整定方法

如何选择控制算法的参数，要根据具体过程的要求来考虑。一般来说，要求被控过程是稳定的，能迅速和准确地跟踪给定值的变化，超调量小；在不同干扰下系统输出应能保持在给定值，操作变量不宜过大，在系统和环境参数发生变化时控制应保持稳定。显然，要同时满足上述各项要求是很困难的，必须根据具体过程的要求，满足主要方面，并兼顾其他方面。

PID 调节器的参数整定方法有很多，但可归结为理论计算法和工程整定法两种。用理论计算法设计调节器的前提是能获得被控对象准确的数学模型，这在工业过程中一般较难做到。因此，实际用得较多的还是工程整定法。这种方法的最大优点就是整定参数时不依赖对象的数学模型，简单易行。当然，这是一种近似的方法，有时可能略显粗糙，但相当实用，可解决一般实际问题。下面介绍两种常用的简易工程整定法。

1. 扩充临界比例度法

这种方法适用于有自平衡特性的被控对象。使用这种方法整定数字调节器参数的步骤如下：

1）选择一个足够小的采样周期，具体地说就是选择采样周期为被控对象纯滞后时间的 1/10 以下。

2）用选定的采样周期使系统工作。工作时，去掉积分作用和微分作用，使调节器成为纯比例调节器，逐渐减小比例度 δ（$\delta = 1/K_P$）直至系统对阶跃输入的响应达到临界振荡状态，记下此时的临界比例度 δ_K 及系统的临界振荡周期 T_K。

3）选择控制度。所谓控制度就是以模拟调节器为基准，将 DDC 的控制效果与模拟调节器的控制效果相比较。控制效果的评价函数通常用误差平方面积 $\int_0^\infty e^2(t)$ 表示。

$$控制度 = \frac{[\int_0^\infty e^2(t)dt]_{DDC}}{[\int_0^\infty e^2(t)dt]_{模拟}} \tag{4-21}$$

实际应用中并不需要计算出两个误差平方面积，控制度仅表示控制效果的物理概念。通常，当控制度为 1.05 时，就可以认为 DDC 与模拟控制效果相当；当控制度为 2.0 时，DDC 比模拟控制效果差。

4）根据选定的控制度，查表 4-1 求得 T、K_P、T_I、T_D 的值。

表 4-1　扩充临界比例度法整定参数

控制度	控制规律	T	K_P	T_I	T_D
1.05	PI	$0.03T_K$	$0.53\delta_K$	$0.88T_K$	
1.05	PID	$0.014T_K$	$0.63\delta_K$	$0.49T_K$	$0.14T_K$
1.20	PI	$0.05T_K$	$0.49\delta_K$	$0.91T_K$	
1.20	PID	$0.043T_K$	$0.047\delta_K$	$0.47T_K$	$0.16T_K$
1.50	PI	$0.14T_K$	$0.42\delta_K$	$0.99T_K$	
1.50	PID	$0.09T_K$	$0.34\delta_K$	$0.43T_K$	$0.20T_K$
2.00	PI	$0.22T_K$	$0.36\delta_K$	$1.05T_K$	
2.00	PID	$0.16T_K$	$0.27\delta_K$	$0.40T_K$	$0.22T_K$

2. 经验法

经验法是靠工作人员的经验及对工艺的熟悉程度，参考测量值跟踪与设定值曲线，来调整 P、I、D 三者参数的大小，具体操作可按以下口诀进行：

参数整定找最佳，从小到大顺序查；

先是比例后积分，最后再把微分加；

曲线振荡很频繁，比例度盘要放大；

曲线漂浮绕大弯，比例度盘往小扳；

曲线偏离回复慢，积分时间往下降；

曲线波动周期长，积分时间再加长；

曲线振荡频率快，先把微分降下来；

动差大来波动慢，微分时间应加长。

下面以 PID 调节器为例，具体说明经验法的整定步骤：

1）让调节器参数积分系数 K_I =0，实际微分系数 K_D =0，控制系统投入闭环运行，由小到大改变比例系数 K_P，让扰动信号做阶跃变化，观察控制过程，直到获得满意的控制过程为止。

2）取比例系数 K_P 为当前的值乘以 0.83，由小到大增加积分系数 K_I，同样让扰动信号做阶跃变化，直至求得满意的控制过程。

3）积分系数 K_I 保持不变，改变比例系数 K_P，观察控制过程有无改善，如有改善则继续调整，直到满意为止。否则，将原比例系数 K_P 增大一些，再调整积分系数 K_I，力求改善控制过程。如此反复试凑，直到找到满意的比例系数 K_P 和积分系数 K_I 为止。

4）引入适当的实际微分系数 K_D 和实际微分时间 T_D，此时可适当增大比例系数 K_P 和积分系数 K_I。和前述步骤相同，微分时间的整定也需反复调整，直到控制过程满意为止。

PID 参数是根据控制对象的惯量来确定的。大惯量如大烘房的温度控制，一般 P 可在 10 以上，I 在（3，10）之间，D 在 1 左右。小惯量如一个小电动机闭环控制，一般 P 在（1，10）之间，I 在（0，5）之间，D 在（0.1，1）之间，具体参数要在现场调试时进行修正。

4.4 PID 控制算法应用实例

4.4.1 单容水箱恒液位值控制

1. 实例简介

单容水箱液位控制系统是一个单回路反馈控制系统，它的控制任务是使水箱液位等于给定值所要求的高度；并减小或消除来自系统内部或外部扰动的影响。单回路控制系统由于结构简单、投资省、操作方便且能满足一般生产过程的要求，故它在过程控制中得到广泛的应用。

当一个单回路系统设计安装就绪之后，控制质量的好坏与控制器参数的选择有着很大的关系。合适的控制参数，可以带来满意的控制效果；反之，控制器参数选择得不合适，则会导致控制质量变坏，甚至会使系统不能正常工作。因此，当一个单回路系统组成以后，如何整定好控制器的参数是一个很重要的实际问题。一个控制系统设计好以后，系统的投运和参数整定是十分重要的工作。

单容水箱液位控制系统结构图如图 4-8 所示。

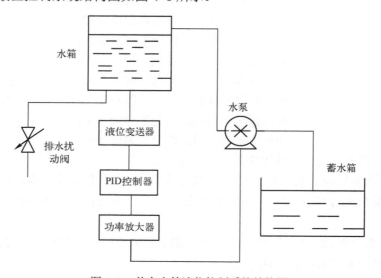

图 4-8 单容水箱液位控制系统结构图

由图 4-8 可以看到，上水箱液位值会受到出水扰动影响，液位变送器用于实时检测水箱液位值，PID 控制器将采集到的液位值与给定值进行比较，经算法处理，将输出信号传递给功率放大器并驱动水泵给水箱供水，从而完成单回路的闭环控制。

2. 硬件连接图

液位 PID 控制硬件连接如图 4-9 所示。本实例选用的液位变送器为两线制电流信号变送器，检测范围为 0～10kPa，输出信号为 4～20mA 电流信号；以 Arduino 作为 PID 控制器时，采集的是 0～5V 电压信号，因此与液位传感器串联一个 250Ω 的电阻；水泵为微型直流隔膜水泵，额定工作电压为 24V；功率驱动器输入信号为 0～5V，支持电压 9～24V 电动机。

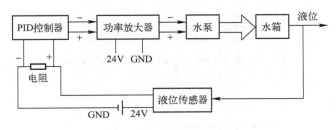

图 4-9　硬件连接图

目前，PID 控制及其控制器或 PID 智能控制器（仪表）已经很多，本节中分别以 PID 智能控制器、Arduino 控制器为例进行讲解。

4.4.2　PID 智能控制器

1．实例简介

采用 PID 智能控制器进行控制操作简单，开发人员无须对算法程序进行编写、调试，只需按照说明书要求对硬件进行连接，然后对仪表参数进行设定，即可完成一个单回路的 PID 控制。

目前市场上出售的 PID 智能控制器种类繁多，外观如图 4-10 所示。本节以 HYC1 系列 PID 智能控制器为例进行讲解，该智能控制器可与各类传感器、变送器配合，从而实现对温度、压力、液位、成分等过程量的测量、变换、显示、通信和控制；适用于电压、电流、热电阻、热电偶、mV、电位器、远传压力表等信号类型；3 点报警输出，可选择 12 种报警方式，报警灵敏度独立设定；具备延时报警功能，可有效防止干扰等原因造成误报；全透明、高速、高效的网络化通信接口，实现计算机与仪表间完全的数据传送和控制。

图 4-10　PID 智能控制器外观图

2．仪表接线端子介绍

由图 4-11 可以看到，智能控制器接线端子包括输入信号、控制输出、变送输出、报警输出、通信接口、电源等。此类智能控制器只需将电源、传感器、控制输出、报警等端子按照说明书连接好，然后通过控制器面板设定好相关参数即可构成一个闭环控制系统。为了能够了解此类智能控制器的功能，下面对仪表主要引脚功能进行介绍。

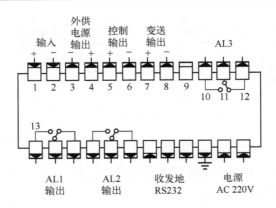

图 4-11   PID 智能控制器接线图

（1）端子 1 和 2 信号输入引脚

输入信号类型：电压、电流、热电阻、热电偶、mV、电位器、远传压力表 7 种，其中，电压：DC 1～5V、DC 0～5V 可通过设定选择；

电流：4～20mA、0～10mA、0～20mA 可通过设定选择；

热电阻：Pt100、Cu100、Cu50、BA1、BA2、G53 可通过设定选择；

热电偶：K、S、R、B、N、E、J、T 可通过设定选择。

（2）5 和 6 控制输出引脚

晶闸管无触点开关输出：AC 100～240V，0.2A（持续），1A（20ms 瞬时，重复周期大于 5s）；

晶闸管过零触发输出：可触发 5～500A 的双向晶闸管、2 个单向晶闸管反并联连接或晶闸管功率模块；

SSR 电压输出：DC 8V，40mA（用于驱动 SSR 固态继电器）；

继电器输出：触点容量 AC 220V，3A。

（3）7 和 8 变送输出

4～20mA、0～10mA、0～20mA 直流电流输出，通过设定选择；负载能力大于 600Ω；

1～5V、0～5V、0～10V 直流电压输出。

（4）10～18 引脚为报警输出引脚。

12 种报警方式，通过设定选择；具备延时报警功能；

继电器输出：触点容量 AC 220V，3A；

OC 门输出：电压小于 30V，电流小于 50mA。

4.4.3   Arduino 控制器

1. 位置式 PID 算法程序 1

以下是以 Arduino 作为控制器的基本 PID 样例程序：

```
#include <PID_v1.h>
//Define Variables we'll be connecting to
double Setpoint, Input, Output;
```

```
//Specify the links and initial tuning parameters
PID myPID(&Input, &Output, &Setpoint,8,2,0, DIRECT);
void setup()
{
    //initialize the variables we're linked to
    Input = analogRead(0);
    Setpoint = 500;
    Serial.begin(1200);
    //turn the PID on
myPID.SetMode(AUTOMATIC);
}
void loop()
{
    Input = analogRead(0);
myPID.Compute();
analogWrite(3,Output);
Serial.println("shuru");Serial.println(Input);
Serial.println("shuchuu");Serial.println(Output);
}
```

将传感器连接到模拟量输入引脚 0，模拟量输出引脚 3 连接到功率放大器，将此程序烧录到 Arduino 开发板，调试后即可完成一个简单的单回路液位 PID 控制系统。以上程序通过调用 PID 库文件而完成了 PID 控制，程序简单易行，对于程序开发来说大大缩短了开发周期。

样例程序中，PID myPID(&Input, &Output, &Setpoint,2,5,1, DIRECT)用于对比例系数、积分系数、微分系数的初始化设置，如本例中的比例系数是 2，积分系数为 5，微分系数为 1。库函数中的 myPID.SetMode(AUTOMATIC)，用于选择 PID 控制模式，AUTOMATIC 代表自动模式，Manual 表示手动模式。库函数中的 myPID.Compute()是 PID 计算子函数，用于对输出值进行计算。

本样例程序增加了串口通信子函数 Serial.begin(1200)；Serial.println("shuru")；Serial.println(Input)；Serial.println("shuchu")；Serial.println(Output)。用户可以打开串口监视器，对 PID 的输入值和输出值进行实时监视。

2. 位置式 PID 算法程序 2

为了能够学习 PID 算法的实现过程，本节编写了以下简化的位置式 PID 算法程序。该算法程序的实现基于实用型算法公式（4-17），具体编写流程依照图 4-2。

$u(n) = u(n-1) + \alpha_0 e(n) - \alpha_1 e(n-1) + \alpha_2 e(n-2)$，程序中 a0=$\alpha_0$，a1=$\alpha_1$，a2=$\alpha_2$，u0=$u(n-1)$，error=$e(n)$，lasterr=$e(n-1)$，lastlasterr=$e(n-2)$。

具体算法程序如下：

```
double Input,Output,Setpoint;
double error,lasterr=0,lastlasterr=0;
```

```
double a0=1,a1=2,a2=1,u0=0;
doublesampletime=100;
void computer()
{
error=Setpoint-Input;
Output=u0+a0*error-a1*lasterr+a2*lastlasterr;
if(Output>=255) {Output=255;}
if(Output<=0) {Output=0;}
u0=Output;
lasterr=error;
lastlasterr=lasterr;
}
void setup() {
    Serial.begin(1200);
}
void loop() {
    Input=analogRead(0);
    Setpoint=500;
computer();
analogWrite(3,Output);
Serial.println("shuru");Serial.println(Input);
Serial.println("shuchu");Serial.println(Output);
delay(sampletime);
}
```

习题

4-1　什么是 PID 控制算法？

4-2　写出位置式 PID 调节规律的数学表达式，并说明其特点。

4-3　写出增量式 PID 调节规律的数学表达式，并说明该算法对执行机构的要求。

4-4　PID 调节器的参数 K_P、T_I、T_D 对控制性能各有什么影响？

4-5　比例、积分、微分控制分别用什么量表示其控制作用的强弱？分别说明它们对控制质量的影响。

4-6　比例（P）、比例-积分（PI）、比例-积分-微分（PID）控制相比，各自的控制特点是什么？

4-7　写出以 Arduino 为控制器的 PID 控制程序。

4-8　写出以 Arduino 为控制器的 PID 库文件中的 PID 计算程序。

第5章 检测技术

随着社会的高度工业化，传感器产品在人们的日常生产、生活中无处不在，比如感应门、感应灯等。传感器是将外界非电量检测信号转化为电信号的器件，在监测和控制领域应用比较广泛。本章将介绍传感器的基本概念及组成、常见的种类以及应用。

人们在利用信息的过程中，首先要获取信息，而传感器是获取信息的主要手段和途径。传感器涉及的领域有现代工业生产、基础学科研究、宇宙开发、海洋探测、军事国防、环境保护、资源调查、医学诊断、智能建筑、汽车、家用电器、生物工程、商检质检、公共安全和文物保护等。

5.1 传感器概述

5.1.1 传感器组成

传感器是能够感受规定的被测量并按一定规律转换成可用输出信号的器件或装置的总称。由于电学量具有便于传输、转换、处理、传输的特点，因此传感器通常是将被测物理量转换成电量输出。随着现代科学的发展，检测技术作为一种与现代科学密切相关的新兴学科也得到迅速的发展，并且在工业自动化测量和检测技术、航天技术军事工程、医疗诊断等学科被越来越广泛地利用，同时对各学科发展还有促进作用。传感器通常由敏感元件、传感元件及测量转换电路组成。

5.1.2 机械量测量传感器

机械量通常包括各种几何量和力学量，如长度、位移、厚度、转矩、转速、振动和力等，是运动与控制等系统中的重要参数。

本节主要讨论控制中常用的位置、位移、速度、力、力矩等机械量的测量方法及测量仪表。机械量测量仪表一般由传感器、测量电路、显示（或记录）器和电源组成，如图5-1所示。

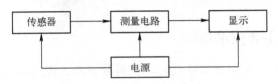

图 5-1　机械量测量仪表的组成

传感器是将被测量的非电信息变换成电信号的装置，是机械量测量仪表的一个重要元件。传感器直接从被测对象中提取被测量的信息，感受其变化并将其变换成便于测量的其他电量信号，例如，将速度变换成电压、将应变变换成电阻、将流量变换成压力等。传感器获得信息的准确与否直接影响到机械量测量仪表的精度。

测量电路包括变换电路、放大电路、调制、滤波等，能将传感器输出的电信号进行传输、放大、转换等。

显示单元以模拟形式、数字形式，或以图像形式给出被测量的数值。模拟显示是利用指针相对标尺的位置来读数；数字显示是用数字形式来显示测试结果的数值大小；图像显示是用屏幕显示读数或被测参数的变化曲线。

机械量测量仪表分类方法有很多，例如，若按测量对象分，可分为转速测量仪表、转矩测量仪表、位移测量仪表、厚度测量仪表、振动测量仪表等；按工作原理分，可分为应变式、电容式、磁电式、电感式、光电式、超声波式等。各种机械量检测参数可采用的测量原理见表5-1。

表5-1 各种机械量检测参数可采用的测量原理

被测量	测量原理									
	电容式	电阻式	电感式	磁电式	压电式	压磁式	超声波式	光电式	霍尔式	微波式
位移	有	有	有	有			有	有	有	
厚度	有		有				有			有
力	有	有	有		有	有		有		
转矩		有				有		有		
转速				有				有		
振动	有	有	有	有	有					

5.2　位置测量传感器

位置检测在航空航天技术、机床以及其他过程工业生产中都有广泛的应用。当前实现位置检测主要是使用各种各样的接近开关。在日常生活、测量技术、控制技术和安全防盗方面，经常用接近开关来实现位置检测。常见的接近开关有以下几种：涡流式接近开关、电容式接近开关、霍尔接近开关、光电式接近开关、热释电式接近开关等。

通过本节内容，读者应了解几种常用的接近开关的工作原理、使用方法等，掌握不同被测对象、不同工作环境下接近开关的选型原则；理解接近开关的主要性能参数指标，能解决实际的位置检测问题。

5.2.1　位置传感器的主要技术指标

检测距离：被测物体按一定方式移动时，从基准位置（传感器的感应表面）到传感器动作时测得的位置的空间距离。

复位距离：被测物体按一定方式移动时，从基准位置（传感器的感应表面）到传感器最远可动作时测得的位置的空间距离。

差动距离：复位距离与检测距离之差。

响应时间：从物体进入可检测区间到传感器有信号输出之间的时间差 T_1，或从物体退出可检测区间到传感器输出信号消失之间的时间差 T_2。

传感器的主要技术指标如图 5-2 所示。

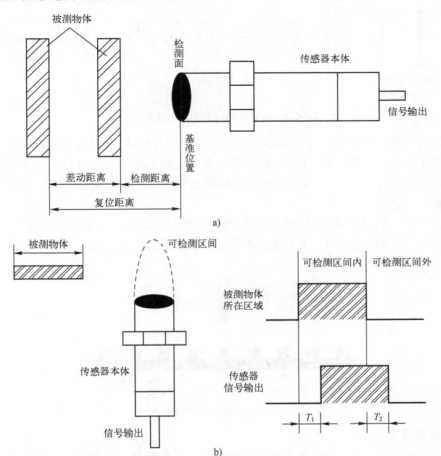

图 5-2　位置传感器技术指标

a) 检测距离、复位距离、差动距离　b) 检测时间、复位时间

5.2.2　常用的位置测量传感器

1. 涡流式接近开关

涡流式接近开关也叫电感式接近开关,如图 5-3 所示。它属于一种有开关量输出的位置传感器,由 *LC* 高频振荡器、开关电路及放大输出电路组成,如图 5-4 所示。振荡器产生一个交变磁场。当金属目标物体接近这一磁场,并达到感应距离时,在金属目标内产生涡流,这个涡流反作用于接近开关,从而导致电感式传感器振荡衰减,以至停振。振荡器振荡及停振的参数变化被后级放大电路处理并转换成开关信号。

图 5-3　涡流式接近开关

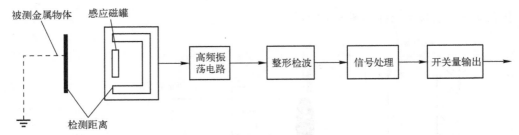

图 5-4 涡流式接近开关工作流程图

在实际的制造工业流水线上，涡流式接近开关有着较为广泛的应用。涡流式接近开关不与被测物体接触，依靠电磁场变化来检测，大大提高了检测的可靠性，也保证了电感式接近开关的使用寿命。所以，该类型的接近开关在制造工业中，比如机床、汽车制造等行业使用频繁。

在图 5-5 中，利用电感式接近开关来检测传送带上的工件，当有工件接近时，接近开关上的触点动作，常开触点闭合、常闭触点断开，可用来统计工件数目。

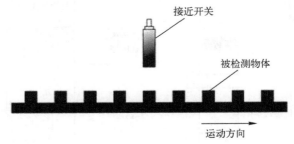

图 5-5 接近开关应用

2. 电容式接近开关

电容式接近开关亦属于一种具有开关量输出的位置传感器，如图 5-6 所示。它的测量头通常是构成电容器的一个极板，而另一个极板是物体的本身，两者构成一个电容器，该电容接入后级 RC 振荡器中；当被测物体靠近电容式传感器时，物体和接近开关的介电常数发生变化，该电容器的容量变化，使振荡器开始振荡，通过后级电路的处理，将停振和振荡两种信号转换成开关信号，从而可以检测有无物体存在。电容式接近开关工作流程图如图 5-7 所示。这种接近开关检测的对象，不限于导体，也可以是绝缘的液体或粉状物等。

图 5-6 电容式接近开关

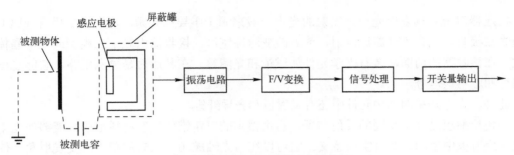

图 5-7　电容式接近开关工作流程图

3．霍尔接近开关

霍尔元件是一种磁敏元件。利用霍尔元件做成的开关，叫作霍尔开关，其外形如图 5-8 所示。当磁性物件移近霍尔开关时，开关检测面上的霍尔元件因产生霍尔效应而使开关内部电路状态发生变化，由此识别附近有磁性物体存在，进而控制开关的通或断。这种接近开关的检测对象必须是磁性物体。

图 5-8　霍尔元件的外形

霍尔开关传感器具有较高的灵敏度，能感受到很小的磁场变化，因而可对黑色金属零件进行计数检测。图 5-9 中，利用霍尔开关传感器来统计钢球在绝缘板上通过磁铁的次数。

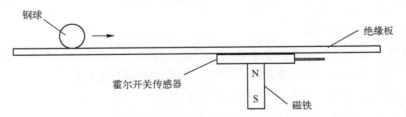

图 5-9　霍尔计数装置工作示意图

4．光电式接近开关

利用光电效应做成的开关叫光电开关。将发光器件与光电器件按一定方向装在同一个检测头内。当有反光面（被检测物体）接近时，光电器件接收到反射光后便有信号输出，由此便可"感知"有物体接近。

光电开关是通过把光强度的变化转换成电信号的变化来实现控制的。光电开关在一般情况下，由三部分构成，即发送器、接收器和检测电路。

发送器对准目标发射光束，发射的光束一般来源于半导体光源，如发光二极管（LED）和激光二极管。光束不间断地发射，或者改变脉冲宽度。接收器由光电二极管或光电晶体管组成。在接收器的前面，装有光学元件如透镜和光圈等。在其后面是检测电路，它能滤出有效信号和应用该信号。

此外，光电开关的结构元件中还有发射板和光导纤维。

三角反射板是结构牢固的反射装置。它由很小的三角锥体反射材料组成，能够使光束准确地从反射板中返回，具有实用意义。它可以在与光轴成 0°～25° 的范围改变发射角，使光束几乎是从一根发射线，经过反射后，还是从这根反射线返回。

光纤（又称光导纤维），扩大了光电开关的使用范围，形成了特殊的嵌装式收发装置。它可以在特殊的环境中使用，检测微小的物体。在非常高的外界温度中，以及在结构受限制的环境里，光纤都可以获得满意的答案。

（1）槽形光电开关

把一个光发射器和一个接收器面对面地装在一个槽的两侧的是槽形光电开关。发光器能发出红外光或可见光，在无阻情况下光接收器能收到光。但当被检测物体从槽中通过时，光被遮挡，光电开关便动作，输出一个开关控制信号，切断或接通负载电流，从而完成一次控制动作。槽形开关的检测距离因为受整体结构的限制一般只有几厘米。

（2）对射式光电开关

若把发光器和收光器分离开，就可使检测距离加大。由一个发光器和一个收光器组成的光电开关称为对射分离式光电开关，简称对射式光电开关。它的检测距离可达几米乃至几十米。使用时把发光器和收光器分别装在检测物通过路径的两侧，检测物通过时阻挡光路，收光器就动作输出一个开关控制信号。

（3）反光板反射式光电开关

把发光器和收光器装入同一个装置内，在它的前方装一块反光板，利用反射原理完成光电控制作用的称为反光板反射式（或反射镜反射式）光电开关。正常情况下，发光器发出的光被反光板反射回来由收光器收到；一旦光路被检测物挡住，收光器收不到光时，光电开关就动作，输出一个开关控制信号。

（4）扩散反射式光电开关

扩散反射式光电开关的检测头里也装有一个发光器和一个收光器，但前方没有反光板。正常情况下发光器发出的光收光器是收不到的；当检测物通过时挡住了光，并把光部分反射回来，收光器就收到光信号，输出一个开关控制信号。

（5）光纤式光电开关

把发光器发出的光用光纤引导到检测点，再把检测到的光信号用光纤引导到光接收器就组成光纤式光电开关。按动作方式的不同，光纤式光电开关也可分成对射式、反光板反射式、扩散反射式等多种类型。

图 5-10～图 5-16 是光电开关的各种应用实例。其中，图 5-10 为将光电开关用在流水生产线上，来检测罐装的个数和高度；图 5-11 为利用物体对光的遮挡作用，检测电子产品引脚的通过个数，或引脚是否存在；图 5-12 为利用物体对光幕的遮挡作用，可以计算物体的三维尺寸；图 5-13 为由光电开关构成的光幕用于孔列检查；图 5-14 为光幕用于木材截面

积检测；图 5-15 为光幕用于带材在卷曲过程中的纠偏检测；图 5-16 为光幕用于自动收费系统的车辆检测。

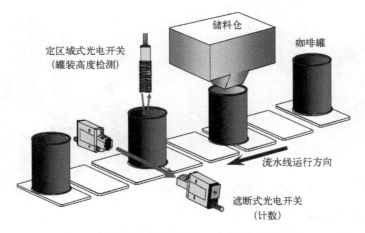

图 5-10　光电开关在流水线上的应用

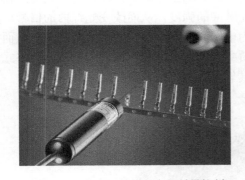

图 5-11　光电开关用于产品质量控制

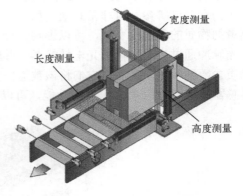

图 5-12　产品三维尺寸测量

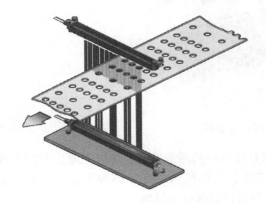

图 5-13　孔列检查

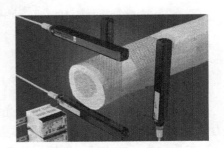

图 5-14　木材截面积检测

图 5-15　带材在卷曲过程中的纠偏检测

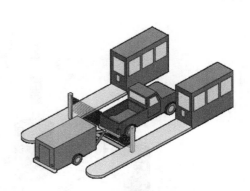

图 5-16　自动收费系统的车辆检测

5．数字式光纤传感器

数字式光纤传感器是一种利用光纤进行数据传输的新型测量传感器，由光纤、光电转换器和数字信号处理部件组成，具有低成本、灵敏度高、扩展容易的特点，在测量位移、温度、压力和湿度等参数时非常有效，如图 5-17 所示。它的工作原理是，首先，当传感器头所测量的物质的参数改变时，可以影响光纤中的光脉冲的强度，从而改变光纤内的信号。其次，光脉冲通过光纤传输到光电转换器，并转换为电脉冲，然后进行数字信号处理，从而得到物质参数的数值。最后，它们将该数值作为物质参数的输出，最终得到测量值。数字式光纤传感器具有多路信号输入/输出功能，可以快速传输数据，适应不同的工业环境。

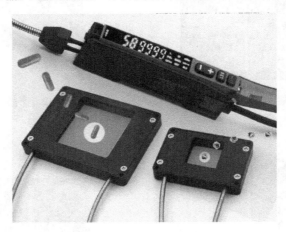

图 5-17　数字式光纤传感器

作为测量传感器的一种，数字式光纤传感器具有精确的测量性能，可以克服由于抗干扰能力差而引起的问题，非常适合在恶劣环境中工作。它的优势还在于结构紧凑、抗干扰性强、可扩展性高、成本低，能够用于工业过程或科研仪器等许多领域。

根据不同光纤结构，光纤传感器可以分为漫反射普通光纤、对射普通光纤、同轴光纤、矩形光纤、侧视光纤、槽型光纤、窗口光纤等类型，具体详见表 5-2。

表 5-2 不同光纤传感器

序号	类型	图形	说明
1	漫反射普通光纤		可用于检测料带的标记，通过不同颜色反光率不同进行区分
2	对射普通光纤		可检测流水线上的不透明物体或半透明物体的有无
3	同轴光纤		可用于芯片引脚数量确认
4	矩形光纤		落料检测、标记检测、纠偏检测、大小物体区分
5	侧视光纤		侧面出光检测型，适合狭窄空间使用

（续）

序号	类型	图形	说明
6	直角光纤		直角型光纤管，用于检测 IC 针脚
7	槽型光纤		可检测单双张透明薄膜和深色物体缝隙
8	窗口光纤		用于产品计数、检测和落料检测

6. 热释电式接近开关

用能感知温度变化的元件做成的开关叫热释电式接近开关。这种开关是将热释电器件安装在开关的检测面上，当有与环境温度不同的物体接近时，热释电器件的输出便变化，由此便可检测出有物体接近。

热释电传感器在红外线探测中有广泛应用。例如，用于能产生远红外辐射的人体探测，如防盗门、宾馆大厅自动门、自动灯等的控制；在房间无人时会自动停机的空调机、饮水机；电视机能判断无人观看或观众已经睡觉后自动关机；人靠近时自动开启监视器或自动按门铃等。

7. 其他形式的接近开关

当观察者或系统对波源的距离发生改变时，接近到的波的频率会发生偏移，这种现象称为多普勒效应。声呐和雷达就是利用这个效应的原理制成的。利用多普勒效应可制成超声波接近开关、微波接近开关等。当有物体移近时，接近开关接收到的反射信号会产生多普勒频移，由此可以识别出有无物体接近。

接近开关在航空、航天技术以及工业生产中都有广泛的应用。在日常生活中，如宾馆、饭店、车库的自动门、自动热风机上都有应用。在安全防盗方面，如资料档案、财会、金融、博物馆、金库等重地，通常都装有由各种接近开关组成的防盗装置。在测量技术中，如长度、位置的测量；在控制技术中，如位移、速度、加速度的测量和控制，也都使用着大量的接近开关。

在一般的工业生产场所，通常都选用涡流式接近开关和电容式接近开关，因为这两种接近开关对环境的要求条件较低。当被测对象是导电物体或可以固定在一块金属物上的物体时，一般都选用涡流式接近开关，因为它的响应频率高、抗环境干扰性能好、应用范围广、价格较低。若所测对象是非金属（或金属）、液位高度、粉状物高度、塑料、烟草等，则应选用电容式接近开关，这种开关的响应频率低，但稳定性好。安装时应考虑环境因素的影响，若被测物为导磁材料或者为了区别和它在一同运动的物体而把磁钢埋在被测物体内时，应选用霍尔接近开关，它的价格最低。在环境条件比较好、无粉尘污染的场合，可采用光电接近开关，光电接近开关工作时对被测对象几乎无任何影响。

在防盗系统中，自动门通常使用热释电接近开关、超声波接近开关和微波接近开关。有时为了提高识别的可靠性，上述几种接近开关往往被复合使用。

无论选用哪种接近开关，都应注意对工作电压、负载电流、响应频率、检测距离等各项指标的要求。

5.3　位移测量传感器

测量位移的方法很多，现已形成多种位移传感器，而且有向小型化、数字化、智能化方向发展的趋势。位移传感器又称为线性传感器，常用的有电感式位移传感器、电容式位移传感器、光电式位移传感器、超声波式位移传感器、霍尔式位移传感器和磁致伸缩式位移传感器等。

5.3.1　电感式位移传感器（微纳位移检测）

电感式位移传感器是基于电磁感应原理，将输入量转换成电感变化量的一种装置。它常配以不同的敏感元件来测量位移、压力、振动等物理参数。按照变换方式的不同，电感式位移传感器可分为自感型（包括可变磁阻式与涡流式）与互感型（差动变压器式）两种。

1. 可变磁阻式电感传感器

可变磁阻式电感传感器结构原理如图 5-18 所示。该传感器由线圈、铁心和衔铁组成。自感 L 与气隙 δ 成反比，而与气隙导磁截面积 A_0 以及磁导率 μ_0 成正比。

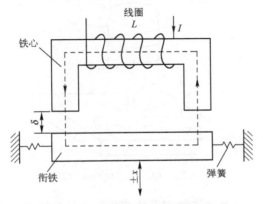

图 5-18　可变磁阻式电感传感器

$$L = \frac{W^2 \mu_0 A_0}{2\delta}$$

式中，W 为线圈匝数；μ_0 为空气磁导率（H/m）。

　　图 5-19 列出了几种常用的可变磁阻式电感传感器的典型结构。变气隙式、变面积式和螺线管式三种类型电感传感器相比较，变气隙式灵敏度最高，因而它对电路的放大倍数要求很低，缺点是非线性严重。为了限制非线性误差，示值范围只能很小，导致自由行程小，因此制造装配比较困难。变面积式的优点是具有较好的线性，自由行程较大。螺线管式的主要优点是结构简单、制造装配容易、自由行程大，但是灵敏度最低。但灵敏度低可以通过放大电路加以解决，因此，目前螺线管式电感传感器用得越来越多。

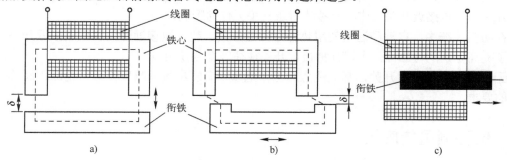

图 5-19　几种常用的可变磁阻式电感传感器

a) 变气隙式　b) 变面积式　c) 螺线管式

2. 电涡流式电感传感器

　　基于法拉第电磁感应原理，当传感器线圈通以正弦交变电流 I_1 时，线圈周围空间将产生正弦交变磁场 H_1，被测导体内产生呈涡旋状的交变感应电流 I_2，称为电涡流效应，如图 5-20 所示。电涡流产生的交变磁场 H_2 与 H_1 方向相反，它使传感器线圈等效阻抗发生变化，即

$$Z = F(\rho, \mu, r, f, x)$$

式中，ρ 为金属电导率（S/m）；μ 为金属磁导率（H/m）；r 为线圈与被测物体的尺寸因子；f 为励磁电流频率（Hz）；x 为线圈与导体间的距离（m）。

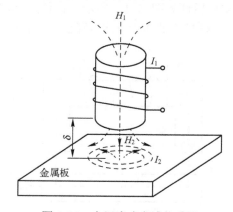

图 5-20　电涡流式电感传感器

　　电涡流式电感传感器是一种非接触测量传感器，不易受油液介质影响；结构简单，使用

方便，灵敏度高，最高分辨率达 0.05μm；频率响应范围宽，可达 0～10kHz，适合动态测量。电涡流式电感传感器的应用如图 5-21、图 5-22 所示。

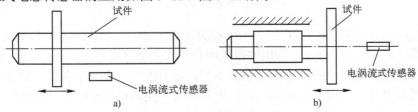

图 5-21　电涡流位移测量方法

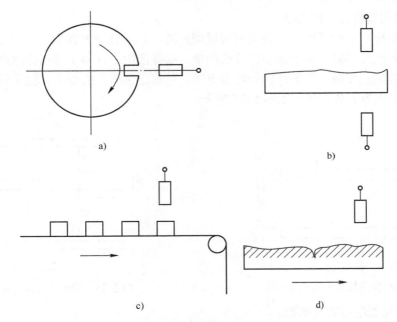

图 5-22　电涡流式电感传感器的应用

a) 测转速　b) 测厚度　c) 计数　d) 测裂纹

5.3.2　电容式位移传感器（微纳位移检测）

电容式位移传感器是将被测非电量转换为电容量变化的一种传感器，如图 5-23 所示。

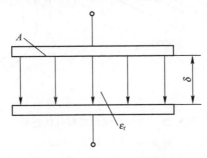

图 5-23　电容式位移传感器结构图

由绝缘介质分开的两个平行金属板组成的平板电容器，如果不考虑边缘效应，其电容量为

$$C = \frac{\varepsilon_r A}{\delta}$$

式中，A 为极板相对覆盖面积（m^2）；δ 为极板间距离（m）；ε_0 为真空介电常数（F/m）；ε 为相对介电常数（F/m）；$\varepsilon_r = \varepsilon_0 \varepsilon$，为电容极板间介质的介电常数。

在实际使用中，通常保持其中两个参数不变，而只改变其中一个参数，把该参数的变化转换成电容量的变化，通过测量电路转换为电量输出，此即电容式位移传感器的原理。根据这一性质，电容式位移传感器可以分为极距变化型电容式传感器、面积变化型电容式传感器和介质变化型电容式传感器。

1. 极距变化型电容式传感器

极距变化型电容式传感器通过改变两极板间距离，从而改变电容量，如图 5-24 所示。极距变化型电容式传感器适用于微小位移的测量。实际应用中，为了提高传感器的灵敏度、增大线性工作范围和克服外界条件（如电源电压、环境温度等）的变化对测量精度的影响，常常采用差动型电容式传感器，如图 5-25 所示。

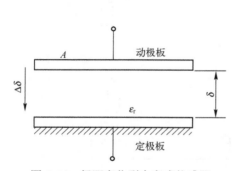

图 5-24　极距变化型电容式传感器

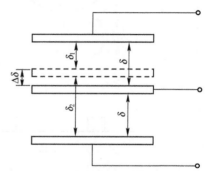

图 5-25　差动型电容式传感器

2. 面积变化型电容式传感器

面积变化型电容式传感器是指改变极板间有效面积的电容式传感器，常见的有直线位移型和角位移型，如图 5-26 所示。

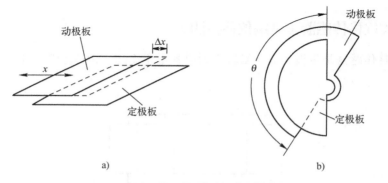

图 5-26　面积变化型电容式传感器

a) 直线位移型　b) 角位移型

面积变化型电容式传感器的优点是输出与输入成线性关系，但与极距变化型相比，灵敏

度较低，适用于较大角位移及直线位移的测量。

3. 介质变化型电容式传感器

介质变化型电容式传感器（见图 5-27）的极距、有效作用面积不变，被测量的变化使其极板之间的介质情况发生变化，主要用来测量两极板间介质的某些参数的变化，如介质厚度、介质湿度、液位等。

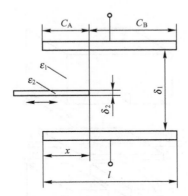

图 5-27　介质变化型电容式传感器

5.3.3　霍尔式位移传感器（微纳位移检测）

如图 5-28 所示，厚度为 d 的 N 型半导体薄片上垂直作用了磁感应强度为 B 的磁场，若在一个方向上通以电流 I，N 型半导体中多数载流子为电子，它沿与电流的相反方向运动，带电粒子在磁场中的运动会受到洛伦兹力 F_L 的作用，洛伦兹力 F_L 的方向由左手定则决定。洛伦兹力的作用结果，使带电粒子偏向 c、d 电极，在垂直于 B 和 I 的方向上产生一感应电动势 V_H，该现象称为霍尔效应，所产生的电动势 V_H 称为霍尔电动势。

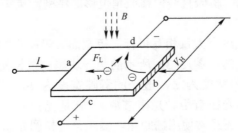

图 5-28　霍尔式位移传感器原理图

霍尔电动势 V_H 的大小由下式决定，即

$$V_H = K_H I B \sin\alpha$$

式中，K_H 为霍尔常数，表示单位磁感应强度、单位控制电流下所得的开路霍尔电动势，取决于材质、元件尺寸，并受温度变化影响；α 为电流方向与磁场方向夹角（°），如两者垂直，则 $\sin\alpha = 1$。

纯金属中自由电子浓度过高，霍尔效应微弱，无实用价值，半导体是霍尔元件的常用材料，材料的厚度 d 越小，则 K_H 越大、灵敏度越高。

图 5-29 所示为霍尔式位移传感器的工作原理。霍尔元件置于两相反方向的磁场中，在 a、b 两端通入控制电流 i，左半部分产生的霍尔电动势 V_{H1} 和右半部分产生的霍尔电动势 V_{H2} 方向相反，c、d 两端输出电压是 $V_{H1}-V_{H2}$，若使初始位置时 $V_{H1}=V_{H2}$，则输出电压为零。当霍尔元件相对于磁极做 x 方向位移时，可得到输出电压 $V_H=V_{H1}-V_{H2}$，且 ΔV_H 数值正比于位移量 Δx，正负方向取决于位移 Δx 的方向。霍尔式位移传感器既能测量位移的大小，又能鉴别位移的方向。

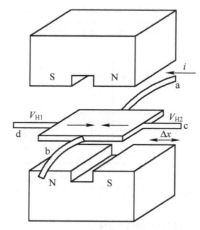

图 5-29　霍尔式位移传感器的工作原理

5.3.4　光栅位移传感器（大尺寸位移检测）

光栅位移传感器是一种非接触式光电测量传感器，利用光衍射产生干涉条纹的原理制成。其突出特点是精度非常高、响应快、量程大，所以广泛应用于精密加工、光学加工、大规模集成电路的设计和检测、机床直线位移或角位移的精密测量等方面。

1. 光栅结构

光栅是在透明的玻璃上刻有大量相互平行、等宽而又等间距的刻线。每条刻痕处是不透光的，而两刻痕之间是透光的。图 5-30 所示的是一块黑白型长光栅，平行等距的刻线称为栅线。设其中不透光的缝隙宽度为 a，透光的缝隙宽度为 b，一般情况下，$a=b$。图中，$w=a+b$，称为光栅栅距（或光栅节距、光栅常数），它是光栅的一个重要参数。对于圆光栅来说，除了栅距参数之外，还经常使用栅距角。栅距角是指圆光栅上相邻两刻线所夹的角。

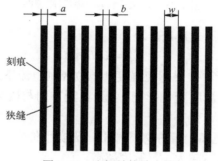

图 5-30　光栅结构放大图

光栅按其用途分为长光栅和圆光栅两类。刻画在玻璃尺上的光栅称为长光栅，也称光栅尺，用于测量长度或几何位移。根据光线的走向，长光栅还分为透射光栅和反射光栅。

透射光栅是将光栅线刻制在透明材料上，通常选用光学玻璃和制版玻璃。反射光栅的栅线刻制在具有强反射能力的金属上，如不锈钢或玻璃镀金属膜（如铝膜），光栅也可刻制在钢带上再粘结在尺基上。

刻画在玻璃盘上的光栅称为圆光栅，也称光栅盘，用来测量角度或角位移。根据栅线刻画的方向，圆光栅分两种：一种是径向光栅，其栅线的延长线全部通过光栅盘的圆心；另一种是切向光栅，其全部栅线与一个和光栅盘同心的小圆相切。圆光栅只有透射光栅。

2．光栅测量原理

如果把两块栅距 w 相等的光栅面平行安装，且让它们的刻痕之间有较小的夹角 θ 时，这时光栅上会出现若干条明暗相间的条纹，这种条纹称莫尔条纹，如图 5-31 所示。

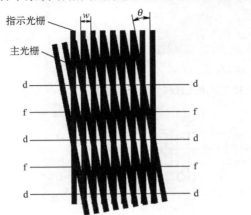

图 5-31　莫尔条纹

莫尔条纹测位移具有以下三个方面的特点。

（1）移动的放大作用

当光栅每移动一个光栅栅距 w 时，莫尔条纹也跟着移动一个条纹宽度 B，如果光栅做反向移动，条纹移动方向也相反。莫尔条纹的间距 B 与两光栅线纹夹角 θ 之间的关系为

$$B \approx \frac{w}{\theta}$$

θ 越小，B 越大，这相当于把栅距 w 放大了 $1/\theta$ 倍。例如 $\theta = 0.1°$，则 $1/\theta \approx 573$，即莫尔条纹宽度 B 是栅距 w 的 573 倍，这相当于把栅距放大了 573 倍，说明光栅具有位移放大作用，从而提高了测量的灵敏度。

（2）莫尔条纹移动方向

如光栅 1 沿着刻线垂直方向向右移动时，莫尔条纹将沿着光栅 2 的栅线向上移动；反之，当光栅 1 向左移动时，莫尔条纹沿着光栅 2 的栅线向下移动。因此根据莫尔条纹移动方向就可以对光栅 1 的运动进行辨向。

（3）误差的平均效应

莫尔条纹由光栅的大量刻线形成，对线纹的刻画误差有平均抵消作用，能在很大程度上消除短周期误差的影响。

3. 光栅位移传感器的组成

光栅位移传感器的结构及工作原理如图 5-32、图 5-33 所示，由主光栅、指示光栅、光源和光敏器件等组成。主光栅和被测物体相连，随被测物体的直线位移而产生移动。当主光栅产生位移时，莫尔条纹便随着产生位移。用光敏器件记录莫尔条纹通过某点的数目，便可知主光栅移动的距离，也就测得了被测物体的位移量。

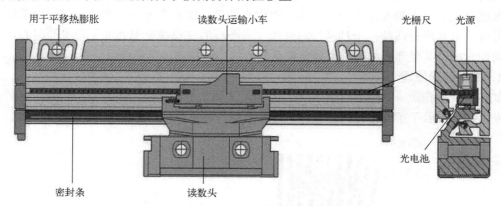

图 5-32　封闭式直线光栅尺结构图

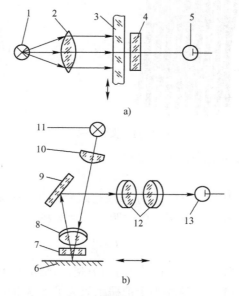

图 5-33　光栅位移传感器原理图

a) 透射式光路　b) 反射式光路

1、11—光源　2—准直透镜　3—主光栅　4、7—指示光栅　5—光敏元件　6—反射主光栅
8—场镜　9—反射镜　10—聚光镜　12—物镜　13—光电池

5.3.5　磁栅尺（大尺寸位移检测）

1. 磁栅尺简介

磁栅尺（Magnetic Scale）是一种常见于工业自动化设备领域的线性位移测量传感器，因为其耐用性强，对环境要求不高，逐渐替代了对环境要求苛刻的光学直线测量方案。作为自

动化设备领域里不多见的精密位移检测方案，磁栅尺使用广泛，尤其适用于检测行程长、测量精度要求高、工况复杂的大型机床。磁栅尺安装方便，抗干扰能力强，抗冲击性强，不易受到振动、粉尘、水垢、油污等影响，耐高温和耐低温性能也较为突出，其安装案例如图 5-34 所示。

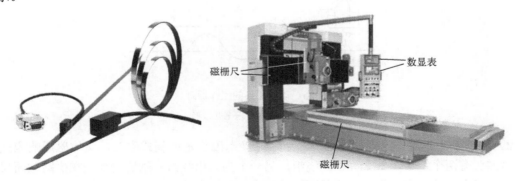

磁栅尺 ← ← → 数显表
磁栅尺

图 5-34　龙门铣床磁栅尺安装案例

2. 磁栅尺的基本组成与原理

磁栅尺主要由两个部分组成，即磁尺和磁头。

磁栅尺的工作原理：通过录音磁头在磁尺（或盘）上录制出间隔严格相等的磁波，磁栅尺上相邻栅波的间隔距离称为磁栅的波长，又称为磁栅的节距（栅距），波长就是磁栅尺的长度计量单位。任一被测长度都可用与其对应的若干磁栅波长之和来表示。

（1）磁尺

磁尺是用非导磁性材料做尺基，在尺基的上面镀一层均匀的磁性薄膜（见图 5-35），经过录磁（即用录音磁头沿长度方向按一定波长记录一周期性信号，以剩磁的形式保留在磁尺上，这样磁尺上录上一定波长的磁信号），磁尺的磁化图形排成 SN、NS 状态。磁信号的波长（周期）又称节距，用 λ 表示。磁信号的极性是首尾相接，在 N、N 重叠处为正的最强，在 S、S 重叠处为负的最强。

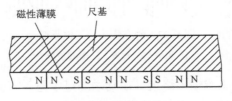

磁性薄膜　　尺基

N N S S N N S S N N

图 5-35　磁尺结构

（2）磁头

磁栅上的磁信号先由录音磁头录好，再由读取磁头读出，按读取信号方式的不同，磁头可分为动态磁头和静态磁头。

1）动态磁头。工作原理如图 5-36 所示。动态磁头为非调制式磁头，又称速度响应式磁头，只有一个绕组，当磁头沿磁栅做相对运动时才有信号输出，输出为正弦波。（录音机上的磁头就是速度响应式磁头，只有在磁尺和磁栅有相对运动时才能检测出磁信号。）

特点：静止时没有信号输出，因此它只能用于动态测量。

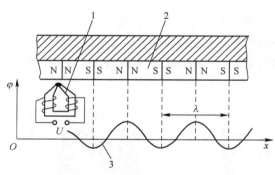

图 5-36 动态磁头的工作原理

1—磁头 2—磁栅 3—输出波形

2）静态磁头。工作原理如图 5-37 所示。静态磁头是调制式磁头，又称磁通响应式磁头。该磁头有两个绕组，一个为励磁绕组，另一个为输出绕组。励磁绕组绕在磁路截面尺寸较小的横臂上；输出绕组绕在磁路截面尺寸较大的竖杆上。它与动态磁头的根本不同之处在于磁头与磁栅之间没有相对运动的情况下也有信号输出。当磁头运动时，幅值随磁尺上的剩磁影响而变化，输出感应电动势。

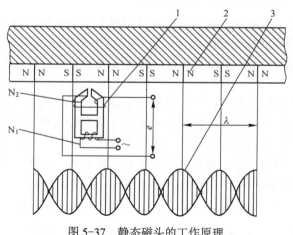

图 5-37 静态磁头的工作原理

1—磁头 2—磁栅 3—输出波形

N_1 为励磁绕组，N_2 为感应输出绕组。在励磁绕组中通入高频的励磁电流，一般频率为 5kHz 或 25kHz，幅值约为 200mA。励磁绕组起磁路开关作用。

当励磁绕组 N_1 不通电流时，磁路处于不饱和状态，磁栅上的磁力线通过磁头铁心而闭合。如果在励磁绕组中通入交变电流 $i=i_0\sin\omega t$，当交变电流 i 的瞬时值达到某一个幅值时，横杆上的铁心材料饱和，这时磁阻很大，而使磁路"断开"，磁栅上的磁通就不能在磁头铁心中通过；反之，当交变电流 i 的瞬时值小于某一数值时，横杆上的铁心材料不饱和，这时磁阻也降低得很小，磁路被"接通"，则磁栅上的剩磁通就可以在磁头铁心中通过。由此可见，励磁线圈的作用相当于磁开关。

磁感应强度取决于磁头与磁栅的相对位置。

随着激励交变电流的变化，可饱和铁心这一磁路开关不断地"通"和"断"，进入磁头的剩磁通就时有时无。这样，在磁头铁心的绕组 N_2 中产生感应电动势，其主要与磁头在磁栅上所处的位置有关，而与磁头和磁栅之间的相对速度关系不大。

3．磁栅尺的特点

磁栅尺在长度测量领域具有以下优点：

1）高精度。磁栅尺能够实现高精度的长度测量，通常可达到微米级甚至更高的测量精度。这使得磁栅尺成为许多精密加工和测量场合的理想选择。

2）结构简单。磁栅尺的结构相对简单，由于不涉及复杂的机械结构，故而具有较高的可靠性和稳定性。磁栅尺的简单结构还能够有效降低生产成本，提高制造效率。

3）耐用性强。磁栅尺使用的是非接触式测量原理，因此在使用过程中不会受到摩擦和磨损的影响，具有较长的使用寿命。同时，磁栅尺还具备一定的防水、防尘性能，适用于各种恶劣环境下的工作。

5.4　速度测量传感器

5.4.1　测速发电机

测速发电机是利用发电机原理制成的测量机械旋转速度的传感器。直流测速发电机的工作原理如图 5-38 所示，当位于永久磁场中的转子线圈随机械设备以转速 n 旋转时，因切割磁力线，在线圈两端将产生空载感应电动势 E_0，根据法拉第定律有

$$E_0 = C_e \Phi_0 n$$

式中，C_e 为电动势常数；Φ_0 为磁通量（Wb）。

可见，输出感应电压与电动机旋转速度成正比，可用于角速度测量，如果与伺服电动机轴相连，可作为速度反馈。测速发电机分为电磁式（定子有两组在空间互成 90°的绕组）和永磁式两种，常用永磁式。

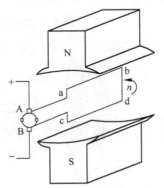

图 5-38　测速发电机工作原理

5.4.2　光电式转速传感器

1．光电式转速传感器简介

光电式转速传感器是利用光电效应原理制成的，即利用光电二极管或光电晶体管将光脉冲变成电脉冲。它是由装在被测轴上的带缝隙圆盘、光源、光敏器件和指示缝隙盘组成的。

如图 5-39 所示，当光源发出的光，通过带缝隙圆盘和指示缝隙盘照射到光敏器件上，在带缝隙圆盘随被测轴转动时，由于圆盘上的缝隙间距与指示缝隙间距相同，因此圆盘每转一周，光敏器件输出与圆盘缝隙数相等的电脉冲，测出转速 n 为

$$n = \frac{60N}{Zt}$$

式中，n 为转速（r/min）；N 为计数器所计脉冲数；Z 为圆盘缝隙数，或反射标记数；t 为测量时间（s）。

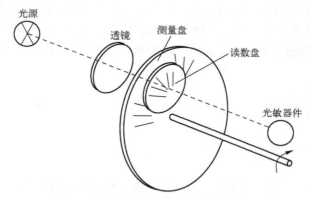

图 5-39 光电式传感器测量转速原理图

根据其刻度方法及信号输出形式，光电式转速传感器可分为增量式和绝对式。

2．增量式光电编码器

增量式光电编码器提供了一种对连续位移量离散化、增量化以及位移变化（速度）的传感方法。增量式光电编码器的特点是每产生一个输出脉冲信号就对应于一个增量位移，它能够产生与位移增量等值的脉冲信号。增量式光电编码器测量的是相对于某个基准点的相对位置增量，而不能够直接检测出绝对位置信息，其原理如图 5-40 所示。

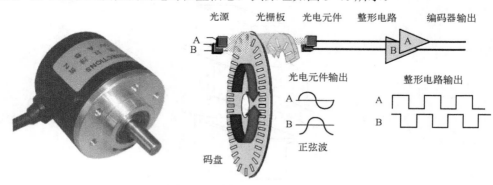

图 5-40 增量式光电编码器原理

增量式光电编码器是直接利用光电转换原理输出三组方波脉冲 A、B 和 Z 相；A、B 两组脉冲相位差 90°（即所谓的两相正交输出信号），从而可方便地判断出编码器的旋转方向，而 Z 相为每转一圈输出一个脉冲，用于基准点定位，如图 5-41 所示。它的优点是原理构造简单，机械平均寿命可在几万小时以上，抗干扰能力强，可靠性高，适合于长距离传输。其缺点是无法输出轴转动的绝对位置信息。

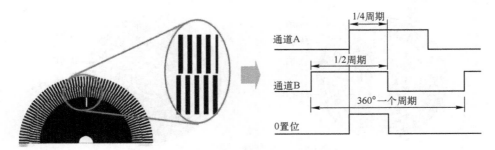

图 5-41　增量式光电编码器的码道及输出

编码器信号 A、B 有以下关系：

当码盘顺时针移动时，光栅输出的 A 相信号相位超前 B 相 90°，则在一个周期内，两相信号共有 4 次相对变化；00→10→11→01→00，这样如果每发生一次变化，可逆计数器便实现一次加计数，一个周期内可实现 4 次加计数，从而实现正转状态的 4 倍频计数，如图 5-42a 所示。

当码盘逆时针移动时，光栅输出的 A 相信号相位滞后 B 相 90°，则在一个周期内，两相信号共有 4 次相对变化；00→01→11→10→00，这样如果每发生一次变化，可逆计数器便实现一次加计数，一个周期内可实现 4 次减计数，从而实现反转状态的 4 倍频计数，如图 5-42b 所示。

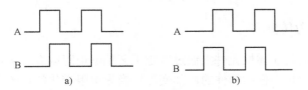

图 5-42　增量式光电编码器输出信号示意图

a) 顺时针旋转　b) 逆时针旋转

3. 绝对式光电编码器

绝对式光电编码器的原理及组成部件与增量式光电编码器基本相同，与增量式光电编码器不同的是，绝对式光电编码器用不同的数码来指示每个不同的增量位置，它是一种直接输出数字量的传感器，如图 5-43 所示。

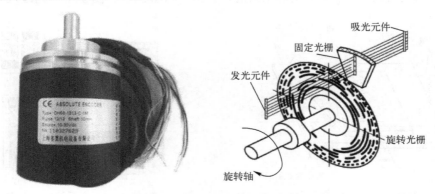

图 5-43　绝对式光电编码器

根据编码方式的不同，绝对式光电编码器分为两种类型码盘，即二进制码盘和格雷码码盘，如图 5-44 所示。

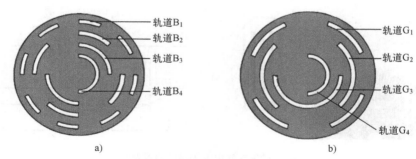

图 5-44 绝对式光电编码器的码道

a) 二进制码盘　b) 格雷码码盘

　　绝对式光电编码器可直接把被测转角用数字代码表示出来，且每一个角度位置均有其对应的测量代码，能表示绝对位置，没有累积误差，电源切除后，位置信息不丢失，仍能读出转动角度。因其每一个位置绝对唯一、抗干扰、无须掉电记忆，目前已经越来越广泛地应用于各种工业系统中的角度、长度测量和定位控制。

5.5　力、力矩测量传感器

5.5.1　电阻应变式力传感器

　　电阻应变式传感器是在弹性元件上通过特定工艺粘贴电阻应变片来组成的。它是一种利用电阻材料的应变效应将工程结构件的内部变形转换为电阻变化的传感器。此类传感器主要通过一定的机械装置将被测量转化成弹性元件的变形，然后由电阻应变片将弹性元件的变形转换成电阻的变化，再通过测量电路将电阻的变化转换成电压或电流变化信号输出。它可用于能转化成变形的各种非电物理量的检测，如力、压力、加速度、力矩、重量等，在机械加工、计量、建筑测量等行业应用十分广泛。

　　电阻应变片基于电阻应变效应，所谓电阻应变效应是指具有规则外形的金属导体或半导体材料在外力作用下产生应变而其电阻值也会产生相应的改变，这一物理现象称为"电阻应变效应"。金属电阻应变片有丝式的和箔式的，其结构如图 5-45、图 5-46 所示。

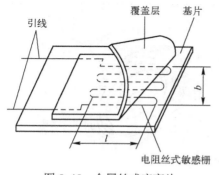

图 5-45　金属丝式应变片

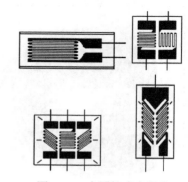

图 5-46　金属箔式应变片

　　利用电阻应变片制作的测力仪广泛应用于静态和动态测量中，是目前数量最多、种类最全的测力装置，量程范围为 $10^{-2} \sim 10^{7} N$。

各类电阻应变式测力传感器的工作原理相同：利用弹性元件将被测力转换成应变，粘贴在弹性元件上的应变片将应变转换为电阻变化，再由电桥电路转换为电压，经放大处理后显示被测力的大小。

测力传感器的优劣除常规的灵敏度、精度、稳定性指标外，还包括过载能力、抗侧向能力大小等特殊要求。设计高精度测力传感器的指导思想是追求良好的自然线性；提高传感器的输出灵敏度；使传感器的抗侧向能力高，结构简单并易于密封，加工容易等。

图 5-47 所示的柱式力传感器为电阻应变片的一种应用，其特点是结构简单，可承受较大载荷，最大可达 10^7N，在测 $10^3 \sim 10^5$N 载荷时，为提高变换灵敏度和抗横向干扰，一般采用空心圆柱结构。

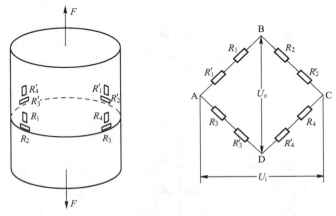

图 5-47　柱式力传感器

5.5.2　压电式测力传感器

压电式测力传感器基于压电效应，即某些电介质，当沿着一定方向对其施力而使它变形时，内部就产生极化现象，同时在它的一定表面上产生电荷，当外力去掉后，又重新恢复不带电状态的现象。当作用力方向改变时，电荷极性也随着改变。输出电压的频率与动态力的频率相同；当动态力变为静态力时，电荷将由于表面漏电而很快泄漏、消失。压电式测力传感器的应用如图 5-48 所示。

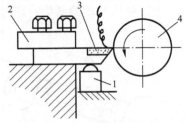

图 5-48　压电式金属加工切削力的测量

1—压电式传感器　2—刀架　3—车刀　4—工件

5.5.3　电阻应变式力矩传感器

力矩是力和力臂的乘积。在力矩作用下机械零部件会发生转动或产生一定程度的扭曲变形，因此力矩也称为转矩或扭转矩。力矩的法定计量单位为"牛顿·米"（N·m）。在测量力矩的诸多方法中，最常用的是通过弹性轴在传递力矩时产生的变形、应变、应力来测量力矩。

电阻应变式力矩传感器测量精度高达±(0.2～0.5)%，线性度可达 0.05%，重复性达 0.03%，测量范围为 5～50000N·m，在力矩测量中应用较广泛。但它的安装要求高，且易受温度影响，在高转速时测量误差较大。应变片布片方式如图 5-49 所示。

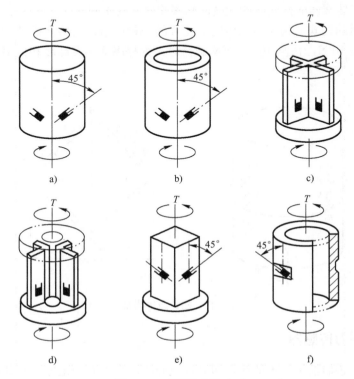

图 5-49　应变片布片方式

一般在扭转轴上按与轴线成规定的方向粘贴 4 片电阻应变片，组成应变电桥，如图 5-50 所示。当扭转轴受力矩而产生扭转变形时，各应变片的阻值即随之发生变化，电桥输出的不平衡电压与力矩成比例。即转轴在测量中是连续旋转的，所以应变电桥的供电和信号输出需要用集电环、电刷或旋转变压器、无接触信号传输器等。这种仪表能测量静态和动态力矩，测量精确度可达±(0.1～0.2)%。

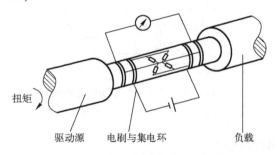

图 5-50　应变式力矩传感器工作原理

5.5.4　相位差式转矩测量仪

相位差式转矩测量仪利用两个磁电式检测器将扭转轴的扭转角位移转换为相位差信号。如图 5-51 所示，两个相同的铁质齿轮分别固定于扭转轴的两端。在每一齿轮的上方各装有一只磁电式检测器。磁电式检测器内有小圆柱形磁钢，磁钢外周绕有线圈。当扭转轴转动时，由于磁钢与齿轮间气隙磁导的变化，在线圈中产生接近正弦波的电信号；当扭转轴转动而未加转矩时，两个检测器产生具有初始相位差（装配所引起）的两个电信号；当扭转轴转动且加转矩时，两个电信号的相位差发生变化。相位差的变化量与所加的转矩值成正比。用电子装置将相位差信号转换为脉冲数，输入电子计数器而显示转矩值。这种仪表的测量范围一般为 0.2～100kN·m，转速范围为 0～120000r/min，测量精确度可达 $\pm(0.1～0.5)\%$。

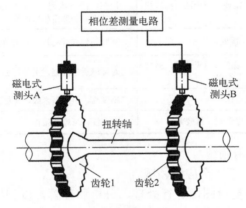

图 5-51　相位差式转矩测量仪工作原理

5.6　工业机器视觉简介

5.6.1　机器视觉基础

1. 机器视觉概述

机器视觉作为一项新兴技术，近年来已经逐步被行业用户所接受。由于其具备高效、高速、高可靠性等技术优势，使其逐渐成为自动化检测行业的新宠。

机器视觉就是用机器代替人眼来做测量和判断。机器视觉系统通过机器视觉的产品将被摄取目标转化为图像信号，传送给专有的图像处理系统，根据像素分布和亮度、颜色等信息，转变成数字信号；图像系统对这些信号进行运算来抽取目标的特征，进而根据判别的结果来控制现场的设备动作。

机器视觉系统具有高效率、高度自动化的特点，可以实现很高的分辨率精度与速度。机器视觉系统与被检测对象无接触，安全可靠。机器视觉自动检测与人工检测的主要区别见表 5-3。

表 5-3 机器视觉自动检测与人工检测的主要区别

指 标	人类视觉	机器视觉
适应性	适应性强,可在复杂及变化的环境中识别目标	适应性差,容易受复杂背景及环境变化的影响
智能	具有高级智能,可运用逻辑分析及推理能力识别变化的目标,并能总结规律	虽然可利用人工智能及神经网络技术,但智能很差,不能很好地识别变化的目标
彩色识别能力	对色彩的分辨能力强,但容易受人的心理影响,不能量化	受硬件条件的制约,目前一般的图像采集系统对色彩的分辨能力较差,但具有可量化的优点
灰度分辨力	差,一般只能分辨 64 个灰度级	强,目前一般使用 256 个灰度级,采集系统可具有 10bit、12bit、16bit 等灰度级
空间分辨力	分辨率较差,不能观看微小的目标	目前有 4K×4K 的面阵摄像机和 8K 的线阵摄像机,通过配置各种光学镜头,可以观测小到微米大到天体的目标
速度	0.1s 的视觉暂留使人眼无法看清较快速运动的目标	快门时间可达到 10μs 左右,高速相机帧率可达到 1000 以上,处理器的速度越来越快
感光范围	400～750nm 范围的可见光	从紫外到红外的较宽光谱范围,另外有 X 射线等特殊摄像机
环境要求	对环境温度、湿度的适应性差,另外在许多场合对人有损害	对环境适应性强,另外可加防护装置
观测精度	精度低,无法量化	精度高,可到微米级,易量化
其他	主观性,受心理影响,易疲劳	客观性,可连续工作

2. 工业机器视觉的应用领域

工业机器视觉主要有以下 4 个应用领域。

1)识别。利用机器视觉对图像进行处理、分析和理解,以识别各种不同模式的目标和对象,从而实现数据的追溯和采集。在汽车零部件、食品、药品等领域机器视觉应用较多,如颜色识别、字符有无识别等,如图 5-52 所示。

 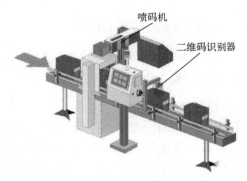

图 5-52 机器视觉的识别应用案例

2)检测。检测生产线上产品有无质量问题,该环节也是取代人工最多的环节。如电子行业中,电感电容的外观检测,包括有无检测、裂纹、崩缺、污点、变形等不良缺陷检测,如图 5-53 所示。

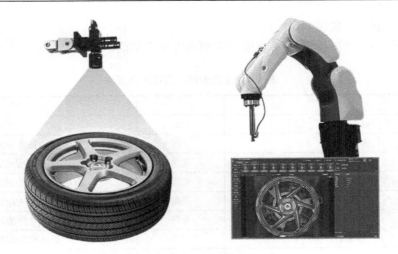

图 5-53　机器视觉的检测应用案例

3）测量。尺寸和容量检测、预设标记的测量，如孔位到孔位的距离，如图 5-54 所示。

图 5-54　机器视觉的测量应用案例

4）机械手引导。视觉定位要求机器视觉系统能够快速准确地找到被测零件并确认其位置，上下料使用机器视觉来定位，引导机械手臂准确抓取。在半导体封装领域，设备需要根据机器视觉取得的芯片位置信息调整拾取头，准确拾取芯片并进行绑定，这就是视觉定位在机器视觉工业领域最基本的应用，如图 5-55 所示。

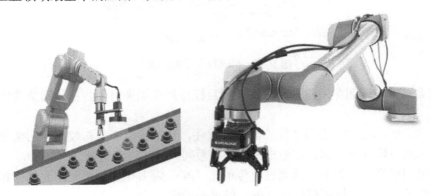

图 5-55　机器视觉的机械手引导应用案例

3．主流的解决方案提供商

表5-4所示为目前主流的工业机器视觉解决方案提供商。

表5-4 主流的解决方案提供商

厂 家	国 家	擅长领域
海康威视	中国	识别/检测/测量
南京维视	中国	识别/检测/测量
康耐视	美国	识别/检测/测量
迈思肯	美国	识别/检测/测量
邦纳	美国	识别/检测/测量
Leuze	德国	识别/检测/测量
基恩士	日本	识别/检测/测量
ABB	瑞士	机械手引导
发那科	日本	机械手引导
美国国家仪器公司	美国	数据采集/交互

5.6.2 机器视觉系统

1．机器视觉系统的组成和分类

（1）机器视觉系统的组成

一个典型的机器视觉系统组成包括：图像采集单元（光源、镜头、相机、采集卡、机械平台），图像处理分析单元（工业计算机、图像处理分析软件、图形交互界面），运动控制单元（电传单元、机械单元），如图5-56所示。

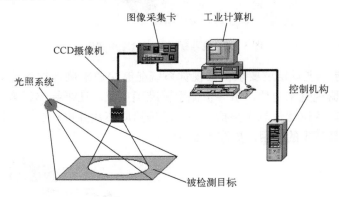

图5-56 机器视觉系统组成

机器视觉系统通过图像采集单元将待检测目标转换成图像信号，并传送给图像处理分析单元。

图像处理分析单元的核心为图像处理分析软件，包括图像增强与校正、图像分割、特征提取、图像识别与理解等方面。它输出目标的质量判断、规格测量等分析结果。

分析结果输出至图像界面，或通过电传单元（PLC等）传递给机械单元执行相应操作，如剔除、报警等，或通过机械臂执行分拣、抓举等动作。

（2）机器视觉系统的分类

从组成结构来分类，典型的机器视觉系统可分为两大类：PC 式或称板卡式机器视觉系统（PC-based Vision System），以及嵌入式机器视觉系统，亦称"智能相机"（Smart Camera）或"视觉传感器"（Vision Sensor），两者性能对比详见表 5-5。

表 5-5　PC 式机器视觉系统和嵌入式机器视觉系统的性能对比

名称及指标	PC 式机器视觉系统	嵌入式机器视觉系统
检测速度	胜	负
测量精度	胜	负
多相机支持	胜	负
相机功能支持	胜	负
用户化功能	胜	负
复杂运算	胜	负
系统成本	负	胜
工作空间	负	胜
操作难度	负	胜
系统成本	负	胜
工作空间	负	胜
操作难度	负	胜
集成能力	负	胜
稳定性	负	胜

1）PC 式机器视觉系统。PC 式机器视觉系统是一种基于个人计算机（PC）的视觉系统，一般由光源、光学镜头、CCD 或 CMOS 相机、图像采集卡、图像处理软件以及一台 PC 构成。基于 PC 的机器视觉应用系统尺寸较大、结构复杂，开发周期较长，但可达到理想的精度及速度，能实现较为复杂的系统功能。

2）嵌入式机器视觉系统。嵌入式机器视觉系统并不是一台简单的相机，而是一种高度集成化的微小型机器视觉系统。它将图像的采集、处理与通信功能集成于单一相机内，从而提供了具有多功能、模块化、高可靠性、易于实现的机器视觉解决方案，如图 5-57 所示。同时，由于应用了新的 DSP、FPGA 及大容量存储技术，其智能化程度不断提高，可满足多种机器视觉的应用需求。嵌入式机器视觉系统具有易学、易用、易维护、易安装等特点，可在短期内构建起可靠而有效的机器视觉系统，从而极大地加快了应用系统的开发速度。

图 5-57　嵌入式机器视觉系统

2. 光源

在机器视觉系统中，获得一张高质量的可处理的图像是至关重要。系统之所以成功，首先要保证图像质量好、特征明显。一个机器视觉项目之所以失败，大部分情况是由于图像质量不好、特征不明显引起的。要保证好的图像，必须要选择一个合适的光源。

（1）光源选型基本要素

1）对比度：对比度对机器视觉来说非常重要。机器视觉应用的照明的最重要的任务就是使需要被观察的图像特征与需要被忽略的图像特征之间产生最大的对比度，从而易于特征的区分。对比度定义为在特征与其周围的区域之间有足够的灰度量区别。好的照明应该能够保证需要检测的特征突出于其他背景。

2）亮度：当选择两种光源的时候，最佳的选择是选择更亮的那个。当光源不够亮时，可能有三种不好的情况会出现：一是相机的信噪比不够，由于光源的亮度不够，图像的对比度必然不够，在图像上出现噪声的可能性也随即增大；二是光源的亮度不够，必然要加大光圈，从而减小了景深；三是当光源的亮度不够的时候，自然光等随机光对系统的影响会更大。

3）鲁棒性：另一个测试好光源的方法是看光源是否对部件的位置敏感度最小。当光源放置在摄像头视野的不同区域或不同角度时，结果图像应该不会随之变化。方向性很强的光源，增大了对高亮区域的镜面反射发生的可能性，这不利于后面的特征提取。

好的光源需要能够使所寻找的特征非常明显，除了摄像头能够拍摄到部件外，好的光源应该能够产生最大的对比度、亮度足够且对部件的位置变化不敏感。光源选择好了，剩下来的工作就容易多了。具体的光源选取方法还在于实践经验。

（2）光源的种类

现有光源主要包括 LED 灯、荧光灯、卤素灯（光纤光源）、氙灯、特殊光源，以下是各种光源的主要特点。

LED 灯：寿命长，可以有各种颜色，光均匀稳定，可制成各种形状、尺寸及各种照射角度；反应快捷，可在 10μs 或更短的时间内达到最大亮度；电源带有外触发，可以通过计算机控制，起动速度快，可以用作频闪灯；可根据客户的需要，进行特殊设计；运行成本低、寿命长，具体应用案例如图 5-58 所示。

图 5-58 LED 光源

荧光灯：光场均匀，价格便宜，亮度较 LED 灯高，应用案例如图 5-59 所示。

卤素灯：亮度特别高，通过光纤传输后可做成光纤光源，应用案例如图 5-60 所示。

氙灯：使用寿命约 1000h，亮度高，色温与日光接近。

图 5-59　荧光灯

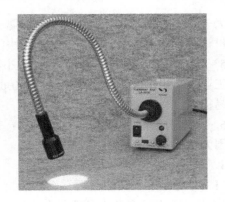

图 5-60　卤素灯

3. 工业相机

（1）工业相机简介

工业相机是机器视觉系统中的一个关键组件，其最基础功能就是将光信号转变成有序的电信号。选择合适的工业相机是机器视觉系统设计中的重要环节，工业相机不仅直接决定所采集到的图像分辨率、图像质量等，同时也与整个系统的运行模式直接相关。

（2）工业相机分类

工业相机分类详见表 5-6。

表 5-6　工业相机分类

分类原则	类　　型	
按芯片类型	CCD 相机	CMOS 相机
按传感器结构特征	线阵相机	面阵相机
按扫描方式	隔行扫描	逐行扫描
按分辨率大小	普通分辨率	高分辨率
按输出信号	模拟相机	数字相机
按输出色彩	黑白相机	彩色相机
按输出速率	普通速度相机	高速相机
按响应频率范围	可见光（普通）	红外、紫光

（3）工业相机主要参数

1）分辨率（Resolution）：相机每次采集图像的像素点数（Pixels），对于工业数字相机一般直接与光电传感器的像元数对应，对于工业数字模拟相机则取决于视频制式，PAL 制为 768×576，NTSC 制为 640×480。

2）像素深度（Pixel Depth）：即每像素数据的位数，一般常用的是 8bit，对于工业数字相机还会有 10bit、12bit 等。

3）最大帧率（Frame Rate）/行频（Line Rate）：相机采集传输图像的速率，对于面阵相机一般为每秒采集的帧数（Frames/s），对于线阵相机为每秒采集的行数（Hz）。

4）曝光方式（Exposure）和快门速度（Shutter）：对于工业线阵相机都是采用逐行曝光的方式，可以选择固定行频和外触发同步的采集方式，曝光时间可以与行周期一致，也可以设定为一个固定的时间；面阵相机有帧曝光、场曝光和滚动行曝光等几种常见方式，工业数字相机一般都提供外触发采图的功能。快门速度一般可到10μs，高速相机还可以更快。

5）像元尺寸（Pixel Size）：像元大小和像元数（分辨率）共同决定了相机靶面的大小。目前工业数字相机像元尺寸一般为3~10μm，像元尺寸越小，制造难度越大，图像质量也越不容易提高。

6）光谱响应特性（Spectral Range）：是指该像元传感器对不同光波的敏感特性，一般响应范围为350~1000nm。

4. 镜头

（1）常见光学镜头的种类

1）按光学放大倍率及焦距划分为以下几种。

显微镜：体视显微镜、生物显微镜、金相显微镜、测量显微镜；

常规镜头；

鱼眼镜头：6~16mm，超广角：17~21mm，广角：24~35mm，标头：45~75mm，长焦：150~300mm，超长焦：300mm以上；

特殊镜头：微距镜头、远距镜头、远心镜头、红外镜头、紫外镜头。

2）按其他性能划分为固定焦距镜头、变焦镜头、自动变焦镜头、手动变焦镜头。

3）不同接口方式的镜头有C接口（后截距为17.526mm），CS接口（后截距为12.5mm），F接口（尼康口），其他：M42、哈苏、徕卡、AK。

（2）镜头的主要参数

镜头的主要参数：分辨率、焦距、光圈、景深、工作距离、视野范围、视场角、成像尺寸、畸变等，如图5-61所示。

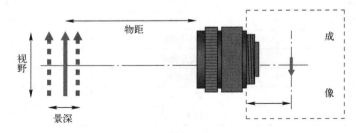

图5-61 镜头的基本参数

1）分辨率（Resolution），指能分清楚物体的能力，单位LP/m（Line Pairs/Milimeter）；

2）焦距（Focal Length），指从镜头的中心点到胶平面上所形成的清晰影像之间的距离。焦距的大小决定着视角的大小，焦距数值小，视角大，所观察的范围也大；焦距数值大，视角小，观察范围小。根据焦距能否调节，可分为定焦镜头和变焦镜头两大类。

3）光圈（Iris）用 f 表示，光圈是指镜头口径的大小，它决定了拍摄时的景深。光圈越大，景深越浅；反之，光圈越小，景深越深。一般来说，光圈的范围为 $f/1.4$~$f/22$，$f/1.4$ 的光圈最大，$f/22$ 的光圈最小。

4）景深（Depth of Field），指在被摄物体聚焦清楚后，在物体前后一定距离内，其影像仍然清晰的范围。景深随镜头的光圈值、焦距、拍摄距离而变化。光圈越大，景深越小；光圈越小，景深越大。焦距越长，景深越小；焦距越短，景深越大。距离拍摄物体越近时，景深越小；距离拍摄物体越远时，景深越大。

5）物距（Working Distance，WD），指镜头第一个工作面到被测物体的距离。

6）视野范围（Field of View，FOV），相机实际拍到区域的尺寸。

7）畸变：镜头中心区域和四周区域的放大倍数不相同。

5.6.3　机器视觉软件及图像处理常用算法

1．机器视觉图像处理软件

机器视觉图像处理中常用的软件主要包括以下几个方面。

开源的计算机视觉库：如 OpenCV（英特尔开源计算机视觉库），它是一个基于 BSD 许可的开源库，其中包含了丰富的机器视觉和图像处理算法开发包，由一系列的 C 函数和 C++类构成，配置在 VS 中使用，能够实现图像处理和机器视觉方面的很多通用算法。通常 OpenCV 在教学和科研中比较常用，也可直接用于工程。

专门的机器视觉软件：如 Halcon、LabVIEW、VisionPro、VisionMaster 等，这些软件通常提供更专业和全面的图像处理和分析功能。Halcon 是机器视觉方面的专业软件，拥有一套标准的机器视觉算法包，包含了基本的图像处理和影像计算方面的各种算法功能，目前 Halcon 主要应用在工程领域。LabVIEW 软件是 NI 设计平台的核心，也是开发测量或控制系统的理想选择，开发环境集成了工程师和科学家快速构建各种应用所需的所有工具，是一个面向最终用户的工具，因此受到全球数百万工程师和科学家青睐，是目前图像处理及视觉应用行业最常用的几大软件之一。VisionPro 是美国 Cognex 公司推出的一款图像处理算法，采用拖拽式操作，易于上手，方便进行简单项目快速应用；除此之外，提供.net 脚本编程接口，十分灵活，功能强大，是当下机器视觉应用技术的主流软件之一。VisionMaster 算法平台依托海康机器人在算法技术领域多年的积累，算法平台拥有强大的视觉分析工具库，可简单灵活地搭建机器视觉应用方案，无须编程，满足视觉定位、测量、检测和识别等视觉应用需求。

通用的图像处理软件：如 MATLAB，MATLAB 具有较强的数据处理能力和数值分析能力，以及较为完善的图形处理能力。MATLAB 遵循 C 语言的语法结构规则，并且较之更加简单，易于操作。通常 MATLAB 的使用在教学和科研工作中比较常见。

专门的相机 SDK 开发软件：如 eVision 等。

基于云的服务：如谷歌云平台等，它们通过云计算的方式为用户提供图像处理服务。

以上各种软件各有其特点和应用场景，具体选择哪一种取决于实际的需求和条件。

2．图像处理常用算法

常用的图像处理算法有以下几种。

（1）图像变换

1）几何变换：图像平移、旋转、镜像、转置。

2）尺度变换：图像缩放、插值算法（最近邻插值、线性插值、双三次插值）。

3）空间域与频域间变换：由于图像阵列很大，直接在空间域中进行处理，涉及计算量很大。因此，有时候需要将空间域变换到频域进行处理。例如，傅里叶变换、沃尔什变换、离散余弦变换等间接处理技术。

（2）图像增强

图像增强不考虑图像降质的原因，突出图像中所感兴趣的部分。如强化图像高频分量，可使图像中物体轮廓清晰，细节明显；如强化低频分量可减少图像中噪声影响。

1）灰度变换增强（线性灰度变换、分段线性灰度变换、非线性灰度变换）。

2）直方图增强（直方图统计、直方图均衡化）。

3）图像平滑/降噪（邻域平均法、加权平均法、中值滤波、非线性均值滤波、高斯滤波、双边滤波）。

4）图像（边缘）锐化：梯度锐化，Roberts 算子、Laplace 算子、Sobel 算子等。

（3）纹理分析（取骨架、连通性）

纹理是对图像的像素灰度级在空间上的分布模式的描述，它能够反映物品的质地，如粗糙度、光滑性、颗粒度、随机性和规范性等。当图像中大量出现同样的或差不多的基本图像元素（模式）时，纹理分析是研究这类图像的最重要的手段之一。

常用的纹理特征提取方法一般分为四大类。

1）基于统计的方法：灰度共生矩阵、灰度行程统计、灰度差分统计、局部灰度统计、半方差图、自相关函数等。

2）基于模型的方法：同步自回归模型、马尔可夫模型、吉布斯模型、滑动平均模型、复杂网络模型等。

3）基于结构的方法：句法纹理分析、数学形态学法、Laws 纹理测量、特征滤波器等。

4）基于信号处理的方法：Radon 变换、离散余弦变换、局部傅里叶变化、Gabor 变换、二进制小波变换、树形小波分解等。

（4）图像分割

图像分割是将图像中有意义的特征部分提取出来，有意义的特征包括图像中的边缘、区域等，这是进一步进行图像识别、分析和理解的基础。

1）阈值分割（固定阈值分割、最优/OTSU 阈值分割、自适应阈值分割）。

2）基于边界分割（Canny 边缘检测、轮廓提取、边界跟踪）。

3）Hough 变换（直线检测、圆检测）。

4）基于区域分割（区域生长、区域归并与分裂、聚类分割）。

5）色彩分割。

6）分水岭分割。

（5）图像特征

1）几何特征[位置与方向、周长、面积、长轴与短轴、距离（欧氏距离、街区距离、棋盘距离）]。

2）形状特征[几何形态分析（Blob 分析）：矩形度、圆形度、不变矩、偏心率、多边形描述、曲线描述]。

3）幅值特征（矩、投影）。

4）直方图特征（统计特征）：均值、方差、能量、熵、L1 范数、L2 范数等；直方图特征方法具有计算简单、平移和旋转不变性、对颜色像素的精确空间分布不敏感等优点，在表面检测、缺陷识别有不少应用。

5）颜色特征（颜色直方图、颜色矩）。

6）局部二值模式（LBP）特征：LBP 对诸如光照变化等造成的图像灰度变化具有较强的鲁棒性，在表面缺陷检测、指纹识别、光学字符识别、人脸识别及车牌识别等领域有所应用。由于 LBP 计算简单，也可以用于实时检测。

（6）图像/模板匹配

图像/模板匹配常用的匹配算法有轮廓匹配、归一化积相关灰度匹配、不变矩匹配、最小均方误差匹配。

（7）色彩分析

色彩分析常用的算法有色度分析、色密度分析、光谱分析、颜色直方图统计、自动白平衡算法。

（8）图像数据编码压缩和传输

图像编码压缩技术可减少描述图像的数据量（即比特数），以便节省图像传输、处理时间和减少所占用的存储器容量。压缩可以在不失真的前提下获得，也可以在允许的失真条件下进行。编码是压缩技术中最重要的方法，在图像处理技术中是发展最早且比较成熟的技术。

（9）表面缺陷目标识别算法

传统方法有贝叶斯分类、K 最近邻（KNN）、人工神经网络（ANN）、支持向量机（SVM）、K-means 等。

（10）图像分类（识别）

图像分类（识别）属于模式识别的范畴，其主要内容是图像经过某些预处理（增强、复原、压缩）后，进行图像分割和特征提取，从而进行判决分类。

（11）图像复原

图像复原要求对图像降质的原因有一定的了解，一般应根据降质过程建立"降质模型"，再采用某种滤波方法，恢复或重建原来的图像。

习题

5-1　常用的机械量测量传感器主要是对哪些机械量进行检测？

5-2　位置量传感器有哪些主要的技术指标？回答其各自的定义。

5-3　常用的位置量传感器有哪些？它们各用于检测什么材质的物体？

5-4　简述电涡流式传感器的原理及应用。

5-5　电容式传感器可分为哪几类？各自的主要用途是什么？

5-6　霍尔效应是什么？可进行哪些参数的测量？

5-7　简述光栅位移传感器的结构组成和工作原理。

5-8　简述莫尔条纹的工作原理和其在测量位移方面的特点。

5-9　简述压电效应和压阻效应。

5-10　简述光电式转速传感器的结构组成和工作原理。

5-11　常用的力矩测量传感器有哪些？简述其工作原理。

第6章 伺 服 技 术

伺服技术是机电一体化的一种关键技术，在机电设备中具有重要的地位，高性能的伺服系统可以提供灵活、方便、准确、快速的驱动。随着技术的进步和整个工业的不断发展，伺服驱动技术也取得了极大的进步，伺服系统已进入全数字化和交流化的时代。近几年，国内的工业自动化领域呈现出飞速发展的态势，国外的先进技术迅速得到引入和普及化推广，其中作为驱动方面的重要代表产品已被广大用户所接受，在机器革新中起到了至关重要的作用。精准的驱动效果和智能化的运动控制通过伺服产品可以完美地实现机器的高效自动化，这两方面也成为伺服发展的重要指标。

伺服驱动技术的发展与磁性材料技术、半导体技术、通信技术、组装技术、生产工艺水平等基础工业技术的发展密切相关。磁性材料中，特别是永磁性材料性能的提高是伺服电动机高性能化、小型化所不可缺少的重要条件。半导体技术的发展使伺服驱动技术进入了全数字化时期，伺服控制器的小型化指标取得了很大的进步。在全数字控制方式下，伺服控制器实现了伺服控制的软件化。现在很多新型的伺服控制器都采用了多种新算法。通过这些功能算法的应用，使伺服控制器的响应速度、稳定性、准确性和可操作性都达到了很高的水平。

6.1 伺服概述

6.1.1 伺服的概念

"伺服"一词源于希腊语"奴隶"，英语"Servo"。在伺服驱动方面，可以理解为电动机转子的转动和停止完全根据信号的大小、方向，即在信号来到之前，转子静止不动；信号来到之后，转子立即转动；当信号消失时，转子能即时自行停转。由于它的"伺服"性能，因此而得名——伺服系统。

伺服系统是使物体的位置、方位、状态等输出被控量能够以一定的准确度跟随输入信号量（或给定值）的任意变化的自动控制系统，用来自动、连续、精确地跟随或复现某个过程的反馈控制系统，又称随动系统或自动跟踪系统。在很多情况下，伺服系统专指被控量（系统的输出量）是机械位移或速度、加速度的反馈控制系统，其作用是使输出的机械位移（或转角）准确地跟踪输入的位移（或转角）。

伺服系统是机电一体化系统或产品中的重要组成部分，最初用于船舶的自动驾驶、火炮控制和指挥仪中，后来逐渐推广到很多领域，特别是自动车床、天线位置控制、导弹和飞船的控制等。采用伺服系统主要是为了达到下面几个目的：

1）以小功率指令信号去控制大功率负载，火炮控制和船舵控制就是典型的例子。

2）在没有机械连接的情况下，由输入轴控制位于远处的输出轴，实现远距同步传动。

3）使输出机械位移精确地跟踪电信号，如记录和指示仪表等。

6.1.2　伺服系统的分类

伺服系统类型很多，这里从不同的角度列举以下几种。

1. 按被控量参数特性分类

按被控量不同，伺服系统可分为位移、速度、力矩等各种伺服系统。

2. 按系统结构特点分类

从系统结构特点来看，伺服系统又可分为开环控制伺服系统、半闭环控制伺服系统和闭环控制伺服系统。

开环控制系统（Open Loop Control System）是指被控对象的输出（被控量）对控制器（Controller）的输出没有影响，即不带反馈装置的控制系统，其驱动元件主要是步进电动机，如图 6-1 所示。在这种控制系统中，不依赖将被控量反馈以形成任何闭环回路。同时，机构比较简单，易于控制，工作可靠，容易掌握使用，但精度差，低速不平稳，高速扭矩小，适用于中、小型精度要求不高的机电一体化设备或经济型系统中，如简易数控机械、机械手、小型工作台、冲床自动送料装置和绕线机的同步运动等。

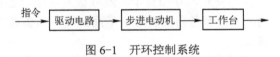

图 6-1　开环控制系统

半闭环控制系统（Semi-closed Loop Control System）是在伺服电动机轴上安装位置检测装置，如在伺服电动机的尾部装上编码器或测速发电机，分别检测移动部件的位移和速度，如图 6-2 所示。机械传动装置不可避免地存在受力变形和传动间隙等问题，检测元件又安装在电动机轴上，伺服机械传动装置不包括在环内，所以机械传动误差没有反馈，其位置精度与开环控制相当。但其驱动功率大，响应速度快，只要检测元件分辨率高、精度高，并使机械传动部件具有相应的精度，就会获得较高精度和速度，从而得到广泛的应用。

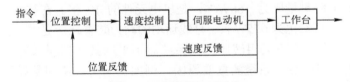

图 6-2　半闭环控制系统

闭环控制系统（Closed Loop Control System）的特点是系统被控对象的输出（被控量）会反馈回来影响控制器的输出，形成一个或多个闭环，如图 6-3 所示。闭环控制系统有正反馈和负反馈，若反馈信号与系统给定值信号相反，则称为负反馈（Negative Feedback），若相同，则称为正反馈（Positive Feedback），一般闭环控制系统均采用负反馈，又称负反馈控制系统。

在闭环系统中，检测元件安装在工作台上，直接测量工作台的位移，将测得的位移量反馈到数控装置，与要求的位移量进行比较，根据比较结果增加或减少发出的脉冲数，对执行部件的移（转）动进行补偿，直至差值为零。

闭环控制系统对输出进行直接控制，可以消除整个系统的误差和间隙，其控制精度、动态性能等较开环系统好，定位精度取决于检测装置的精度，但因受机械传动部件的非线性影响严重，系统比较复杂，调试、维修的难度较大，检测比较麻烦，成本高，只有在精度要求高的场合才应用，如超精车床、超精铣床以及精度要求很高的镗铣床。一般的数控机床则采用半闭环控制系统。半闭环控制系统比闭环控制系统容易实现，可以节省投资。

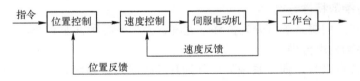

图 6-3 闭环控制系统

3．按驱动元件的类型分类

按驱动元件不同进行分类，是最常用的一种分类方法，根据该分类方法伺服系统可分为液压伺服系统、气压伺服系统和电气伺服系统。液压伺服系统是较早期的伺服驱动装置，也是功率最大的伺服驱动装置。电气伺服系统是发展最快的驱动装置，也是目前最实用的伺服驱动装置。电气伺服系统根据电动机类型的不同又可分为步进电动机伺服系统、直流伺服系统和交流伺服系统等，三者互相补充，互相竞争，发展极为迅速。各种驱动装置由于其采用的能源不同，工作原理不同，因而有各自的特点。下面讲述不同驱动类型伺服系统的特点。

（1）液压伺服系统的特点

液压伺服系统是先将电能变换为液压能，并用电磁阀改变压力油的流向，从而使液压执行元件驱动运行机构运动。液压伺服控制在自动化领域占有重要的位置，其突出的优点有：

1）功率-重量比大。在同样功率的控制系统中，液压系统体积小，重量轻。这是因为对机电元件，例如电动机来说，由于受到励磁性材料饱和作用的限制，单位重量的设备所能输出的功率比较小。液压系统可以通过提高系统的压力来提高输出功率，这时只受到机械强度和密封技术的限制。在典型的情况下，发电机和电动机的功率-重量比仅为 16.8W/N，而液压泵和液压马达的功率-重量比为 168W/N，是机电元件的 10 倍。在航空、航天技术领域应用的液压马达的功率-重量比为 675W/N。直线运动的动力装置悬殊更大。

这个特点是在许多场合下采用液压伺服系统而不采用其他伺服系统的重要原因，也是直线运动控制系统中多用液压系统的重要原因。例如在航空，特别是导弹、飞行器的控制中液压伺服系统得到了广泛的应用，几乎所有的中远程导弹的控制系统都是采用液压控制系统。

2）力矩惯量比大。一般回转式液压马达的力矩惯量比是同容量电动机的 10～20 倍，一般液压马达为 6110N·m/(kg·m²)。力矩惯量比大，意味着液压系统能够产生大的加速度，也意味着时间常数小，响应速度快，具有优良的动态性能。因为液压马达或者电动机消耗的功率一部分来克服负载，另一部分消耗在加速液压马达或者电动机本身的转子。所以一个执行元件是否能够产生所希望的加速度，能否给负载以足够的实际功率，主要受到它的力矩惯量比的限制。

这个特点也是许多场合下采用液压伺服系统，而不采用其他伺服系统的重要原因。例如火箭的仿真系统中，要求平台有极大的加速度和很高的响应频率，这个任务只有液压系统可以胜任。

3）液压马达的调速范围宽，低速稳定性好。所谓调速范围宽是指电动机的最大转速与最小平稳转速之比大。液压马达的调速范围一般在 400 左右，好的上千，通过良好的回路设计，闭环系统的调速范围更宽。这个指标也常常是采用液压伺服系统的主要原因。例如跟踪导弹、卫星等飞行器的雷达、光学跟踪装置，在导弹起飞的初始阶段，视场半径很小，要求的跟踪角速度很大，进入轨道后视场半径变小，要求跟踪的角速度很小，因此要求系统的整个跟踪角速度范围很大。所以液压伺服系统有着良好的调速性能，也是其他控制系统无法比拟的优势。

4）液压伺服的刚度比较大。在大的后坐力或冲击振动下，如不采用液压系统，有可能导致整体机械结构的变形或损坏。特别是在导弹发射或火箭发射时，由于瞬间冲击波比较大，为了保证整个系统的稳定以及安全性，必须采用液压伺服技术。由于液压缸可以装载溢流阀，所以在大的振动和冲击下可以有溢流作用，保证了整个系统的安全和稳定性。

5）适应于要求自动化程度高、控制精度高的场合。由于流体传动及其控制部分直接采用电控件，易于电控及计算机控制，且柔性大；由于系统刚度高，又可引入闭环控制元件，易于达到高精度的控制。

6）其他优点。除此之外，液压伺服系统还有许多其他优点，例如，润滑性好，寿命长；能量存储较方便（蓄能器）；过载保护容易；易冷却。

但是液压控制系统也存在许多严重的缺点，在研制、生产和使用过程中，引起许多的问题，概括起来有以下几个方面：

1）元件制造精度高，通常机械精度为微米级，故对颗粒杂质的过滤要求高，目前这一点在技术上已不存在任何困难，但系统造价高。

2）综合学科多，因而技术含量高，维护困难。

3）易污染环境。

4）易因堵塞造成故障。

5）系统性能受油温变化的影响。

6）液压能源的获得和远距离传输都不如电气系统方便。

综上所述，液压伺服系统以其响应速度快、负载刚度大、控制功率大等独特的优点在工业控制中得到了广泛的应用。

（2）气压伺服系统的特点

气压伺服系统是采用压缩气体作为动力的驱动能源。由于传递力的介质是空气，所以气压伺服系统以其价格低廉、干净、安全等许多特点获得广泛的应用，具体优点如下：

1）适于在恶劣环境下工作。由于其介质不易燃、不易爆，系统抗电磁干扰和抗辐射能力强，工作介质无污染等一些特点，适于在恶劣环境下工作，在自动化和军事领域得到了应用。

2）成本低。由于采用空气作为传递力的介质，因而不需要花费介质费用，同时由于传递的压力比较低，气压驱动装置和管路的制造成本也比液压的低。

3）结构简单，维护修理方便。由于气压伺服系统没有回收管路，简化了结构。从维护观点来看，气动执行机构比其他类型的执行机构易于操作和校定，在现场也可以很容易地实现正反左右的互换，因此日益受到人们的重视。

但因为气体的可压缩性和低黏性，导致气压伺服系统输出的功率和力比较小、固有频率低、阻尼比小、定位精度和定位刚度低、低速性能差，使得气压伺服技术的应用受到限制。

尽管如此，在一些特殊的场合，还需要采用气压伺服驱动。为了发挥气压伺服驱动的优点，可以采取一些措施，比如提高供气压力、采用气液联控伺服系统等。

（3）电气伺服系统的特点

电气伺服系统是将电能变成电磁力，并用该电磁力驱动运行机构运动。电气伺服技术应用最广，主要原因是控制方便、灵活，容易获得驱动能源，没有公害污染，维护也比较容易。特别是电子技术和计算机软件技术的发展，为电气伺服技术的发展提供了广阔的前景。

比较常用的电气伺服驱动装置有步进电动机、直流伺服电动机和交流伺服电动机三大类，在特殊工况下，也有直线电动机、电液伺服电动机等，在此仅讨论前三类的特点。

相对于步进电动机驱动，直流、交流伺服电动机驱动有其自身的特点，其比较见表 6-1。

表 6-1　常用电气伺服驱动装置特点比较

项目	步进电动机驱动	直流伺服电动机和交流伺服电动机驱动
力矩范围	中小力矩（一般在 20N·m 以下）	小、中、大，全范围
速度范围	低（一般在 2000r/min 以下，大力矩电动机小于 1000r/min）	高（可达 5000r/min），直流伺服电动机可达 1 万～2 万 r/min
控制方式	主要是位置控制	多样化智能化的控制方式，位置/转速/转矩方式
平滑性	低速时有振动（但用细分型驱动器则可明显改善）	好，运行平滑
精度	一般较低，细分型驱动时较高	高（具体要看反馈装置的分辨率）
矩频特性	高速时，力矩下降快	力矩特性好，特性较硬
过载特性	过载时会失步	可 3～10 倍过载（短时）
反馈方式	大多数为开环控制，也可接编码器，防止失步	闭环方式，编码器反馈
编码器类型	—	光电型旋转编码器（增量型/绝对值型），旋转变压器型
响应速度	一般	快
耐振动	好	一般（旋转变压器型可耐振动）
温升	运行温度高	一般
维护性	基本可以免维护	较好
价格	低	较高

6.2　伺服系统的组成及要求

6.2.1　伺服系统的组成

一个伺服系统虽然因服务对象的运动部件、检测部件以及机械结构等的不同而对伺服系统的要求也有差异，但所有伺服系统的共同点是带动控制对象按照指定规律做机械运动。从自动控制理论的角度来分析，伺服控制系统一般包括比较环节、控制器、执行环节、被控对象和检测环节等部分。图 6-4 所示为数控机床工作台伺服系统的组成框图。

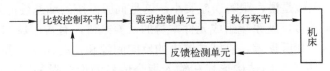

图 6-4　伺服驱动的组成框图

比较控制环节是将输入的指令信号与系统的反馈信号进行比较，获得输出与输入间偏差信号，以两者的差值作为伺服系统的跟随误差，经驱动控制单元驱动和控制执行元件带动工作台运动，通常由专门的电路或计算机来实现。控制器通常是计算机或 PID 控制电路，其主要任务是对比较元件输出的偏差信号进行变换处理，以控制执行环节按要求动作。

执行环节的作用是按控制信号的要求，将输入的各种形式的能量转换成机械能，驱动被控对象工作。被控对象是指被控制的机构或装置，是直接完成系统目的的主体。

被控对象一般指机器的运动部分，包括传动系统、执行装置和负载，如工业机器人的手臂、数控机床的工作台以及自动导引车的驱动轮等。检测环节是指能够对输出进行测量，并转换成比较控制环节所需要的量纲后反馈给比较控制环节的装置，一般包括传感器和转换电路。

在实际的伺服控制系统中，上述每个环节在硬件特征上并不一定成立，可能几个环节在一个硬件中，如测速直流电动机既是执行元件又是检测元件。

图 6-4 中的主要成分变化多样，其中任何部分的变化都可构成不同种类的伺服系统。如根据驱动电动机的类型，可将其分为直流伺服和交流伺服；根据控制器实现方法的不同，可将其分为模拟伺服和数字伺服；根据控制器中闭环的多少，可将其分为开环控制系统、单环控制系统、双环控制系统和多环控制系统。

6.2.2　伺服系统的基本要求

伺服系统是一种具有响应和执行指令的装置，为了保证动作的快速和准确，伺服系统必须能够满足以下基本要求。

1. 稳定性好

稳定性是指作用在系统上的扰动消失后，系统能够恢复到原来的稳定状态下运行或者在输入指令信号作用下，系统能够达到新的稳定运行状态的能力。稳定的伺服系统在受到输入信号（包括扰动）作用时，其输出量的响应随时间而衰减，并最终达到与期望值一致或相近；不稳定的伺服系统其输出量的响应随时间而增加，或者表现为等幅振荡。由此看出，伺服系统的稳定性是保证伺服系统正常运行的最基本条件，也是一项最基本的要求。

伺服系统的稳定性是由系统本身特性决定的，即取决于系统的结构及组成元件的参数（如惯性、刚度、阻尼、增益等），与外界作用信号（包括指令信号和扰动信号）的性质或形式无关。对于位置伺服系统，当运动速度很低时，往往会出现一种由摩擦特性所引起的、被称为"爬行"的现象，这也是伺服系统不稳定的一种表现。爬行会严重影响伺服系统的定位精度和位置跟踪精度。

2. 精度高

精度是伺服系统的一项重要性能要求。它是指输出量复现输入指令信号的精确程度。对精度要求高主要体现在两个方面：一是要求驱动装置比较经济地满足定位准确的要求，定位误差特别是重复定位误差要小；二是要求跟随精度高，即在运动的过程中，位置的实际值与给定值的误差要小，也就是说，跟随误差要小，这是伺服系统的动态性能之一。

影响精度的因素很多，就系统组成元件本身的误差来讲，有传感器的灵敏度和精度、伺服放大器的零点漂移和死区误差、机械装置中的反向间隙和传动误差、各元器件的非线性因素等。此外，伺服系统本身的结构形式和输入指令信号的形式对伺服系统精度都有重要影响。从构成原理上讲，有些系统无论采用多么精密的元器件，也总存在稳态误差，这类系统称为有差系统，而有些系统是无差系统。系统的稳态误差还与输入指令信号的形式有关，当输入信号形式不同时，有时存在误差，有时误差为零。

3. 快速响应性好

快速响应性是衡量伺服系统动态性能的另一项重要指标，是伺服系统动态品质的标志之一。快速响应性有两方面含义：一方面指动态响应过程中，输出量跟随输入指令信号变化的迅速程度，一般在200ms以内，甚至小于几十毫秒；另一方面指为了满足超调要求，动态响应过程结束的迅速程度。

伺服系统的快速响应性、稳定性和精度是对一般伺服系统的基本性能要求，三者之间是相互关联的，在进行伺服系统设计时，必须首先满足稳定性要求，然后在满足精度要求的前提下尽量提高系统的快速响应性。

4. 调速范围宽

调速范围是指伺服驱动所能提供的最高速度与最低速度之比，通常指转速之比，即

$$R = \frac{v_{max}}{v_{min}}$$

式中，v_{max} 为额定负载时最高速度（r/min）；v_{min} 为额定负载时最低速度（r/min）；R 为调速范围。

除此之外，对机电一体化产品，还要求负载能力强、工作频率范围大、体积小、重量轻、可靠性高、成本低、便于维修和安装等。这些要求都应在设计时给予综合考虑。

6.2.3 伺服电动机概述

伺服电动机也称为执行电动机，在控制系统中用作执行元件，将电信号转换为轴上的转角或转速，以带动控制对象。伺服电动机的最大特点是在有控制信号输入时，伺服电动机就转动；没有控制信号输入时，它就停止转动；改变控制电压的大小和相位（或极性）就可改变伺服电动机的转速和转向。

根据电动机的不同应用领域，伺服电动机属于控制类电动机。伺服的基本概念是准确、精确、快速定位。与普通传动类相比，伺服电动机具有以下特点：

1）调速范围宽广。伺服电动机的转速随着控制电压改变，能在宽广的范围内连续调节。

2）转子的惯性小，即能实现迅速起动、停转。

3）控制功率小，过载能力强，可靠性好。

伺服电动机已成为现代工业自动化系统、科学技术和军事装备中必不可少的设备。它的使用范围非常广泛，如机床加工过程的自动控制和自动显示、阀门的遥控、火炮和雷达的自

动定位、舰船方向舵的自动操纵、飞机的自动驾驶、遥远目标位置的显示，以及电子计算机、自动记录仪表、医疗设备、录音、录像、摄影等方面的自动控制系统。常用的伺服电动机可分为步进电动机、直流伺服电动机、交流伺服电动机、直流电动机、DD 电动机和音圈电动机等。本章对这几种常用伺服电动机，从应用的角度介绍其结构、工作原理、特性和选用等方面的内容。

6.3　步进电动机

步进电动机是机电一体化产品的关键部件之一，与普通电动机的区别主要在于其脉冲驱动的形式，如图 6-5 所示。正是这个特点，步进电动机可以和现代的数字控制技术相结合。但步进电动机在控制精度、速度变化范围、低速性能方面都不如传统闭环控制的直流伺服电动机，所以主要应用在精度要求不是特别高的场合。步进电动机具有结构简单、可靠性高和成本低等特点，所以广泛应用在生产实践的各个领域，尤其是在数控机床制造领域。步进电动机不需要 A-D 转换，能够直接将数字脉冲信号转化成为角位移，所以一直被认为是最理想的数控机床执行元件。

图 6-5　步进电动机

6.3.1　步进电动机分类

步进电动机的分类方式很多，常用的方式是按照作用原理和结构分类，可分为三种：永磁式（PM）、反应式（VR）和混合式（HB）。各种步进电动机的结构如图 6-6 所示。

永磁式步进电动机的转子由圆柱形永久磁体构成，周围是定子，在定子电磁铁和转子永磁体之间的排斥力和吸引力的作用下，驱动转子转动，一般为两相，步进角通常为 7.5°或15°，产生的转矩较小，体积也较小，成本低。这种电动机多用于计算机的外围设备和办公设备。无励磁时有保持转矩，特别适合于断电后要求保持位置的应用。

反应式步进电动机的转子由软磁材料制成齿轮状的铁心，周围是电磁铁定子，定子上有多相励磁绕组。当励磁绕组通电时，定子电磁铁与转子铁心之间的吸引力驱动转子转动。在定子磁场中，转子始终转向磁阻最小的位置。选择适当的定子和转子的齿数可以减小步进角，使转子旋转平稳。当定子线圈不加励磁电压时，保持转矩为零，故其转子惯性小、响应性佳，但其容许负荷惯性并不大；转子上没有永久磁体，所以转子的机械惯量比混合式步进电动机的转子惯量低，因此可以更快地加、减速。一般为三相，可实现大转矩输出，步进角一般为1.5°，但噪声和振动都很大，现阶段反应式步进电动机仍有较多的应用。

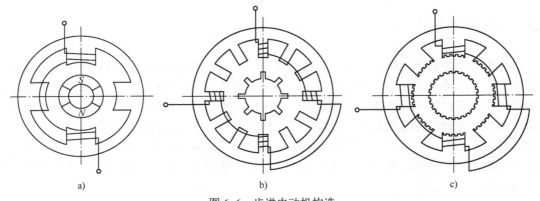

图 6-6　步进电动机构造

a) 永磁式　b) 反应式　c) 混合式

　　混合式步进电动机是永磁式和反应式的复合形式。它的转子采用永磁材料，定子上有多相绕组。转子和定子的形状与反应式相似，但在其表面上加工出多个小的轴向齿槽，以提高步距精度。此种步进电动机混合了永磁式和反应式的优点，精度高、转矩大、步进角小。它又分为两相和五相，两相步进角一般为1.8°，而五相步进角一般为0.72°，适合于低速大转矩场合，是工业运动控制中常见的电动机，特别是在办公自动化和工厂自动化中得到广泛的应用。

6.3.2　步进电动机的工作原理

　　由于反应式步进电动机应用较多，工作原理比较简单，下面以三相反应式步进电动机为例说明步进电动机的工作原理。

　　图 6-7 是一单定子、径向分相、反应式伺服步进电动机的结构原理图。它与普通电动机一样，由定子和转子两大部分组成，其中定子又分为定子铁心和定子绕组。定子铁心由硅钢片叠压而成。定子绕组是绕置在定子铁心6个均匀分布齿上的线圈，在直径方向上相对两个齿上的线圈串联在一起，构成一相控制绕组。图 6-7 所示的步进电动机可构成三相控制绕组，故也称三相步进电动机。转子由软磁材料制成，在转子上均匀分布四个凸极，极上不装绕组，转子的凸极也称为转子的齿，相邻两齿间夹角（齿距角）为90°。

　　当 A 相控制绕组通电，而 B 相和 C 相不通电时，步进电动机的气隙磁场与 A 相绕组轴线重合，而磁力线总是力图从磁阻最小的路径通过，故电动机转子受到一个反应转矩，在步进电动机中称之为静转矩。在此转矩的作用下，使转子的齿1和齿3旋转到与 A 相绕组轴线相同的位置上，如图 6-7a 所示。如果 B 相通电，A 相和 C 相断电，同 A 相通电时的情况一样，磁通也要经过磁阻最小的路径形成闭合磁路，使转子齿 2、4 和定子的 B 相对齐，这时转子在空间上逆时针转了 30°，如图 6-7b 所示。如果 C 相通电，A 相和 B 相断电，根据同样道理，转子齿 1、3 和定子的 C 相对齐，转子又逆时针转了 30°，如图 6-7c 所示。定子各相轮流通电一次，转子转过一个齿。依次类推，定子若按 A—B—C—A 顺序不断地接通和断开控制绕组，转子就一步步地按逆时针方向转动，每步转 30°，其转速取决于三相控制绕组通、断电源的频率。若改变通电顺序，按 A—C—B—A 使定子绕组通电，步进电动机将按顺时针方向旋转，同样每步转 30°。

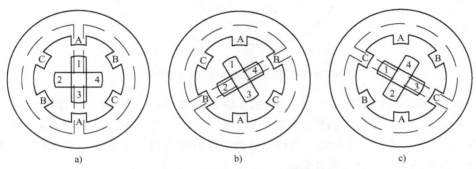

图 6-7　反应式步进电动机的结构原理图

a) A 相通电　b) B 相通电　c) C 相通电

在步进电动机控制过程中，定子绕组每改变一次通电方式，称为一拍。上述的通电控制方式，由于每次只有一相控制绕组通电，控制绕组每换接三次构成一个循环，所以称为三相单三拍控制方式。由于每次只有一相绕组通电，在切换瞬间将失去自锁转矩，容易失步。另外，只有一相绕组通电，易在平衡位置附近产生振荡，稳定性不佳，故实际应用中不采用单三拍工作方式。除此种控制方式外，还有三相单、双六拍和三相双三拍控制方式。在三相单、双六拍控制方式中，控制绕组通电顺序为 A—AB—B—BC—C—CA—A（转子逆时针旋转）或 A—AC—C—CB—B—BA—A（转子顺时针旋转），每次循环需换接 6 次，单相通电和两相通电轮流进行。在三相双三拍控制方式中，控制绕组通电顺序为 AB—BC—CA—AB（转子逆时针旋转）或 AC—CB—BA—AC（转子顺时针旋转），每次均有两个控制绕组通电。有关三相单、双六拍和三相双三拍控制时的转子转动情况请读者自己分析。

步进电动机定子绕组的通电状态每改变一次（一拍），转子转过的角度称为步进角，如上面讲到的 30°即为三相单三拍控制方式的步进角。通过分析可以知道，三相单、双六拍的步进角为 15°，三相双三拍的步进角为 30°。

以上讨论的是最简单的反应式步进电动机的工作原理，但是此种电动机步进角较大，不能满足实际需要，实际应用较少。通常使用的反应式步进电动机，定子和转子的齿都比较多，步进角也相对较小。图 6-8 为典型的反应式步进电动机的原理图。

步进电动机的步进角可以通过下式计算：

$$\alpha = \frac{360°}{mZK}$$

式中，m 为步进电动机的相数；Z 为步进电动机转子的齿数；K 为通电状态系数，单拍或双拍工作时 $K=1$，单双拍混合方式工作时 $K=2$。

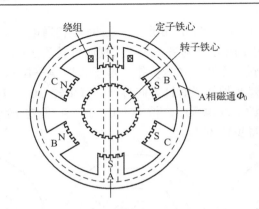

图 6-8　典型的反应式步进电动机原理图

$K=1$ 时的步进角俗称整步，$K=2$ 时的步进角俗称半步。电动机出厂时给出一个步进角的值，如 86BYG250A 型电动机给出的值为 0.9°/1.8°（表示半步工作时为 0.9°、整步工作时为 1.8°），这个步进角可以称为"电动机固有步进角"，它不一定是电动机实际工作时的真正步进角，真正的数值和驱动器有关。

步进电动机的转速 n 可以通过下式计算：

$$n = \frac{60f}{mZK}$$

式中，f 为步进电动机每秒的拍数，称为步进电动机的通电脉冲频率（Hz）。

从步进角计算公式可以看出，除通过增加转子的齿数减小步进角之外，还可以制成四相、五相、六相或更多的相数，以减小步进角并改善步进电动机的性能。为了减小制造电动机的困难，多相步进电动机常做成轴向多段式（又称顺轴式）。

综上所述，可以得到如下结论：

1）步进电动机定子绕组的通电状态每改变一次，它的转子便转过一个确定的角度，即步进电动机的步进角 α。

2）改变步进电动机定子绕组的通电顺序，转子的旋转方向随之改变。

3）步进电动机步进角 α 与定子绕组的相数 m、转子的齿数 Z、通电状态 K 有关。

4）步进电动机定子绕组通电状态的改变速度越快，其转子旋转的速度越快，即通电状态的变化频率越高，转子的转速越高。

6.3.3　步进电动机的运行特性

反应式步进电动机的运行特性根据各种运行状态分别阐述。

1. 静态运行状态

步进电动机不改变通电情况的运行状态称为静态运行状态。

当步进电动机处于通电状态时，转子齿将力求与定子齿对齐，使磁路中的磁阻最小，转子处在平衡位置不动。如果在电动机轴上外加一个负载转矩，转子会偏离平衡位置向负载转矩方向转过一个角度 θ，称为失调角。有了失调角之后，步进电动机就产生一个反应转矩，步进电动机静态运行时转子受到的反应转矩 T 叫作静转矩，通常以使 θ 增加的方向为正，这时静态转矩等于负载转矩。步进电动机的静转矩 T 与失调角 θ 之间的关系 $T = f(\theta)$ 称为矩角特性。

实践表明，反应式步进电动机的矩角特性近似为正弦曲线，即

$$T = -C\sin\theta$$

式中，C 为常数，与控制绕组、控制电流、磁阻等有关。这一特性反映了步进电动机带负载的能力，是电动机最主要的性能指标之一。

　　由矩角特性可知，在静转矩的作用下，转子必然有一个稳定平衡位置，如果步进电动机为空载，那么转子在失调角 $\theta = 0°$ 处稳定，即在通电相定子齿与转子齿对齐的位置稳定。在静态运行情况下，如有外力使转子齿偏离定子齿，$0 < \theta < \pi$，则在外力消除后，转子在静转矩的作用下仍能回到原来的稳定平衡位置。当 $\theta = \pm\pi$ 时，转子齿左右两边所受的磁拉力相等而相互抵消，静转矩 $T = 0$，但只要转子向左或向右稍有一点偏离，转子所受的左右两个方向的磁拉力不再相等而失去平衡，故 $\theta = \pm\pi$ 是不稳定平衡点。在两个不稳定平衡点之间的区域构成静稳定区，即 $-\pi < \theta < \pi$，如图 6-9 所示。

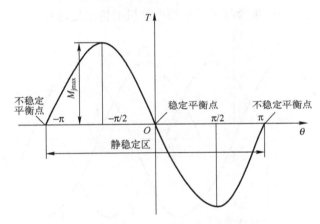

图 6-9　步进电动机的矩角特性

　　矩角特性上电磁转矩的最大值称为最大静态转矩，用 M_{jmax} 表示。M_{jmax} 是代表电动机承载能力的重要指标，其值越大，电动机带负载的能力越强，运行的快速性和稳定性越好。它与通电状态及绕组内电流的值有关。在一定通电状态下，最大静转矩与绕组内电流的关系，称为最大静转矩特性。当控制电流很小时，最大静转矩与电流的二次方成正比地增大，当电流稍大时，受磁路饱和的影响，最大转矩 T_{max} 上升变缓，电流很大时，曲线趋向饱和，如图 6-10 所示。一般产品技术规格中给出的最大静转矩是指在额定电流及规定的通电方式下的静转矩。

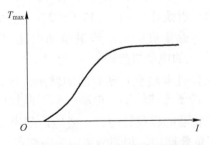

图 6-10　步进电动机最大静转矩特性

2. 步进运行状态

当接入控制绕组的脉冲频率较低，电动机转子完成一步之后，下一个脉冲才到来，电动机呈现出一转一停的状态，故称为步进运行状态。

当空载，即 $T_L=0$ 时，三相单三拍步进电动机的运行状态如图 6-11 所示，通电顺序为 A—B—C—A，当 A 相通电时，矩角特性为曲线 A，稳定平衡点为 a，失调角 $\theta=0°$，静转矩 $T=0$。当 A 相断电，B 相通电时，矩角特性为曲线 B，曲线 B 落后于曲线 A，转子处在 B 相的静稳定区内，为矩角特性曲线 B 上的 b_1 点，此处 $T>0$，转子继续转动，停在稳定平衡点 b 处，此处 T 又为 0。A 相通电时，$-\pi<\theta<\pi$ 为静稳定区，当 A 相绕组断电转到 B 相绕组通电时，新的稳定平衡点为 b，对应于它的静稳定区为 $-\pi+\theta_b<\theta<\pi+\theta_b$，在换接的瞬间，转子的位置只要停留在此区域内，就能趋向新的稳定平衡点 b，所以区域 $(-\pi+\theta_b, \pi+\theta_b)$ 称为动稳定区。显而易见，相数或极数越多，步进角越小，动稳定区越接近静稳定区，即静、动稳定区重叠越多，步进电动机的稳定性越好。

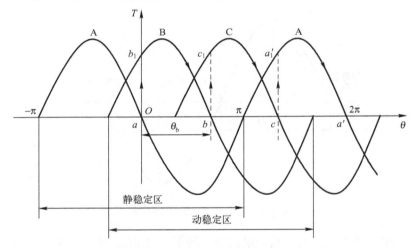

图 6-11 步进电动机空载运行状态

当步进电动机带上负载运行，即 $T_L\neq 0$ 时，如图 6-12 所示，转子每走一步不再停留在稳定平衡点，而是停留在静转矩 T 等于负载转矩的点上。具体分析如下：当 A 相通电，转子转到 a_1 时，电动机静转矩 T 等于负载转矩，两转矩平衡，转子停止转动；A 相断电 B 相通电，改变通电状态的瞬间，因为惯性转子位置来不及变化，于是转到曲线 B 上的 b_2 点，由于 b_2 点的静转矩 $T>T_L$，故转子继续转到 b_1 点，在 b_1 点，$T=T_L$ 转子停止。如果负载较大，转子未转到曲线 A、B 的交点就有 $T=T_L$，转子停转；当 A 相断电、B 相通电时，转到曲线 B 后 $T<T_L$，电动机不能做步进运动。步进电动机能够带负载做步进运行的最大值 $T_{L\max}$，即是两相矩角曲线交点处的电动机静转矩。

步进电动机相邻两相矩角特性曲线交点所对应的转矩，通常称为最大起动转矩 M_q。如果外加负载转矩 T_L 大于 M_q，转子无法转动，电动机就不能起动，产生"失步"现象，因而起动转矩是电动机能带动负载转动的极限转矩。一般地，若增加电动机相数或拍数，使矩角特性曲线变密，静、动稳定区重叠增加，相邻两条曲线的交点上移，会使 M_q 增加。

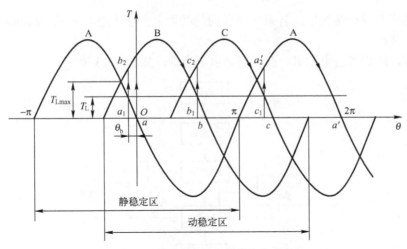

图 6-12　步进电动机负载运行状态

6.3.4　步进电动机的选用

首先根据实际问题，依据不同种类步进电动机的优缺点，确定步进电动机的类型。然后，确定该类型步进电动机的各参数。以下对步进电动机的参数选择进行说明。

1．步进角的选择

选择步进电动机时，应使步进角和机械系统匹配，步进角取决于负载精度的要求。将负载的最小分辨率（当量）换算到电动机轴上，每个当量电动机应走多少角度（包括减速），电动机的步进角应等于或小于此角度。目前市场上步进电动机的步进角一般有 0.36°/0.72°（五相电动机）、0.9°/1.8°（二、四相电动机）、1.5°/3°（三相电动机）等。在机械传动过程中，为了得到更小的脉冲当量，一是可以改变丝杠的导程，二是可以通过步进电动机的细分驱动来完成。但细分只能改变其分辨率，不改变其精度。精度是由电动机的固有特性所决定的。

2．静力矩的选择

静力矩选择的依据是电动机工作的负载，而负载可分为惯性负载和摩擦负载两种。直接起动时（一般为低速）两种负载均要考虑，加速起动时主要考虑惯性负载，恒速运行时只考虑摩擦负载。最简单的方法是在负载轴上加一杠杆，用弹簧秤拉动杠杆，拉力乘以力臂长度即是负载力矩，或者根据负载特性从理论上计算出来。一般情况下，静力矩为摩擦负载的2～3 倍内较好，对于此系数的选择，当步进电动机相数较多、起动频率要求不高时取较小的系数值，反之取较大的系数值。

此外，由于步进电动机是控制类电动机，目前常用步进电动机的最大力矩不超过45N·m，力矩越大，成本越高，如果所选择的电动机力矩较大或超过此范围，可以考虑加配减速装置。

3．运行最高频率的选择

由于电动机的输出力矩随着频率的升高而下降，因此在最高频率时，由矩频特性的输出力矩应能驱动负载，并留有足够的余量。

4．起动频率的选择

空载时，步进电动机由静止突然起动，并进入不丢步的正常运行状态所允许的最高频率，称为起动频率或突跳频率。若系统要求的起动频率大于步进电动机的起动频率，步进电动机就不能正常起动。

综上所述，选择步进电动机一般应遵循以下步骤，如图 6-13 所示。

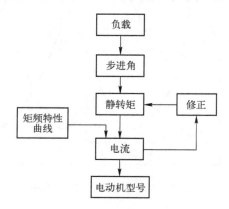

图 6-13 步进电动机选择步骤

需要特别注意的是，步进电动机的各性能参数均与其配套的驱动电源有很大的关系，不同控制方式的驱动功率放大电路及其电压、电流等参数不同，都会使步进电动机的输出特性发生很大的变化。因此，步进电动机一定要与其配套的驱动电源一起考虑来选择。

6.3.5 步进电动机的驱动器

1. 驱动器简介

步进电动机驱动器，其实就是一种将电脉冲转化为角位移的执行机构，如图 6-14 所示。首先步进驱动器会接收到一个脉冲信号，然后按设定的方向转动一个固定的角度，它的旋转是以固定的角度一步一步运行的。同时可以通过控制脉冲的个数来控制那个固定角度，从而达到准确定位的目的；利用脉冲频率来控制电动机转动的速度和加速度，从而达到调速和定位的目的。

图 6-14 步进电动机驱动器

2. 驱动器接线方法

图 6-15 中，CP+代表脉冲正输入端；CP-代表脉冲负输入端；DIR +代表方向电平的正输入端；DIR -代表方向电平的负输入端；FREE+代表脱机信号正输入端；FREE-代表脱机信号负输入端。

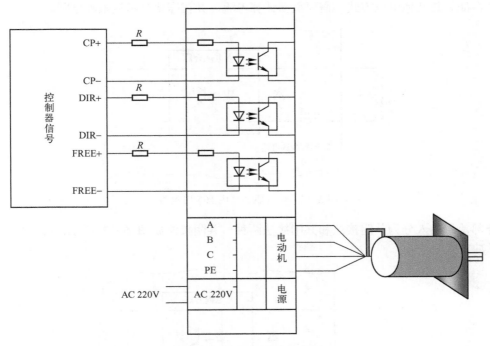

图 6-15　步进电动机接线图

驱动器是把计算机控制系统提供的弱电信号放大为步进电动机能够接受的强电流信号，控制系统提供给驱动器的信号主要有以下三路。

1）步进脉冲信号 CP：这是最重要的一路信号，因为步进电动机驱动器的原理就是要把控制系统发出的脉冲信号转化为步进电动机的角位移，或者说，驱动器每接收一个脉冲信号 CP，就驱动步进电动机旋转一步距角。CP 的频率和步进电动机的转速成正比，CP 的脉冲个数决定了步进电动机旋转的角度。这样，控制系统通过脉冲信号 CP 就可以达到电动机调速和定位的目的。

2）方向电平信号 DIR：此信号决定电动机的旋转方向。比如说，此信号为高电平时电动机为顺时针旋转，此信号为低电平时电动机则为反方向逆时针旋转。此种换向方式称为单脉冲方式。

3）脱机信号 FREE：此信号为选用信号，并不是必须要用的，只在一些特殊情况下使用，此端输入一个 5V 电平时，电动机处于无力矩状态；此端为高电平或悬空不接时，此功能无效，电动机可正常运行，若用户不采用此功能，只需将此端悬空即可。

3. 输入信号内部接口电路

为了使控制系统和驱动器能够正常地通信，避免相互干扰，在驱动器内部采用光电耦合器对输入信号进行隔离，三路信号的内部接口电路相同。

由图 6-16 可以看出，驱动器内部是使用了光电耦合器件来完成驱动器内部电路的隔离与保护。外部输入信号必须要可靠地使光电耦合器件发光导通才能实现高电平的输入。这样就对驱动器外部控制电路的驱动能力提出了一定要求。维持光电耦合器件可靠导通的电流为 10～20mA。驱动器内部已经接好一个 270Ω 的电阻，当外部使用的是 5V 电源时，可直接接入信号，如果是其他电压方式，需要重新计算电流，并在需要时串接限流电阻。

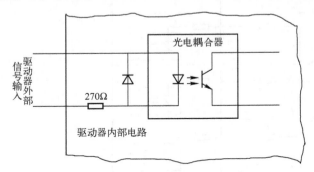

图 6-16 步进驱动器内部接口电路

外部信号输入分为共阴接法和共阳接法两种。共阴接法如图 6-17 所示，此时输入信号为正脉冲方式。

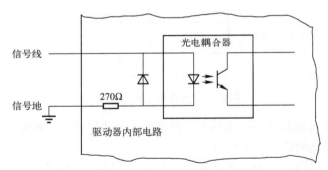

图 6-17 外部信号共阴接法

此时驱动器外部连接如图 6-18 所示。

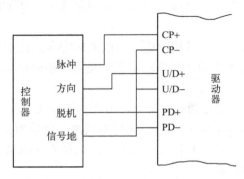

图 6-18 步进驱动器共阴接法外部接线

共阳接法如图 6-19 所示，此时输入信号为负脉冲方式。

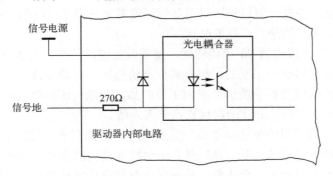

图 6-19 外部信号共阳接法

此时驱动器外部连接如图 6-20 所示。

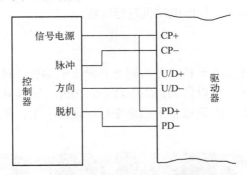

图 6-20 步进驱动器共阳接法外部接线

4. 步进电动机驱动器的使用步骤

1）通过拨位开关设定所需要的细分数，在 CP 脉冲能允许的情况下，尽量选用较大的细分数。

2）通过拨位开关设定电动机的相电流，一般设定为和电动机额定相电流相等，如果能够拖动负载，可以设定为小于电动机额定相电流，但不能设定为大于电动机额定相电流。

3）连接输入信号线。

4）连接电动机线。

5）连接电源线。

6）加电后，观察指示灯及电动机运行情况。

6.4 伺服电动机

伺服电动机也称为执行电动机，在控制系统中用作执行元件，将输入的电压控制信号转换为轴上输出的角位移和角速度，以驱动控制对象。其最大的特点是，有控制电压时转子立即旋转，无控制电压时转子立即停转。转轴转向和转速是由控制电压的方向和大小决定的。伺服电动机可分为直流伺服电动机和交流伺服电动机两种。

伺服系统的发展经历了由液压到电气的过程。电气伺服系统根据所驱动的电动机类型分为直流（DC）伺服电动机和交流（AC）伺服电动机。20 世纪 50 年代，无刷电动机和直流电动机实现了产品化，并在计算机外围设备和机械设备上获得了广泛的应用。20 世纪 70 年代则是直流伺服电动机应用最为广泛的时代。

从 20 世纪 70 年代后期到 80 年代初期，随着微处理器技术、大功率高性能半导体功率器件技术和电机永磁材料制造工艺的发展及其性能价格比的日益提高，交流伺服技术——交流伺服电动机和交流伺服控制系统逐渐成为主导产品。交流伺服驱动技术已经成为工业领域实现自动化的基础技术之一，并逐渐取代直流伺服系统。

交流伺服系统按其采用的驱动电动机的类型来分，主要有两大类：永磁同步（SM 型）电动机交流伺服系统和感应式异步（IM 型）电动机交流伺服系统。其中，永磁同步电动机交流伺服系统在技术上已趋于完全成熟，具备了十分优良的低速性能，并可实现弱磁高速控制，拓宽了系统的调速范围，适应了高性能伺服驱动的要求。并且随着永磁材料性能的大幅度提高和价格的降低，其在工业生产自动化领域中的应用将越来越广泛，目前已成为交流伺服系统的主流。本节主要对交流伺服电动机进行讲解。

6.4.1 交流伺服电动机

交流伺服电动机也是无刷电动机，分为同步和异步电动机，目前运动控制中一般都用同步电动机，它的功率范围大，可以做到很大的功率。另外，它具有大惯量，最高转速度低，且随着功率增大而快速降低，因而适合于低速平稳运行的应用。图 6-21 所示为交流伺服电动机及其驱动器。

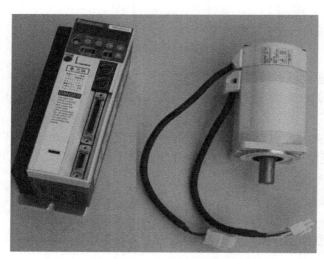

图 6-21　松下交流伺服电动机及其驱动器

交流伺服电动机的结构主要可分为三大部分，即定子、转子和编码器，如图 6-22 所示。

1. 定子

定子的结构与旋转变压器的定子基本相同。定子铁心由内周有槽的硅钢片叠成。定子线圈在定子铁心中也安放着空间互成 90° 电角度的两相绕组，如图 6-23 所示。其中，L_1-L_2 称为励磁绕组，K_1-K_2 称为控制绕组，所以交流伺服电动机是一种两相的交流电动机。

图 6-22　伺服电动机结构图

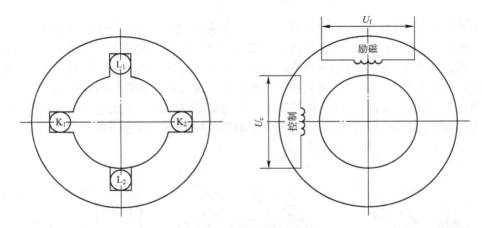

图 6-23　定子结构和原理图

通入励磁绕组的电流 i_f 与通入控制绕组的电流 i_c 相位上彼此相差 90°，幅值彼此相等，这样的两个电流称为两相对称电流，用数学式表示为

$$\begin{cases} i_c = I_m \sin \omega t \\ i_f = I_m \sin(\omega t - 90°) \end{cases}$$

当两相对称电流通入两相对称绕组时，在电动机内就产生一个旋转磁场。当电流变化一个周期时，旋转磁场在空间转了一圈。

旋转磁场转速（r/min）的一般表达式为

$$n_0 = \frac{60f}{p}$$

式中，f 为电源的频率（Hz）；p 为定子绕组极对数。

旋转磁场的转速决定于定子绕组极对数和电源的频率。

2. 转子

转子的结构常用的有笼型转子和非磁性杯形转子。笼型转子交流伺服电动机的结构如

图 6-24 所示，它的转子由转轴、转子铁心和转子绕组等组成。转子铁心是由硅钢片叠成的，每片冲成有齿有槽的形状，然后叠压起来将轴压入轴孔内。铁心的每一槽中放有一根导条，所有导条两端用两个短路环连接，这就构成了转子绕组。

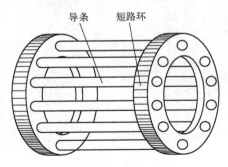

图 6-24　笼型转子

杯形转子采用铝合金制成的空心杯形转子，如图 6-25 所示。图中，外定子与笼型转子伺服电动机的定子完全一样，内定子由环形钢片叠成，通常内定子不放绕组，只是代替笼型转子的铁心，作为电动机磁路的一部分。在内、外定子之间有细长的空心转子装在转轴上，空心转子做成杯子形状，所以又称为空心杯形转子。空心杯由非磁性材料铝或铜制成，它的杯壁极薄，一般在 0.3mm 左右。杯形转子套在内定子铁心外，并通过转轴可以在内、外定子之间的气隙中自由转动，而内、外定子是不动的。空心杯形转子的转动惯量很小，反应迅速，而且运转平稳，因此被广泛采用。

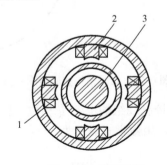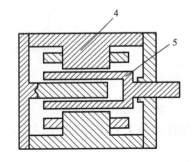

图 6-25　杯形转子

1—励磁绕组　2—控制绕组　3—内定子　4—外定子　5—空心杯转子

3．交流伺服电动机的工作原理

交流伺服电动机的工作原理和单相异步电动机无本质上的差异。但是，交流伺服电动机必须具备一个性能，就是能克服交流伺服电动机的所谓"自转"现象，即无控制信号时，它不应转动，特别是当它已在转动时，如果控制信号消失，它应能立即停止转动。而普通的异步电动机转动起来以后，如控制信号消失，往往仍在继续转动。

当电动机原来处于静止状态时，如控制绕组不加控制电压，此时只有励磁绕组通电产生脉动磁场。可以把脉动磁场看成两个圆形旋转磁场。这两个圆形旋转磁场以同样的大小和转速，向相反方向旋转，所建立的正、反转旋转磁场分别切割笼型绕组（或杯形壁）并感应出大小相同、相位相反的电动势和电流（或涡流），这些电流分别与各自的磁场作用产生的力矩也大小相等、方向相反，合成力矩为零，伺服电动机转子转不起来。一旦控制系统有偏差信号，控制绕组就要接受与之相对应的控制电压。在一般情况下，电动机内部产生的磁场是椭圆形旋转磁场。一个椭圆形旋转磁场可以看成由两个圆形旋转磁场合成起来的。这两个圆形旋转磁场幅值不等（与原椭圆形旋转磁场转向相同的正转磁场大，与原转向相反的反转磁场小），但以相同的速度向相反的方向旋转。它们切割转子绕组感应的电动势和电流以及产生的电磁力矩也方向相反、大小不等（正转者大，反转者小），合成力矩不为零，所以伺服电动机就朝着正转磁场的方向转动起来，随着信号的增强，磁场接近圆形，此时正转磁场及其力矩增大，反转磁场及其力矩减小，合成力矩变大，如负载力矩不变，转子的速度就增加。如果改变控制电压的相位，即移相 180°，旋转磁场的转向相反，因而产生的合成力矩方向也相反，伺服电动机将反转。若控制信号消失，只有励磁绕组通入电流，伺服电动机产生的磁场将是脉动磁场，转子很快地停下来。笼型转子（或者非磁性杯形转子）会转动起来是由于在空间中有一个旋转磁场。旋转磁场切割转子导条，在转子导条中产生感应电动势和电流，转子导条中的电流再与旋转磁场相互作用就产生力和转矩，转矩的方向和旋转磁场的转向相同，于是转子就跟着旋转磁场沿同一方向转动。这就是交流伺服电动机的简单工作原理。

6.4.2　交流伺服驱动器

伺服驱动器是用来控制伺服电动机的，是伺服电动机的控制部分，如图 6-26 所示。伺服驱动器大体可以划分为功能比较独立的两个模块：驱动模块和控制模块。驱动模块是强电部分，用于电动机的驱动，同时也为控制模块提供直流电源；控制模块是弱电部分，是电动机的控制核心，也是伺服驱动器的技术核心（控制算法）的运行载体，其功能是完成伺服系统的闭环控制，包括转矩、速度和位置等。一般伺服都有三种控制方式：位置控制方式、速度控制方式和转矩控制方式，以下分别介绍这三种控制方式。

图 6-26　伺服驱动器

1. 位置控制

位置控制模式一般是通过外部输入的脉冲的频率来确定转动速度的大小，通过脉冲的个数来确定转动的角度，也有些伺服可以通过通信方式直接对速度和位移进行赋值。由于位置模式对速度和位置都有很严格的控制，所以一般应用于定位装置。应用领域包括数控机床、纺织机械、印刷机械等。

2. 速度控制

通过模拟量的输入或脉冲的频率都可以进行转动速度的控制，在有上位控制装置的外环PID控制时速度模式也可以进行定位，但必须把电动机的位置信号或直接负载的位置信号给上位反馈以做运算用。位置模式也支持直接负载外环检测位置信号，此时的电动机轴端的编码器只检测电动机转速，位置信号由直接的最终负载端的检测装置来提供，这样的优点在于可以减少中间传动过程中的误差，增加了整个系统的定位精度。

3. 转矩控制

转矩控制方式是通过外部模拟量的输入或直接地址的赋值来设定电动机轴对外的输出转矩的大小，具体表现为例如 10V 对应 5N·m，当外部模拟量设定为 5V 时电动机轴输出为 2.5N·m；如果电动机轴负载低于 2.5N·m 时电动机正转，外部负载等于 2.5N·m 时电动机不转，大于 2.5N·m 时电动机反转（通常在有重力负载情况下产生）。可以通过即时地改变模拟量的设定来改变设定的转矩大小，也可通过通信方式改变对应地址的数值来实现。应用主要在对材质的受力有严格要求的缠绕和放卷的装置中，例如绕线装置或拉光纤设备，转矩的设定要根据缠绕的半径的变化随时更改以确保材质的受力不会随着缠绕半径的变化而改变。

6.4.3 伺服控制系统结构

该系统采用二级主从式层次化分布结构，硬件部分主要包括工控机、运动控制器、伺服驱动器以及运动平台，其硬件连接如图 6-27 所示。

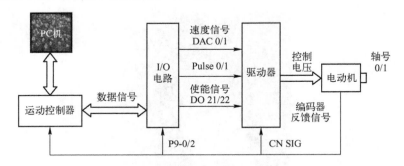

图 6-27　系统硬件结构示意图

其中，上位机为 PC，通过 PCI 总线同下位机运动控制器相连，主要负责人机界面交互、插补轨迹计算、控制命令的输出、系统状态的监视以及采样数据保存等功能。下位机采用运动控制器，该系列运动控制器以 IBM-PC 及其兼容机为主机，提供标准的 PCI 总线，可以同时控制 1～4 个运动轴，实现多轴协调运动。其核心由数字信号处理器和 FPGA 组成，可以实现高性能的控制计算。同时，该运动控制器提供 8 路限位开关（每轴 2 路）输入，4路原点开关（每轴 1 路）输入，用于工作台的行程限位和原点检测功能，可以保证机床运行的安全性，并可以使每次运动从同一位置开始，使运动误差具有重复性。运动控制器内部的闭环功能可以实现伺服系统在电压控制方式下基本的反馈控制功能。

　　该运动控制器通过 PC 总线和计算机通信，一方面将从各控制轴采集到的数据送给主机进行计算；另一方面，将主机根据工艺及数学模型进行运算生成的运动控制指令经过进一步处理送各轴伺服驱动器，完成各轴的运动控制，加工出满足工艺要求的合格零件。由于使用标准的 PC 作为主机，采用标准化接口，可灵活地选用电动机、驱动装置和反馈元件，支持包括以太网甚至是 Internet 在内的多种网络协议及拓扑结构，可方便地实现远程控制和联网功能。

6.5　直线电动机

　　直线电动机是一种新型的电动机，采用线性运动的方式，因此又称为直动电动机或线性电动机，如图 6-28 所示。与传统的旋转电动机不同，直线电动机具有高速度、高精度、高效率、高加速度和高响应速度等特点，因此在机床、起重机、磁悬浮列车、空气动力飞机等领域得到了广泛应用。本节将介绍直线电动机的工作原理及其优缺点。

图 6-28　直线电动机

6.5.1　直线电动机的结构和工作原理

　　直线电动机是一种将电能直接转换成直线运动机械能，而不需要任何中间转换机构的传动装置。它可以看成一台旋转电动机按径向剖开，并展成平面而成，如图 6-29 所示。对应旋转电动机定子的部分叫一次侧，对应转子的部分叫二次侧。在一次绕组中通多相交流电，便产生一个平移交变磁场，称为行波磁场。在行波磁场与次级永磁体的作用下产生驱动力，从而实现运动部件的直线运动。

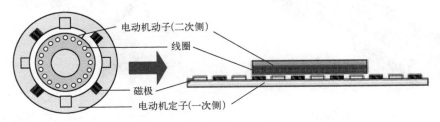

图 6-29　直线电动机结构原理图

直线电动机模组组成结构如图 6-30 所示，其核心部分由定子和滑块两部分组成，它们之间的电磁作用力使滑块在定子轨道上做直线运动。直线电动机的定子上面安装有一组同步直线电动机驱动线圈，这组驱动线圈会产生一定的磁场。滑块上面安装有一组磁铁，当磁铁和驱动线圈之间有磁场时，就会产生一定的电磁作用力。根据安装的方式不同，电磁作用力可能为吸力或推力，在定子上作用力方向相反，在滑块上则相同。这样，在不断的作用力下，滑块会不断地在定子轨迹上运动，完成直线运动的输出。

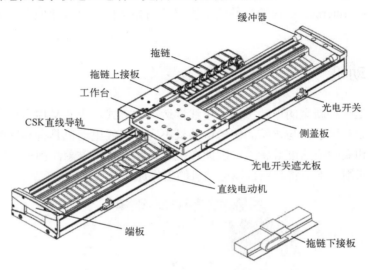

图 6-30　直线电动机模组组成结构

6.5.2　直线电动机和传统的旋转电动机+滚珠丝杠运动系统的比较

在机床进给系统中，采用直线电动机直接驱动与旋转电动机+滚珠丝杠传动的最大区别是取消了从电动机到工作台（拖板）之间的机械传动环节，把机床进给传动链的长度缩短为零，因而这种传动方式又被称为"零传动"，如图 6-31、图 6-32 所示。正是由于这种"零传动"方式，带来了旋转电动机驱动方式无法达到的性能指标和优点。

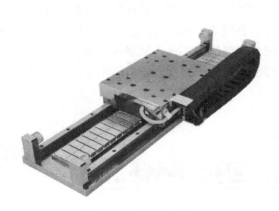

图 6-31　直线电动机

图 6-32　旋转电动机+滚珠丝杠

（1）优点

1）高速响应。由于系统中直接取消了一些响应时间常数较大的机械传动件（如丝杠等），使整个闭环控制系统动态响应性能大大提高，反应异常灵敏快捷。

2）精度。直线驱动系统取消了由于丝杠等机械机构产生的传动间隙和误差，减少了插补运动时因传动系统滞后带来的跟踪误差。通过直线位置检测反馈控制，即可大大提高机床的定位精度。

3）传动刚度高。由于"直接驱动"，避免了起动、变速和换向时因中间传动环节的弹性变形、摩擦磨损和反向间隙造成的运动滞后现象，同时也提高了其传动刚度。

4）速度快、加减速过程短。由于直线电动机最早主要用于磁悬浮列车（时速可达500km/h），所以用在机床进给驱动中，要满足其超高速切削的最大进给速度（要求达 60～100m/min 或更高）当然是没有问题的。也由于上述"零传动"的高速响应性，使其加减速过程大大缩短，从而实现起动时瞬间达到高速，高速运行时又能瞬间准停。可获得较高的加速度，一般可达 2～10g（g=9.8m/s^2），而滚珠丝杠传动的最大加速度一般只有 0.1～0.5g。

5）行程长度不受限制。在导轨上通过串联直线电动机，就可以无限延长其行程长度。

6）安静、噪声低。由于取消了传动丝杠等部件的机械摩擦，且导轨又可采用滚动导轨或磁垫悬浮导轨（无机械接触），其运动时噪声将大大降低。

7）效率高。由于无中间传动环节，消除了机械摩擦时的能量损耗，传动效率大大提高。

（2）缺点

1）安装和维护困难。由于直线电动机的结构比较特殊，安装和维护比较困难，需要专业技术人员操作。

2）价格高。由于直线电动机具有高速度、高精度、高效率等优点，因此价格相对较高，使其应用受到一定的限制。

3）仅适用于线性运动。直线电动机只适用于线性运动，对于旋转运动需要其他设备进行转换处理，成本较高。

6.6　DD 电动机

DD 是 Direct Driver 的简称，DD 后面加上电动机就称为直接驱动电动机，其实物如图 6-33 所示。由于其输出力矩大，因此有些公司将该产品直接称为力矩电动机。与传统的电动机不同，该产品的大力矩使其可以直接与运动装置连接，从而省去了诸如减速器、齿轮箱、带轮等连接机构，因此称其为直驱电动机。

DD 电动机提供了一种高性能、零维护伺服解决方案。与传统的伺服电动机不同，由于电动机配置了高解析度的编码器，因此使该产品可以达到比普通伺服电动机高一个等级的定位精度，可以用作灵活的分度器。又由于采用直接连接方式，减少了由于机械结构产生的定位误差，使得工艺精度得以保证。另对于部分凸轮轴控制方式，一方面减少了由于机械结构摩擦而产生的尺寸方面的误差，另一方面安装也相对简便，同时电动机运转时的噪声也降低了很多。

图 6-33　DD 电动机

6.6.1　DD 电动机的结构

DD 电动机主要由转子、定子、磁环和轴承等组成。工作时，通过驱动电流作用于磁环上的磁体，产生磁场，磁场与磁体间的磁力作用将转子转动。转子通过轴承连接到磁盘，从而实现磁盘的旋转。

DD 电动机按照其结构分类，可分为 PS 系列和 PN 系列，具体见表 6-2。

表 6-2　DD 电动机结构分类表

PS 系列	PN 系列
外转子型	内转子型
圆筒构造	扁平构造
从底面进行固定	在电动机外围从上方进行固定
较小的设置面积	较低的电动机高度
紧凑、洁净、高精度、中空构造、免维护	
适用于中、轻量物体的高速运送、定位	适用于大、重物体的运送、定位
① 内侧旋转；② 小径	① 内侧旋转；② 薄型

6.6.2　DD 电动机的优点

通常伺服电动机在低速时由于力矩的不够和运转时的摆动，会造成运转的不稳定现象。齿轮减速会使效率下降、在齿轮啮合时会发生松动和噪声现象，增加机械的重量。实际使用时的分度盘，动作时的转动角度一般都是在一周以内，而且需要较大的瞬间起动转矩。而 DD 电动机，不带有减速器却拥有大力矩和在低速时保持准确平稳的运转。

DD 电动机装配转台与传统伺服电动机转台结构对比如图 6-34 所示。

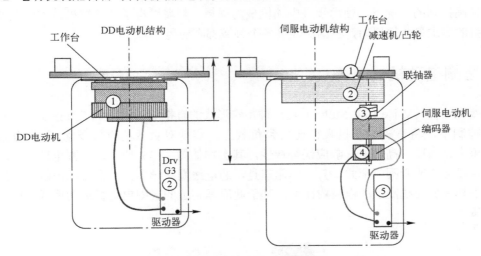

图 6-34　DD 电动机装配转台与传统伺服电动机转台对比

DD 电动机与伺服电动机+减速机拥有以下差别：

1）高加速度。

2）高力矩（最大可达 500N·m）。

3）高精度，没有轴松动，可以实现高精度的位置控制（最高重复精度 1s）。

4）高机械精度，电动机轴向与径向跳动可达 10μm 以内。

5）高承载，电动机轴向与径向可分别承载高达 4000kg 的压力。

6）高刚性，对径向和动量荷重来说都拥有高刚性。

7）电动机中空孔，方便通过线缆与气管。

8）免维护，长寿命。

6.6.3　DD 电动机与伺服、步进电动机的区别

DD 电动机是伺服技术发展的产物。它取代了以往伺服电动机+减速机的结构设计，实现了结构简单、无机械精度损失从而实现了高定位精度、高动态响应、低噪声，外转子结构增加了转子惯量从而实现大力矩的输出。又由于 DD 电动机都配有高解析度的编码器，因此该产品具有比普通伺服电动机更高的精度等级等独有的特点。

然而，DD 电动机与伺服、步进电动机的主要区别在哪里？

DD 电动机由于其输出力矩大，因此可直接称为力矩伺服电动机。与传统的电动机不同，该产品的驱动器可以对力矩、速度、位置进行控制，使其可以直接与运动装置连接，从

而省去了诸如减速机、齿轮箱、皮带等连接机构，因此才会称其为直接驱动电动机。

伺服电动机：是在伺服系统中控制机械元件运转的发动机，是一种补助电动机间接变速装置。伺服电动机是可以连续旋转的电-机械转换器。以永磁式直流伺服电动机和并激式直流伺服电动机最为常用。

步进电动机可以对旋转角度和转动速度进行高精度控制。步进电动机作为控制执行元件，是机电一体化的关键产品之一，广泛应用在各种自动化控制系统和精密机械等领域。例如，在仪器仪表、机床设备以及计算机的外围设备中（如打印机和绘图仪等），凡需要对转角进行精确控制的情况下，使用步进电动机最为理想。随着微电子和计算机技术的发展，步进电动机的需求量与日俱增，在国民经济各个领域都有应用。

6.7　音圈电动机

音圈电动机（Voice Coil Motor）是一种特殊形式的直接驱动电动机（直接驱动就是在驱动系统控制下，将直驱电动机直接连接到负载上，实现对负载的直接驱动），具有结构简单、体积小、高速、高加速、响应快等特性，其实物如图 6-35 所示。音圈电动机运动形式可以为直线形式或者圆弧形式。其工作原理是，通电线圈（导体）放在磁场内就会产生力，力的大小与施加在线圈上的电流成比例。基于此原理制造的音圈电动机运动形式可以为直线或者圆弧。

图 6-35　音圈电动机

随着对高速、高精度定位系统性能要求的提高和音圈电动机技术的迅速发展，音圈电动机不仅被广泛用在磁盘、激光唱片定位等精密定位系统中，在许多不同形式的高加速、高频激励上也得到广泛应用。如光学系统中透镜的定位（聚焦）；机械工具的多坐标定位平台；医学装置中精密电子管、真空管控制；在柔性机器人中，为使末端执行器快速精确定位，还可以用音圈电动机来有效地抑制振动。

6.7.1 音圈电动机的工作原理

音圈电动机的结构主要由定子和动子组成，其中定子包括外磁轭、环形磁钢、隔磁环和内磁轭，动子由音圈绕组和绕组支架组成。

音圈电动机的工作原理与电动式扬声器类似，即在磁场中放入一环形绕组，绕组通电后产生电磁力，带动负载做直线运动；改变电流的强弱和极性，即可改变电磁力的大小和方向，如图 6-36 所示。

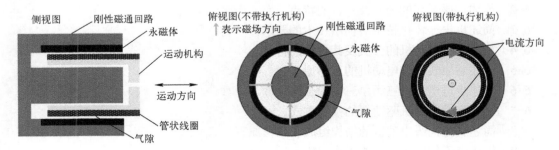

图 6-36　音圈电动机的工作原理

通电导体放在磁场中会受到安培力（F）的作用。F 的大小和方向取决于磁场强度（B）、电流强度（I）、导线的长度（L）以及磁场和电流的相对方向。（$F = IBL\sin\alpha$，式中，α 为导线中的电流方向与 B 方向之间的夹角（°），F、L、I 及 B 的单位分别为 N、m、A 及 T。）

音圈电动机原理和扬声器原理一样，只不过扬声器音圈带动的工作部件是锥形振膜，音圈电动机需要带动的工作部件是其所要驱动的部件。

如果音圈电动机的磁体固定，线圈运动，就是动圈型；如果磁体运动，线圈固定，就是定圈型，如图 6-37 所示。

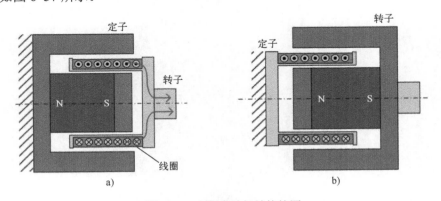

图 6-37　音圈电动机结构简图

6.7.2 音圈电动机的特点

1）定圈和动圈对比：线圈运动比磁体运动质量低得多，可以驱动更高负载。但是，线圈会产生热量，如果负载对温度波动敏感，那么使用磁体运动更好。

2）无须换相，其控制方式相当于直流有刷（DC Brush）电动机。

3）线性控制特性、高功率质量比、高功率体积比、无限位置（仅受编码器限制）、高加速度等。

习题

6-1　简述伺服技术的概念。

6-2　简述伺服系统的分类及各自的特点。

6-3　简述机电一体化技术对伺服技术的要求。

6-4　简述步进电动机的分类及其各自的特点。

6-5　简述感应式步进电动机的工作原理。

6-6　简述步进电动机三相单三拍的工作原理。

6-7　简述步进电动机驱动器的接线方式。

6-8　简述交流伺服电动机的结构组成和工作原理。

6-9　简述交流伺服驱动器的工作方式。

第7章　MCGS 组态软件技术

随着工业自动化水平的迅速提高，计算机在工业领域的广泛应用，人们对工业自动化的要求越来越高，种类繁多的控制设备和过程监控装置在工业领域的应用，使传统的工业控制软件已无法满足用户的各种需求。组态软件是指一些数据采集与过程控制的专用软件，它们是在自动控制系统控制层一级的软件平台和开发环境，使用灵活的组态方式（而不是编程方式）为用户提供良好的用户开发界面和简捷的使用方法，解决了控制系统通用性问题。

现有的组态软件包括两大类：专用组态软件和通用组态软件。专用组态软件是由一些集散控制系统厂商和 PLC 厂商专门为自己的系统开发的，例如 Honeywell 的组态软件、Foxboro 的组态软件、Rockwell 公司的 RSView、Siemens 公司的 WinCC、GE 公司的 Cimplicity。通用组态软件则有着更大的适用范围，支持更多厂商的硬件设备。国外开发的组态软件有 Fix/iFix、InTouch、Citech、Lookout、TraceMode 以及 Wizcon 等。国产的组态软件有组态王（Kingview）、MCGS、Synall2000、ControX 2000、Force Control 和 FameView 等。

本章主要对国产 MCGS 组态软件技术进行讲解。MCGS 工控组态软件为解决一些实际工程问题提供了一种崭新的方法，因为它能够很好地解决传统工业控制软件存在的种种问题，使用户能根据自己的控制对象和控制目的任意组态，完成最终的自动化控制工程。

7.1　MCGS 组态软件概述

MCGS（Monitor and Control Generated System）是一套基于 Windows 平台的，用于快速构造和生成上位机监控系统的 32 位工控组态软件，可稳定运行于 Microsoft Windows 95/98/Me/NT/2000 等操作系统。

MCGS 为用户提供了解决实际工程问题的完整方案和开发平台，能够完成现场数据采集、实时和历史数据处理、报警和安全机制、流程制作、动画显示、趋势曲线和报表输出以及企业监控网络等功能，并支持国内外众多数据采集与输出设备，广泛应用于石油、电力、化工、钢铁、矿山、冶金、机械、纺织、航天、建筑、材料、制冷、交通、通信、食品、制造与加工业、水处理、环保、智能楼宇、实验室等多种工程领域。

它的主要特点如下：

1）延续性和可扩充性。使用 MCGS 工控组态软件开发的应用程序，当现场（包括硬件设备或系统结构）或用户需求发生变化时，不需做很多修改即可方便地完成软件的更新和升级。

2）封装性（易学易用）。MCGS 工控组态软件所能完成的功能都用一种方便用户使用的方法包装起来，对于用户不需掌握太多的编程语言技术（甚至不需要编程技术），就能很好地完成一个复杂工程所要求的所有功能。

3）通用性和可扩充性。每个用户根据工程实际情况，利用 MCGS 工程组态软件提供的底层设备（PLC、智能仪器、板卡、变频器等）的设备驱动、开放式的数据库和画面制作工具，就能完成一个具有动画效果、实时数据处理、历史数据和曲线并存、具有网络功能的工程，不受行业限制。

目前，MCGS 组态软件已经成功推出 MCGS 通用版组态软件、MCGSWWW 网络版组态软件和 MCGS 嵌入版组态软件。三类产品风格相同，功能各异，三者完美结合，融为一体，形成了整个工业监控系统的从设备采集、工作站数据处理和控制、上位机网络管理和 Web 浏览的所有功能，很好地实现了自动控制一体化的功能。

7.1.1 MCGS 组态软件的系统构成

1. MCGS 组态软件的整体结构

MCGS 软件系统包括组态环境和运行环境两个部分，如图 7-1 所示。组态环境相当于一套完整的工具软件，帮助用户设计和构造自己的应用系统。运行环境则按照组态环境中构造的组态工程，以用户指定的方式运行，并进行各种处理，完成用户组态设计的目标和功能。

图 7-1　MCGS 软件组成

MCGS 组态软件（以下简称 MCGS）由 MCGS 组态环境和 MCGS 运行环境两个系统组成，其基本功能如图 7-2 所示。两部分互相独立，又紧密相关。

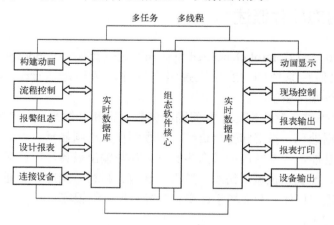

图 7-2　MCGS 软件基本功能

MCGS 组态环境是生成用户应用系统的工作环境，由可执行程序 McgsSet.exe 支持，存放于 MCGS 目录的 Program 子目录中。用户在 MCGS 组态环境中完成动画设计、设备连接、编写控制流程、编制工程打印报表等全部组态工作后，生成扩展名为.mcg 的工程文件，又称为组态结果数据库，其与 MCGS 运行环境一起，构成应用系统，统称为"工程"。

MCGS 运行环境是用户应用系统的运行环境，由可执行程序 McgsRun.exe 支持，存放于 MCGS 目录的 Program 子目录中，在运行环境中完成对工程的控制工作。

2. MCGS 组态软件的五大组成部分

MCGS 组态软件所建立的工程由主控窗口、设备窗口、用户窗口、实时数据库和运行策略五部分构成，每一部分分别进行组态操作，完成不同工作，具有不同的特性，如图 7-3 所示。

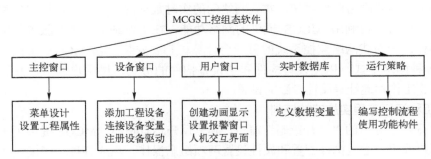

图 7-3　MCGS 组态软件的五大组成部分

1）主控窗口：工程的主窗口或主框架。在主控窗口中可以放置一个设备窗口和多个用户窗口，负责调度和管理这些窗口的打开和关闭。主要的组态操作包括：定义工程的名称、编制工程菜单、设计封面图形、确定自动启动的窗口、设定动画刷新周期、指定数据库存盘文件名称及存盘时间等。

2）设备窗口：连接和驱动外围设备的工作环境。在本窗口内配置数据采集与控制输出设备、注册设备驱动程序、定义连接与驱动设备用的数据变量。

3）用户窗口：本窗口主要用于设置工程中的人机交互界面，诸如生成各种动画显示画面、报警输出、数据与曲线图表等。

4）实时数据库：工程各个部分的数据交换与处理中心，它将 MCGS 工程的各个部分连接成有机的整体。在本窗口内定义不同类型和名称的变量，作为数据采集、处理、输出控制、动画连接及设备驱动的对象。

5）运行策略：本窗口主要完成工程运行流程的控制，包括编写控制程序（本程序）、选用各种功能构件。

7.1.2　MCGS 组态软件的工作方式

1. MCGS 与设备进行通信

MCGS 通过设备驱动程序与外围设备进行数据交换，包括数据采集和发送设备指令。设备驱动程序是由 VB、VC 程序设计语言编写的 DLL（动态链接库）文件，设备驱动程序中包含符合各种设备通信协议的处理程序，将设备运行状态的特征数据采集进来或发送出去。MCGS 负责在运行环境中调用相应的设备驱动程序，将数据传送到工程中的各个部分，完成整个系统的通信过程。每个驱动程序独占一个线程，达到互不干扰的目的。

2. MCGS 产生动画效果

MCGS 为每一种基本图形元素定义了不同的动画属性，如：一个长方形的动画属性有可见度、大小变化、水平移动等，每一种动画属性都会产生一定的动画效果。所谓动画属性，实际上是反映图形大小、颜色、位置、可见度、闪烁性等状态的特征参数。然而，在组态环境中生成的画面都是静止的，如何在工程运行中产生动画效果呢？方法是：图形的每一种动画属性中都有一个"表达式"设定栏，在该栏中设定一个与图形状态相联系的数据变量，连接到实时数据库中，以此建立相应的对应关系，MCGS 称之为动画连接。

3．MCGS 实施远程多机监控

MCGS 提供了一套完善的网络机制，可通过 TCP/IP、Modem 和串口将多台计算机连接在一起，构成分布式网络监控系统，实现网络间的实时数据同步、历史数据同步和网络事件的快速传递。同时，可利用 MCGS 提供的网络功能，在工作站上直接对服务器中的数据库进行读写操作。分布式网络监控系统的每一台计算机都要安装一套 MCGS 工控组态软件。MCGS 把各种网络形式，以父设备构件和子设备构件的形式，供用户调用，并进行工作状态、端口号、工作站地址等属性参数的设置。

4．对工程运行流程实施有效控制

MCGS 开辟了专用的"运行策略"窗口，建立用户运行策略。MCGS 提供了丰富的功能构件，供用户选用，通过构件配置和属性设置两项组态操作，生成各种功能模块（称为"用户策略"），使系统能够按照设定的顺序和条件，操作实时数据库，实现对动画窗口的任意切换，控制系统的运行流程和设备的工作状态。所有的操作均采用面向对象的直观方式，避免了烦琐的编程工作。

7.2　MCGS 通用版组态软件应用实例

7.2.1　建立一个新工程

1．工程简介

本节通过一个水位控制系统的组态过程，介绍如何应用 MCGS 组态软件完成一个工程，读者应学会应用 MCGS 组态软件建立一个比较简单的水位控制系统。本样例工程中涉及动画制作、控制流程的编写、模拟设备的连接、报警输出、报表曲线显示与打印等多项组态操作。水位控制需要采集两个模拟数据：液位 1（最大值 10m）、液位 2（最大值 6m）；三个开关数据：水泵、调节阀、出水阀。

工程效果图工程组态好后，最终效果图如图 7-4 所示。

2．样例工程剖析

对于一个工程设计人员来说，要想快速准确地完成一个工程项目，首先要了解工程的系统构成和工艺流程，明确主要的技术要求，搞清工程所涉及的相关硬件和软件。在此基础上，拟定组建工程的总体规划和设想，比如：控制流程如何实现，需要什么样的动画效果，应具备哪些功能，需要何种工程报表，需不需要曲线显示等。只有这样，才能在组态过程中有的放矢，尽量避免无谓的劳动，达到快速完成工程项目的目的。

工程的框架结构样例工程定义的名称为"水位控制系统.mcg"，由五大窗口组成，总共建立了两个用户窗口、四个主菜单，分别作为水位控制、报警显示、曲线显示和数据显示，构成了样例工程的基本骨架。

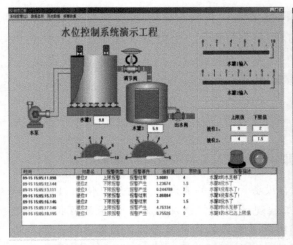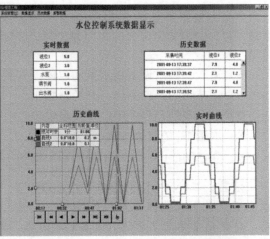
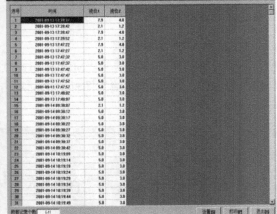

图 7-4　MCGS 水位控制工程效果图

动画图形的制作：水位控制窗口是样例工程首先显示的图形窗口（启动窗口），是一幅模拟系统真实工作流程并实施监控操作的动画窗口，包括以下几个部分。

1）水位控制系统：水泵、水箱和阀门由"对象元件库管理"调入；管道则经过动画属性设置赋予其动画功能。

2）液位指示仪表：采用旋转式指针仪表，指示水箱的液位。

3）液位控制仪表：采用滑动式输入器，由鼠标操作滑动指针，改变流速。

4）报警动画显示：由"对象元件库管理"调入，用可见度实现。

控制流程的实现选用"模拟设备"及策略构件箱中的"脚本程序"功能构件，设置构件的属性，编制控制程序，实现水位、水泵、调节阀和出水阀的有效控制。

各种功能的实现通过 MCGS 提供的各类构件实现下述功能：

1）历史曲线：选用历史曲线构件实现。

2）历史数据：选用历史表格构件实现。

3）报警显示：选用报警显示构件实现。

4）工程报表：历史数据选用存盘数据浏览策略构件实现，报警历史数据选用报警信息浏览策略构件实现，实时报表选用自由表格构件实现，历史报表选用历史表格构件实现。

5）输入、输出设备抽水泵的启停：开关量输出。

6）调节阀的开启关闭：开关量输出。

7）出水阀的开启关闭：开关量输出。

8）水罐 1、2 液位指示：模拟量输入。

9）其他功能的实现：工程的安全机制，即分清操作人员和负责人的操作权限。

注意： 在 MCGS 组态软件中，提出了"与设备无关"的概念。无论用户使用 PLC、仪表，还是使用采集板、模块等设备，在进入工程现场前的组态测试时，均采用模拟数据进行。待测试合格后，再进行设备的硬连接，同时将采集或输出的变量写入设备构件的属性设置窗口内，实现设备的软连接，由 MCGS 提供的设备驱动程序驱动设备工作。以上列出的变量均采取这种办法。

3. 建立 MCGS 新工程

如果计算机上已经安装了"MCGS 组态软件"，在 Windows 桌面上，会有"MCGS 组态环境"与"MCGS 运行环境"图标。鼠标双击"MCGS 组态环境"图标，进入 MCGS 组态环境，如图 7-5 所示。

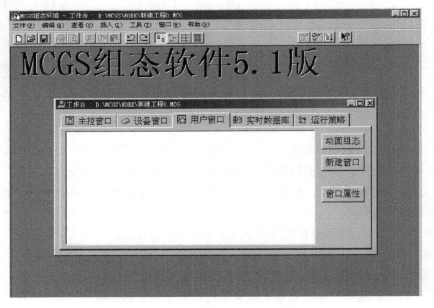

图 7-5　MCGS 组态环境界面

在菜单"文件"中选择"新建工程"菜单项，如果 MCGS 安装在 D:根目录下，则会在 D:\MCGS\WORK\下自动生成新建工程，默认的工程名为新建工程 X.MCG（X 表示新建工程的顺序号，如 0、1、2 等），如图 7-6 所示。

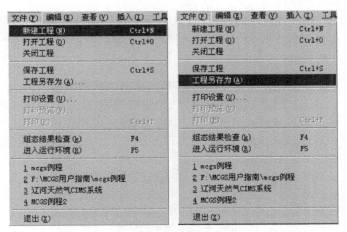

图 7-6　新建工程

可以在菜单"文件"中选择"工程另存为"选项，把新建工程存为 D:\MCGS\WORK\水位控制系统，如图 7-7 所示。

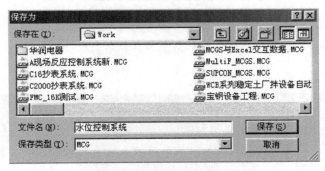

图 7-7　保存工程

至此，已经成功地建立了自己的工程！

7.2.2　设计画面流程

建立新画面，在 MCGS 组态平台上，单击"用户窗口"，在"用户窗口"中单击"新建窗口"按钮，则产生新"窗口 0"，如图 7-8 所示。

图 7-8　新建用户窗口

选中"窗口 0",单击"窗口属性",进入"用户窗口属性设置",将"窗口名称"改为"水位控制";将"窗口标题"改为"水位控制";在"窗口位置"中选中"最大化显示",其他不变,单击"确认",如图7-9所示。

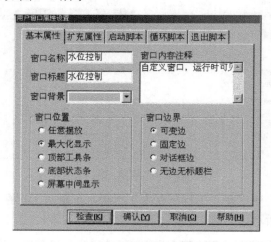

图7-9 用户窗口属性设置

选中刚创建的"水位控制"用户窗口,单击"动画组态",进入动画制作窗口,如图 7-10所示。

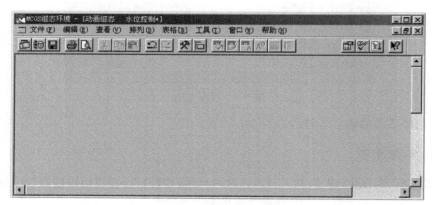

图7-10 动画制作窗口

1. 工具箱

单击工具栏中的"工具箱"按钮,则打开动画工具箱,如图7-11所示。

图标 对应于选择器,用于在编辑图形时选取用户窗口中指定的图形对象。

图标 用于打开和关闭常用图符工具箱,常用图符工具箱包括27种常用的图符对象。

图形对象放置在用户窗口中,是构成用户应用系统图形界面的最小单元,MCGS中的图形对象包括图元对象、图符对象和动画构件三种类型,不同类型的图形对象有不同的属性,所能完成的功能也各不相同。

为了快速构图和组态,MCGS系统内部提供了常用的图元、图符、动画构件对象,称为系统图形对象。

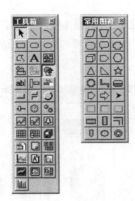

图 7-11　工具箱

2．制作文字框图

建立文字框：打开工具箱，选择"工具箱"内的"标签"按钮 **A**，鼠标的光标变为十字形，在窗口任何位置拖拽鼠标，拉出一个一定大小的矩形。

输入文字：建立矩形框后，光标在其内闪烁，可直接输入"水位控制系统演示工程"文字，按回车键或在窗口任意位置用鼠标单击一下，文字输入过程结束。如果用户想改变矩形内的文字，先选中文字标签，按回车键或空格键，光标显示在文字起始位置，即可进行文字的修改。

3．设置框图颜色

设定文字框颜色：选中文字框，单击工具栏上的 （填充色）按钮，设定文字框的背景颜色（设为无填充色）；单击 （线色）按钮改变文字框的边线颜色（设为没有边线）。设定的结果是不显示框图，只显示文字。

4．设定文字的颜色

单击 A^a（字符字体）按钮改变文字字体和大小。单击 （字符颜色）按钮，改变文字颜色（设为蓝色），如图 7-12 所示。

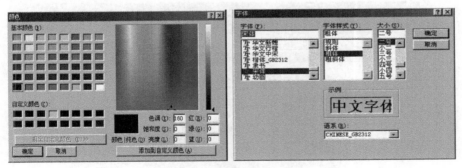

图 7-12　设定文字样式

5．对象元件库管理

单击"工具"菜单，选中"对象元件库管理"或单击工具栏中的"工具箱"按钮，则打开动画工具箱，工具箱中的图标 用于从对象元件库中读取存盘的图形对象；图标 用于把当前用户窗口中选中的图形对象存入对象元件库中，如图 7-13 所示。

从"对象元件库管理"的"储藏罐"中选取中意的罐，单击"确定"，则所选中的罐在桌面的左上角，可以改变其大小及位置，如罐14、罐20。

从"对象元件库管理"的"阀"和"泵"中分别选取 2 个阀（阀 6、阀 33）、1 个泵（泵 12）。

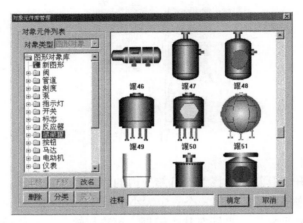

图 7-13 对象元件库

流动的水是由 MCGS 动画工具箱中的"流动块"构件制作成的。

选中工具箱内的"流动块"动画构件（▣）。移动鼠标至窗口的预定位置（鼠标的光标变为十字形状），单击一下鼠标左键，移动鼠标，在鼠标光标后形成一道虚线，拖动一定距离后，单击鼠标左键，生成一段流动块。再拖动鼠标（可沿原来方向，也可垂直原来方向），生成下一段流动块。当用户想结束绘制时，双击鼠标左键即可。当用户想修改流动块时，先选中流动块（流动块周围出现选中标志：白色小方块），鼠标指针指向小方块，按住左键不放，拖动鼠标，就可调整流动块的形状。

用工具箱中的图标**A**，分别对阀、罐进行文字注释，方法同上所述。

最后生成的"水位控制系统演示工程"画面如图 7-14 所示。

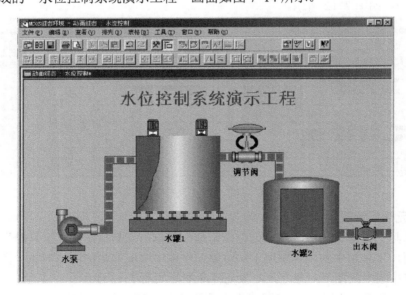

图 7-14 演示工程整体画面

选择菜单项"文件"中的"保存窗口",则可对所完成的画面进行保存。

7.3　让动画动起来

前面已经绘制好了静态的动画图形,本节将利用 MCGS 软件中提供的各种动画属性,使图形动起来。

7.3.1　定义数据变量

在前面讲过,实时数据库是 MCGS 工程的数据交换和数据处理中心。数据变量是构成实时数据库的基本单元,建立实时数据库的过程也即是定义数据变量的过程。定义数据变量的内容主要包括:指定数据变量的名称、类型、初始值和数值范围,确定与数据变量存盘相关的参数,如存盘的周期、存盘的时间范围和保存期限等。下面介绍水位控制系统数据变量的定义步骤。

分析变量名称:表 7-1 列出了样例工程中与动画和设备控制相关的变量名称。

表 7-1　数据变量列表

变 量 名 称	类　　型	注　　释
水泵	开关型	控制水泵"启动""停止"的变量
调节阀	开关型	控制调节阀"打开""关闭"的变量
出水阀	开关型	控制出水阀"打开""关闭"的变量
液位 1	数值型	水罐 1 的水位高度,用来控制 1#水罐水位的变化
液位 2	数值型	水罐 2 的水位高度,用来控制 2#水罐水位的变化
液位 1 上限	数值型	用来在运行环境下设定水罐 1 的上限报警值
液位 1 下限	数值型	用来在运行环境下设定水罐 1 的下限报警值
液位 2 上限	数值型	用来在运行环境下设定水罐 2 的上限报警值
液位 2 下限	数值型	用来在运行环境下设定水罐 2 的下限报警值
液位组	组对象	用于历史数据、历史曲线、报表输出等功能构件

鼠标单击工作台的"实时数据库"窗口标签,进入实时数据库窗口页。

单击"新增对象"按钮,在窗口的数据变量列表中,增加新的数据变量,多次单击该按钮,则增加多个数据变量,系统默认定义的名称为"Data1""Data2""Data3"等。选中变量,单击"对象属性"按钮或双击选中变量,则打开对象属性设置窗口。

指定名称类型:在窗口的数据变量列表中,将系统定义的默认名称改为用户定义的名称,并指定类型,在注释栏中输入变量注释文字。本系统中要定义的数据变量如图 7-15 所示,以"液位 1"变量为例。

在基本属性中,对象名称为"液位 1";对象类型为"数值";其他不变。

液位组变量属性设置,在基本属性中,对象名称为"液位组";对象类型为"组对象";

其他不变。在存盘属性中，数据对象值的存盘选中定时存盘，存盘周期设为 5s。在组对象成员中选择"液位 1""液位 2"。具体设置如图 7-15 所示。

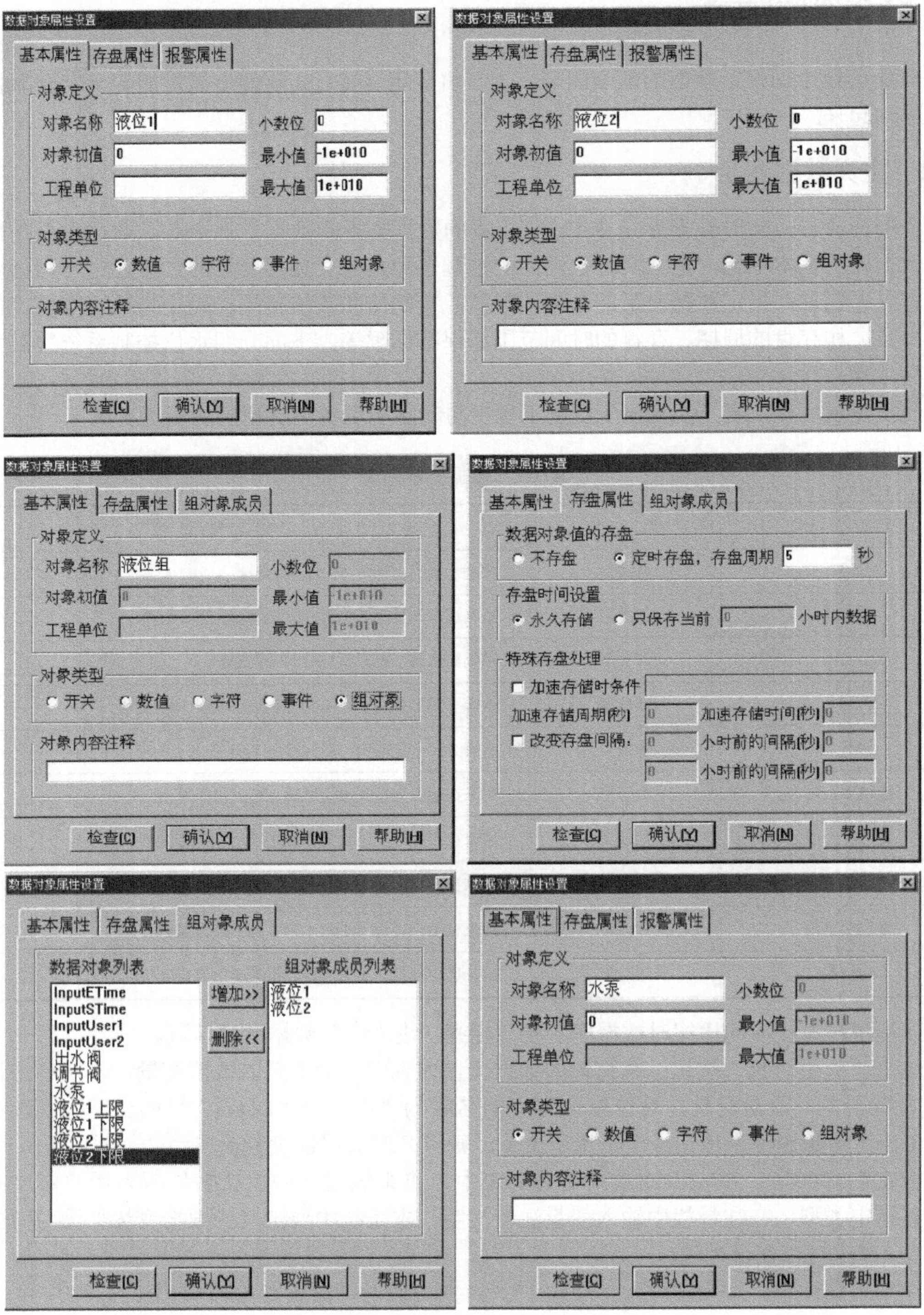

图 7-15 液位数据设置

水泵、调节阀、出水阀三个开关型变量，其属性设置只要把对象名称改为"水泵""调节阀""出水阀"，对象类型选中"开关"，其他属性不变，如图 7-16 所示。

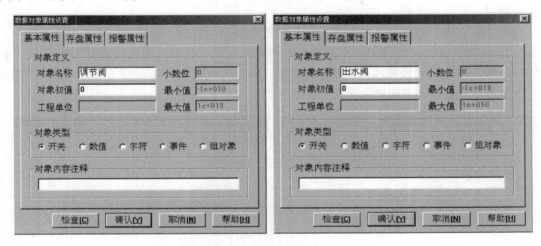

图 7-16　调节阀等开关型变量设置

7.3.2　动画连接

由图形对象搭制而成的图形界面是静止不动的，需要对这些图形对象进行动画设计，真实地描述外界对象的状态变化，达到过程实时监控的目的。MCGS 实现图形动画设计的主要方法是将用户窗口中图形对象与实时数据库中的数据对象建立相关性连接，并设置相应的动画属性。在系统运行过程中，图形对象的外观和状态特征由数据对象的实时采集值驱动，从而实现了图形的动画效果。

在用户窗口中，双击水位控制窗口进入，选中水罐 1 双击，则弹出"单元属性设置"对话框，如图 7-17 所示。

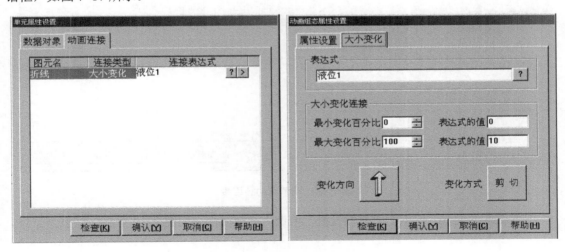

图 7-17　水罐动画连接

选中"折线"，则会出现 ⬛，单击 ⬛ 则进入"动画组态属性设置"对话框，按图 7-17 所示修改，其他属性不变。设置好后，单击"确认"，再单击"确认"，变量连接成功。对于水罐2，只需要把"液位2"改为"液位1"；最大变化百分比设为100，对应表达式的值由10改为6即可。

在用户窗口中，双击水位控制窗口进入，选中调节阀双击，则弹出"单元属性设置"对话框。选中"组合图符"，则会出现▶，单击▶则进入"动画组态属性设置"对话框，按图7-18所示修改，其他属性不变。设置好后，单击"确认"，再单击"确认"，变量连接成功。水泵属性设置与调节阀属性设置一样。

图7-18　调节阀动画连接

出水阀属性设置，可以在"属性设置"中调入其他属性，如图7-19所示。

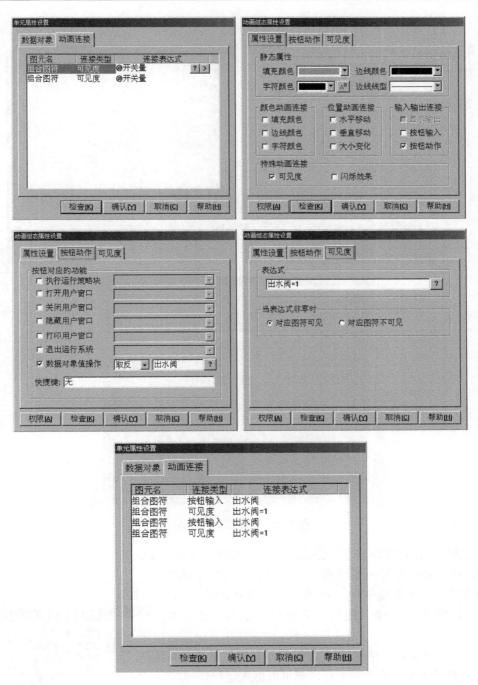

图 7-19　出水阀动画连接

在用户窗口中，双击水位控制窗口进入，选中水泵右侧的流动块双击，则弹出"流动块构件属性设置"对话框。按图 7-20 所示修改，其他属性不变。水罐 1 右侧的流动块与水罐 2 右侧的流动块则在"流动块构件属性设置"对话框中，只需要把表达式相应改为：调节阀=1，出水阀=1 即可，如图 7-20 所示。

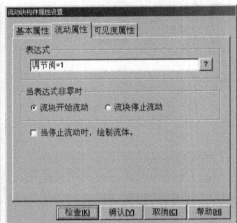

图 7-20 流动块动画连接

到此动画连接已经做好了，先让工程运行起来，看看动画效果。

在运行之前需要做一下设置。在"用户窗口"中选中"水位控制"，单击鼠标右键，单击"设置为启动窗口"，如图 7-21 所示，这样工程运行后会自动进入"水位控制"窗口。

在菜单项"文件"中选中"进入运行环境"或直接按〈F5〉或直接单击工具栏中 图标，都可以进入运行环境。

这时看见的画面并不能动，移动鼠标到"水泵""调节阀""出水阀"上面的红色部分，会出现一只小"手"，单击一下，红色部分变为绿色，同时流动块相应地运动起来。但水罐仍没有变化，这是由于没有信号输入，也没有人为地改变其值。可以用如下方法改变其值，使水罐动起来。

图 7-21 设置为启动窗口

在"工具箱"中选中滑动输入器图标 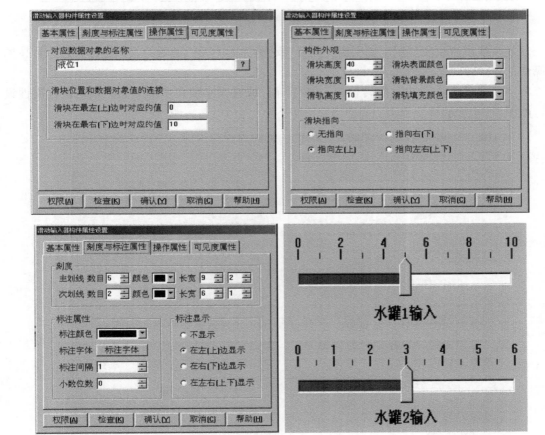，当鼠标变为"+"后，拖动鼠标到适当大小，然后双击进入属性设置，具体操作如图 7-22 所示，以液位 1 为例：

在"滑动输入器构件属性设置"的"操作属性"中，把对应数据对象的名称改为"液位1"，可以通过单击图标 ? 到库中选，自己输入也可；"滑块在最右（下）边时对应的值"为 10。

在"滑动输入器构件属性设置"的"基本属性"中，在"滑块指向"中选中"指向左（上）"，其他不变。

在"滑动输入器构件属性设置"的"刻度与标注属性"中，把"主划线数目"改为 5，即能被 10 整除，其他不变。

属性设置好后，效果如图 7-22 所示。

图 7-22　设置滑动输入器

这时再按〈F5〉或直接单击工具栏中 图标，进入运行环境后，可以通过拉动滑动输入器而使水罐中的液面动起来。

为了能准确了解水罐 1、水罐 2 的值，可以用数字显示其值，具体操作如下：

在"工具箱"中单击"标签" A 图标，调整大小放在水罐下面，双击进行属性设置，如图 7-23 所示。

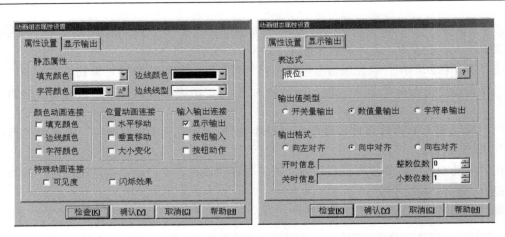

图 7-23　设置标签

现场一般都有仪表显示，如果用户需要在动画界面中模拟现场的仪表运行状态，可按如下操作：

在"工具箱"中单击"旋转仪表" ⊙ 图标，调整大小放在水罐下面，双击进行属性设置，如图 7-24 所示。

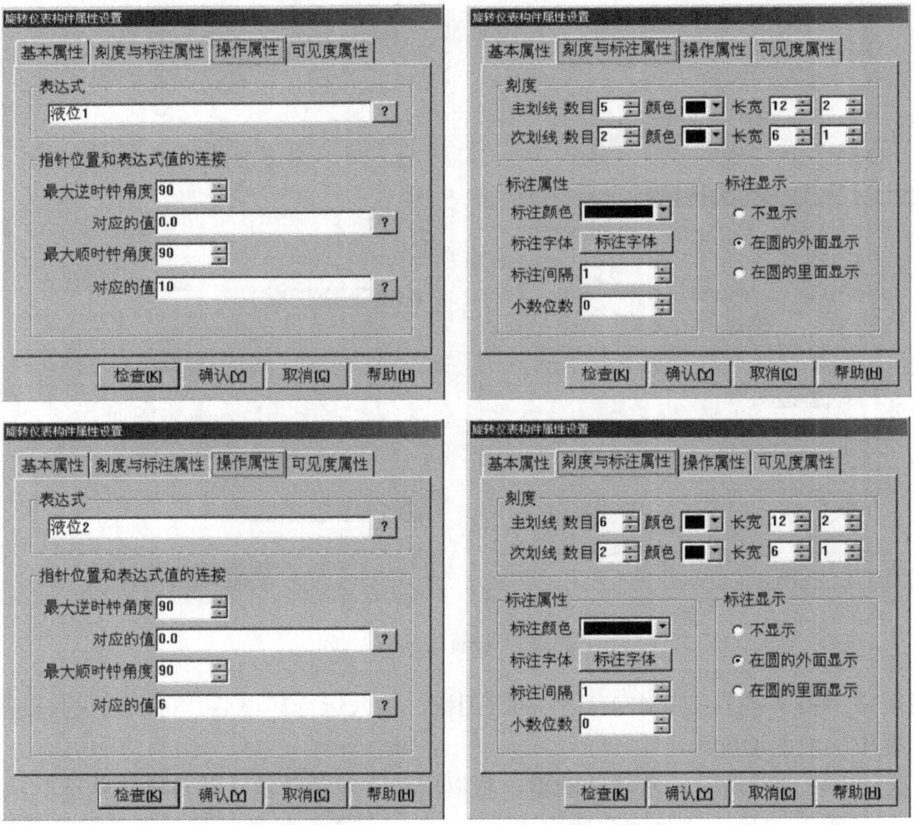

图 7-24　设置旋转仪表

这时再按〈F5〉或直接单击工具栏中 ⊞ 图标,进入运行环境后,可以通过拉动滑动输入器使整个画面动起来。

7.3.3　模拟设备

本节重点:了解如何使用模拟设备进行模拟调试。

模拟设备是 MCGS 软件根据设置的参数产生一组模拟曲线的数据,以供用户调试工程使用。本构件可以产生标准的正弦波、方波、三角波、锯齿波信号,且其幅值和周期都可以任意设置。通过模拟设备,可以使动画自动运行起来,而不需要手动操作,具体操作如下:

在"设备窗口"中双击"设备窗口"进入,单击工具栏中的"工具箱" 🔧 图标,打开"设备工具箱",如图 7-25 所示。

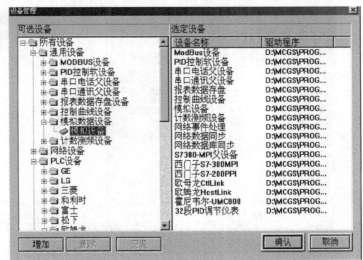

图 7-25　模拟设备

如果在"设备工具箱"中没有发现"模拟设备",可单击"设备工具箱"中的"设备管理"进入。在"可选设备"中可以看到 MCGS 组态软件所支持的大部分硬件设备。在"通用设备"中打开"模拟数据设备",双击"模拟设备",单击"确认"后,在"设备工具箱"中就会出现"模拟设备",双击"模拟设备",则会在"设备窗口"中加入"模拟设备"。

双击,进入模拟设备属性设置,如图 7-26 所示,具体操作如下:

在"设备属性设置"中,单击"内部属性",会出现 ⋯ 图标,单击进入"内部属性"设置,把通道 1 的最大值设为 10,通道 2 的最大值设为 6,其他不变,设置好后单击"确认"按钮退到"基本属性"页。在"通道连接"中"对应数据对象"中输入变量,第一个通道对应输入液位 1,第二个通道对应输入液位 2,或在所要连接的通道中单击鼠标右键,到实时数据库中选中"液位 1""液位 2"双击,也可把选中的数据对象连接到相应的通道。在"设备调试"中就可看到数据变化。

这时再进入"运行环境",就会发现所做的"水位控制系统"自动地运行起来了,但美中不足的是阀门不会根据水罐中的水位变化自动开启。

图 7-26　模拟设备属性设置

7.3.4　编写控制流程

本节重点：了解 MCGS 组态软件脚本程序的编写方法。

用户脚本程序是由用户编制的、用来完成特定操作和处理的程序，脚本程序的编程语法非常类似于普通的 Basic 语言，但在概念和使用上更简单直观，力求做到使大多数普通用户都能正确、快速地掌握和使用。

对于大多数简单的应用系统，MCGS 的简单组态就可完成。只有比较复杂的系统，才需要使用脚本程序，但正确地编写脚本程序，可简化组态过程，大大提高工作效率，优化控制过程。

本节的目的主要是熟悉脚本程序的编写环境及如何编写脚本程序来实现控制流程。

假设：当"水罐 1"的液位达到 9m 时，就要把"水泵"关闭，否则就要自动启动"调节阀"；当"水罐 2"的液位不足 1m 时，就要自动关闭"出水阀"，否则自动开启"调节阀"；当"水罐 1"的液位大于 1m，同时"水罐 2"的液位小于 6m 时就要自动开启"调节阀"，否则自动关闭"调节阀"。具体操作如下：

在"运行策略"中，双击"循环策略"进入，双击图标 ▇▇▐▊▐ 进入"策略属性设置"，如图 7-27 所示，只需要把"循环时间"设为 200ms，单击"确定"即可。

图 7-27　循环策略属性

在策略组态中，单击工具栏中的"新增策略行"图标，则显示如图 7-28 所示。

图 7-28　新增策略行

在策略组态中，如果没有出现策略工具箱，则单击工具栏中的"工具箱"图标，弹出"策略工具箱"，如图 7-29 所示。

图 7-29　策略工具箱

单击"策略工具箱"中的"脚本程序",把鼠标移出"策略工具箱",会出现一个小手,把小手放在⬛️上,单击鼠标左键,则显示如图7-30所示。

图7-30 添加脚本程序

双击🔧进入脚本程序编辑环境,按图7-31所示输入程序。

图7-31 脚本程序

单击"确定"退出,则脚本程序就编写好了,这时再进入运行环境,就会按照所需要的控制流程,出现相应的动画效果。

7.4 报警显示与报警数据

MCGS把报警处理作为数据对象的属性,封装在数据对象内,由实时数据库来自动处理。当数据对象的值或状态发生改变时,实时数据库判断对应的数据对象是否发生了报警或已产生的报警是否已经结束,并把所产生的报警信息通知给系统的其他部分,同时,实时数据库根据用户的组态设定,把报警信息存入指定的存盘数据库文件中。

7.4.1　定义报警

本节重点：掌握如何定义报警及其实现方法。

定义报警的具体操作如下：

对于"液位 1"变量，在实时数据库中，双击"液位 1"，在报警属性中，选中"允许进行报警处理"；在报警设置中选中"上限报警"，把报警值设为 9m；报警注释为"水罐 1 的水已达上限值"；在报警设置中选中"下限报警"，把报警值设为 1m；报警注释为"水罐 1 没水了"。在存盘属性中，选中"自动保存产生的报警信息"。

对于"液位 2"变量，只需要把"上限报警"的报警值设为 4m，其他同"液位 1"变量。如图 7-32 所示。

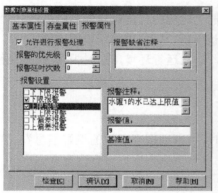 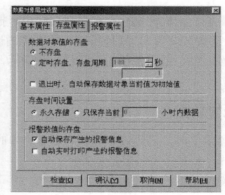

图 7-32　报警设置

属性设置好后，单击"确认"即可。

7.4.2　报警显示

实时数据库只负责关于报警的判断、通知和存储三项工作，而报警产生后所要进行的其他处理操作（即对报警动作的响应），则需要在组态时实现。

具体操作如下：

在 MCGS 组态平台上，单击"用户窗口"，在"用户窗口"中，选中"水位控制"窗口，双击"水位控制"或单击"动画组态"进入。在工具栏中单击"工具箱"，弹出"工具箱"对话框，从"工具箱"中单击"报警显示"▣图标，变"+"后用鼠标拖动到适当位置与大小，如图 7-33 所示。

时间	对象名	报警类型	报警事件	当前值	界限值	报警描述
09-13 14:43:15.688	Data0	上限报警	报警产生	120.0	100.0	Data0上限报警
09-13 14:43:15.688	Data0	上限报警	报警结束	120.0	100.0	Data0上限报警
09-13 14:43:15.688	Data0	上限报警	报警应答	120.0	100.0	Data0上限报警

图 7-33　报警显示

双击，再双击弹出如图 7-34 所示对话框。

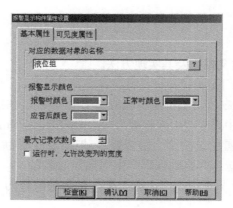

图 7-34　报警显示构件属性设置

在"报警显示构件属性设置"对话框中，把"对应的数据对象的名称"改为"液位组"，"最大记录次数"设为 6，其他不变。单击"确认"后，则报警显示设置完毕。

此时按〈F5〉或直接单击工具栏中图标，进入运行环境，这时报警显示已经轻松地实现了。

7.4.3　报警数据

在报警定义时，已经设置为当有报警产生时，"自动保存产生的报警信息"，这时可以通过如下操作，看是否有报警数据存在。

具体操作如下：

在"运行策略"中，单击"新建策略"，弹出"选择策略的类型"对话框，选中"用户策略"，单击"确定"，如图 7-35 所示。

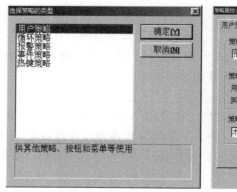
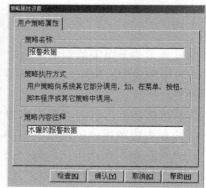

图 7-35　新建策略

选中"策略 1"，单击"策略属性"按钮，弹出"策略属性设置"对话框，把"策略名称"设为"报警数据"，"策略内容注释"设为"水罐的报警数据"，单击"确认"，如图 7-35 所示。

选中"报警数据"，单击"策略组态"按钮进入，在策略组态中，单击工具栏中的"新增策略行"图标，新增加一个策略行。再从"策略工具箱"中选取"报警信息浏览"，加到策略行上，单击鼠标左键，如图 7-36 所示。

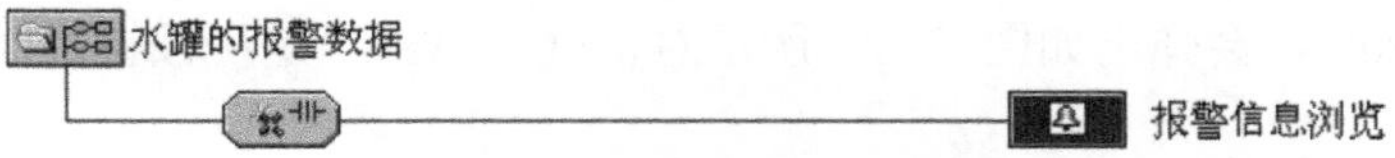

图 7-36　报警信息浏览策略

双击图标，弹出“报警信息浏览构件属性设置”窗口，如图 7-37 所示，在“基本属性”中，把“报警信息来源”中的“对应数据对象”改为“液位组”。单击“确认”按钮设置完毕。

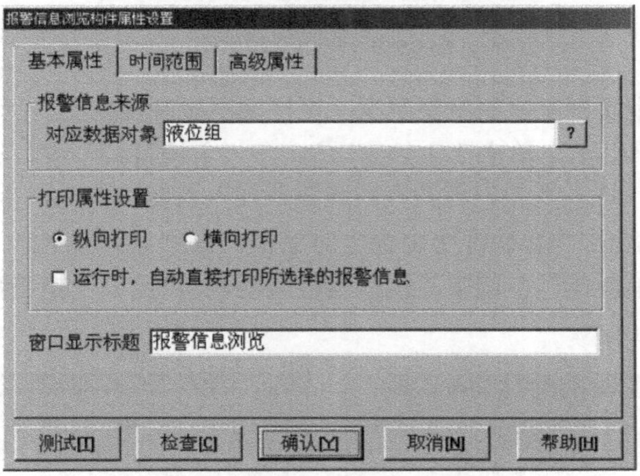

图 7-37　报警信息浏览构件属性设置

单击“测试”按钮，进入“报警信息浏览”，如图 7-38 所示。

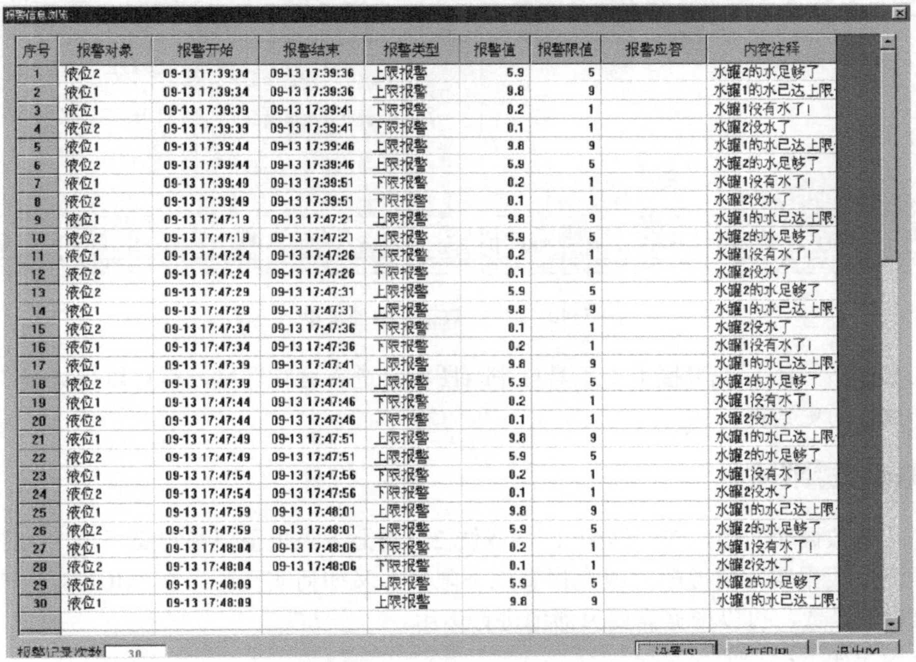

序号	报警对象	报警开始	报警结束	报警类型	报警值	报警限值	报警应答	内容注释
1	液位2	09-13 17:39:34	09-13 17:39:36	上限报警	5.9	5		水罐2的水足够了
2	液位1	09-13 17:39:34	09-13 17:39:36	上限报警	9.8	9		水罐1的水已达上限
3	液位1	09-13 17:39:39	09-13 17:39:41	下限报警	0.2	1		水罐1没有水了!
4	液位2	09-13 17:39:39	09-13 17:39:41	下限报警	0.1	1		水罐2没水了
5	液位1	09-13 17:39:44	09-13 17:39:46	上限报警	9.8	9		水罐1的水已达上限
6	液位2	09-13 17:39:44	09-13 17:39:46	上限报警	5.9	5		水罐2的水足够了
7	液位1	09-13 17:39:49	09-13 17:39:51	下限报警	0.2	1		水罐1没有水了!
8	液位2	09-13 17:39:49	09-13 17:39:51	下限报警	0.1	1		水罐2没水了
9	液位1	09-13 17:47:19	09-13 17:47:21	上限报警	9.8	9		水罐1的水已达上限
10	液位2	09-13 17:47:19	09-13 17:47:21	上限报警	5.9	5		水罐2的水足够了
11	液位1	09-13 17:47:24	09-13 17:47:26	下限报警	0.2	1		水罐1没有水了!
12	液位2	09-13 17:47:24	09-13 17:47:26	下限报警	0.1	1		水罐2没水了
13	液位2	09-13 17:47:29	09-13 17:47:31	上限报警	5.9	5		水罐2的水足够了
14	液位1	09-13 17:47:29	09-13 17:47:31	上限报警	9.8	9		水罐1的水已达上限
15	液位2	09-13 17:47:34	09-13 17:47:36	下限报警	0.1	1		水罐2没水了
16	液位1	09-13 17:47:34	09-13 17:47:36	下限报警	0.2	1		水罐1没有水了!
17	液位1	09-13 17:47:39	09-13 17:47:41	上限报警	9.8	9		水罐1的水已达上限
18	液位2	09-13 17:47:39	09-13 17:47:41	上限报警	5.9	5		水罐2的水足够了
19	液位1	09-13 17:47:44	09-13 17:47:46	下限报警	0.2	1		水罐1没有水了!
20	液位2	09-13 17:47:44	09-13 17:47:46	下限报警	0.1	1		水罐2没水了
21	液位1	09-13 17:47:49	09-13 17:47:51	上限报警	9.8	9		水罐1的水已达上限
22	液位2	09-13 17:47:49	09-13 17:47:51	上限报警	5.9	5		水罐2的水足够了
23	液位1	09-13 17:47:54	09-13 17:47:56	下限报警	0.2	1		水罐1没有水了!
24	液位2	09-13 17:47:54	09-13 17:47:56	下限报警	0.1	1		水罐2没水了
25	液位1	09-13 17:47:59	09-13 17:48:01	上限报警	9.8	9		水罐1的水已达上限
26	液位2	09-13 17:47:59	09-13 17:48:01	上限报警	5.9	5		水罐2的水足够了
27	液位1	09-13 17:48:04	09-13 17:48:06	下限报警	0.2	1		水罐1没有水了!
28	液位2	09-13 17:48:04	09-13 17:48:06	下限报警	0.1	1		水罐2没水了
29	液位2	09-13 17:48:09		上限报警	5.9	5		水罐2的水足够了
30	液位1	09-13 17:48:09		上限报警	9.8	9		水罐1的水已达上限

报警记录次数 30

图 7-38　报警信息浏览测试

退出策略组态时，会弹出如图 7-39 所示对话框，单击"是"按钮，就可对所做设置进行保存。

图 7-39 退出策略组态

若想在运行环境中看到刚才的报警数据，可按如下步骤操作：

在 MCGS 组态平台上，单击"主控窗口"，在"主控窗口"中，选中"主控窗口"，单击"菜单组态"进入。单击工具栏中的"新增菜单项" 图标，会产生"操作 0"菜单。双击"操作 0"菜单，弹出"菜单属性设置"对话框。在"菜单属性"中把"菜单名"改为"报警数据"。在"菜单操作"中选中"执行运行策略块"，选中"报警数据"，单击"确认"设置完毕，如图 7-40 所示。

 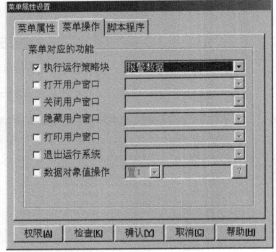

图 7-40 "报警数据"主控菜单

现在直接按〈F5〉或直接单击工具栏中 图标，进入运行环境，就可以用菜单"报警数据"打开报警历史数据。

7.4.4 修改报警限值

在"实时数据库"中，对"液位 1""液位 2"的上下限报警值都定义好了，如果用户想在运行环境下根据实际情况随时改变报警上下限值，又如何实现呢？在 MCGS 组态软件中提供了大量的函数，可以根据需要灵活地进行运用。

具体操作如下：

在"实时数据库"中选"新增对象"，增加 4 个变量，分别为液位 1 上限、液位 1 下限、液位 2 上限、液位 2 下限，具体设置如图 7-41 所示。

图 7-41　新增液位变量

在"用户窗口"中，选"水位控制"进入，在"工具箱"选"标签" Ａ图标用于文字注释，选"输入框" abl用于输入上下限值，如图 7-42 所示。

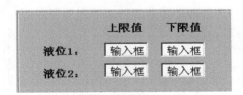

图 7-42　液位报警值设置面板

双击 输入框 图标，进行属性设置，只需要设置"操作属性"，其他不变，如图 7-43 所示。

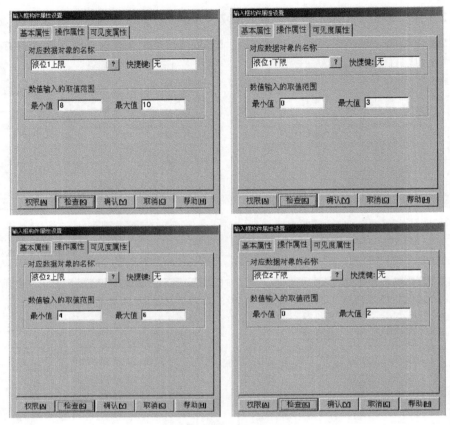

图 7-43　报警值属性设置

在 MCGS 组态平台上，单击"运行策略"，在"运行策略"中双击"循环策略"，双击进入脚本程序编辑环境，在脚本程序中增加语句，如图 7-44 所示。

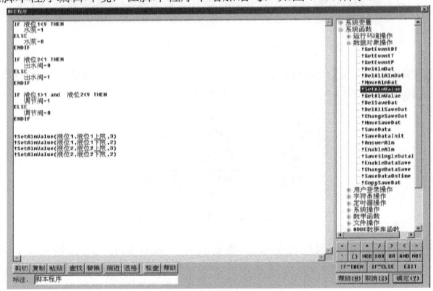

图 7-44　报警策略脚本程序

如果对该函数!SetAlmValue(液位 1,液位 1 上限,3)不了解，可求助"在线帮助"。单击"帮助"按钮，弹出"MCGS 帮助系统"，在"索引"中输入"!SetAlmValue"，如图 7-45 所示。

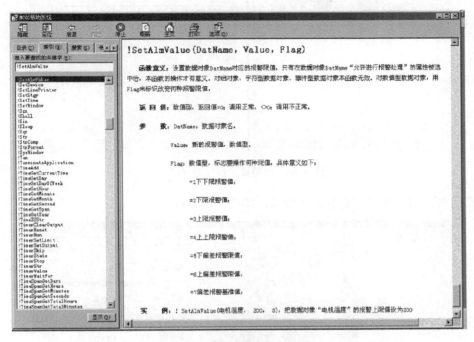

图 7-45　函数!SetAlmValue 帮助信息

7.4.5　报警动画

当有报警产生时，可以用提示灯显示，具体操作如下：

在"用户窗口"中选中"水位控制"，双击进入，单击"工具箱"中的"插入元件"图标，进入"对象元件库管理"，从"指示灯"中选取，调整大小放在适当位置。作为"液位 1"的报警指示，作为"液位 2"的报警指示，双击按图 7-46 设置。

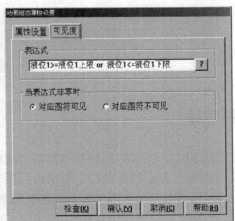

图 7-46　报警提示灯设置

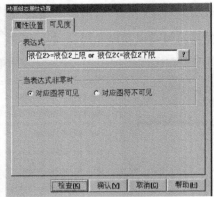

图 7-46 报警提示灯设置（续）

现在再进入运行环境，看看整体效果，如图 7-47 所示。

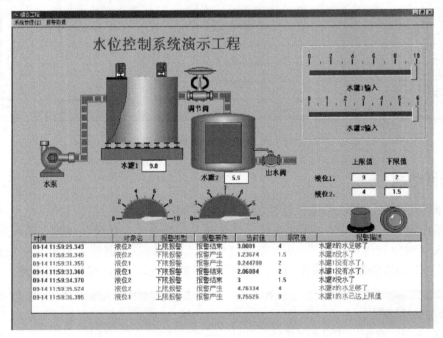

图 7-47 整体效果图

7.5 报表输出

在工程应用中，大多数监控系统需要对数据采集设备采集的数据进行存盘、统计分析，并根据实际情况打印出数据报表。所谓数据报表就是根据实际需要以一定格式将统计分析后的数据记录显示和打印出来，如实时数据报表、历史数据报表（班报表、日报表、月报表等）。数据报表在工控系统中是必不可少的一部分，是数据显示、查询、分析、统计、打印的最终体现，是整个工控系统的最终结果输出；数据报表是对生产过程中系统监控对象的状态的综合记录和规律总结。

本节重点：如何做实时报表与历史报表。

7.5.1　实时报表

实时数据报表是实时地将当前时间的数据变量按一定报告格式（用户组态）显示和打印，即对瞬时量的反映，实时数据报表可以通过 MCGS 系统的实时表格构件来组态显示。

怎样实现实时报表呢？具体操作如下：

在 MCGS 组态平台上，单击"用户窗口"，在"用户窗口"中单击"新建窗口"按钮产生一个新窗口，单击"窗口属性"按钮，弹出"用户窗口属性设置"对话框，进行设置，如图 7-48 所示。

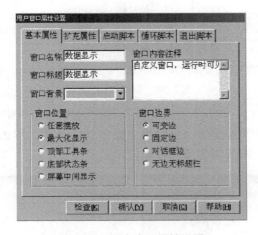

图 7-48　用户窗口属性设置

单击"确认"按钮，再单击"动画组态"进入"动画组态：数据显示"窗口。用"标签" Ａ 进行注释：水位控制系统数据显示、实时数据和历史数据。

在工具栏中单击"帮助" 图标，拖放在"工具箱"中，单击"自由表格" 图标，就会获得"MCGS 在线帮助"，请仔细阅读，然后再按下面操作进行。

在"工具箱"中单击"自由表格" 图标，拖放到桌面适当位置。双击表格进入，如要改变单元格大小，则把鼠标移到 A 与 B 或 1 与 2 之间，当鼠标变化时，拖动鼠标即可；单击鼠标右键进行编辑，如图 7-49 所示。

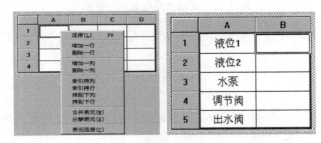

图 7-49　自由表格

在 1*B*处单击鼠标右键，单击"连接"或直接按〈F9〉，再单击鼠标右键从实时数据库选取所要连接的变量双击或直接输入变量，如图 7-50 所示。

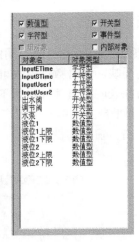

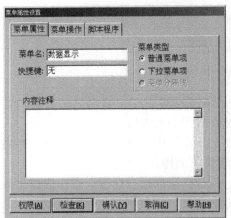

图 7-50　表格数据连接

在 MCGS 组态平台上，单击"主控窗口"，在"主控窗口"中单击"菜单组态"，在工具栏中单击"新增菜单项" ▦图标，会产生"操作 0"菜单。双击"操作 0"菜单，弹出"菜单属性设置"对话框，如图 7-51 所示。

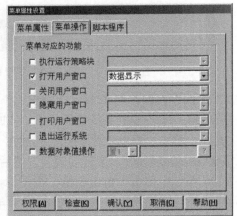

图 7-51　新增"数据显示"菜单

按〈F5〉进入运行环境后，单击菜单项中的"数据显示"会打开"数据显示"窗口，实时数据就会显示出来。

7.5.2　历史报表

历史数据报表是从历史数据库中提取数据记录，以一定的格式显示历史数据。实现历史报表有两种方式：一种用策略中的"存盘数据浏览"构件；另一种利用历史表格构件。

先介绍用策略中的"存盘数据浏览"构件，是如何实现历史报表的？具体操作如下：

在"运行策略"中单击"新建策略"按钮，弹出"选择策略的类型"对话框，选中"用户策略"，单击"确认"。单击"策略属性"，弹出"策略属性设置"对话框，把"策略名称"改为"历史数据"，"策略内容注释"设为"水罐的历史数据"，单击"确认"。双击"历史数据"进入策略组态环境，单击工具栏中"新增策略行" 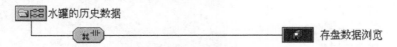 图标，再从"策略工具箱"中选取"存盘数据浏览"，拖放在 [　　] 上，则显示如图 7-52 所示。

图 7-52　存盘数据浏览策略行

双击 ▦ 图标，弹出"存盘数据浏览构件属性设置"窗口，按图 7-53 设置。

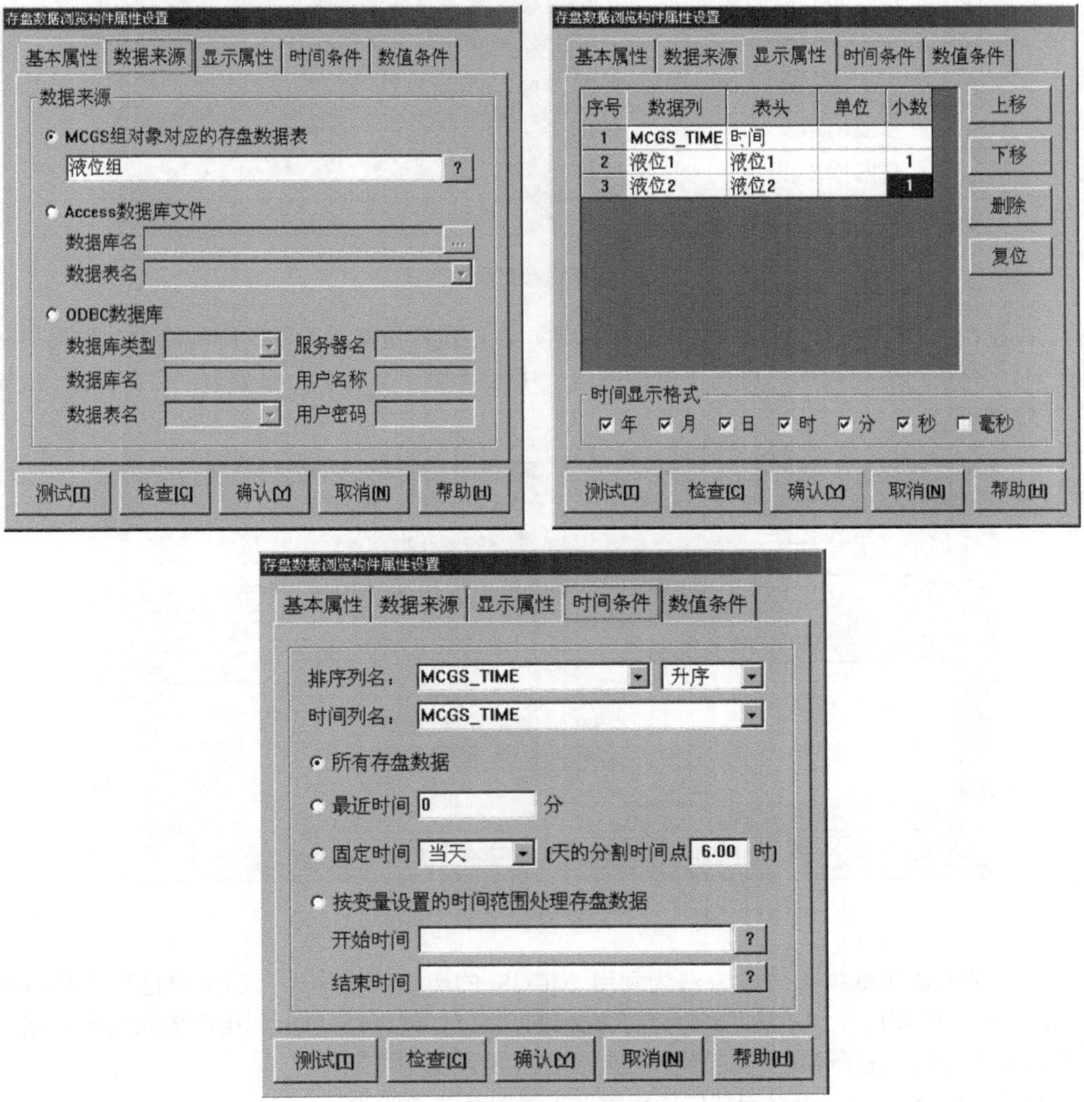

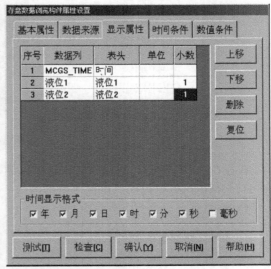

图 7-53　存盘数据浏览构件属性设置

单击"测试"按钮，进入"存盘数据浏览"，如图7-54所示。

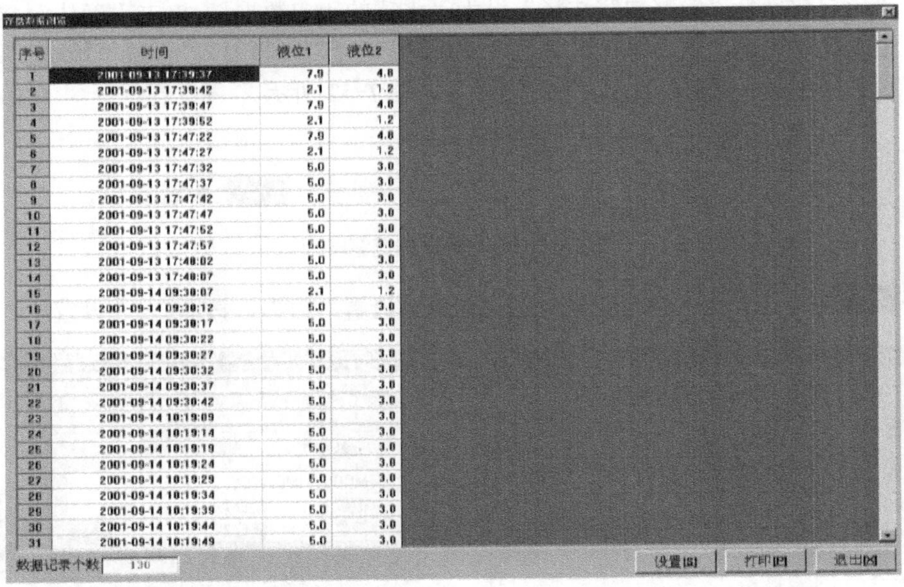

图7-54 存盘数据浏览测试

单击"退出"按钮，再单击"确认"按钮，退出运行策略时，保存所做修改。如果想在运行环境中看到历史数据，可在"主控窗口"中新增加一个菜单，取名为"历史数据"，如图7-55所示。

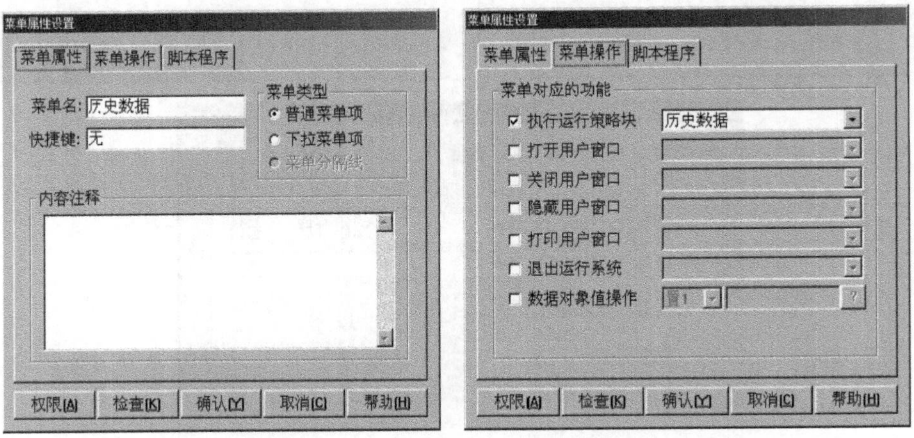

图7-55 新增"历史数据"菜单

另一种做历史数据报表的方法为利用 MCGS 的历史表格构件。历史表格构件是基于"Windows 下的窗口"和"所见即所得"机制的，用户可以在窗口上利用历史表格构件强大的格式编辑功能，配合 MCGS 的画图功能做出各种精美的报表。

利用 MCGS 的历史表格构件做历史数据报表的具体操作如下：

在 MCGS 开发平台上，单击"用户窗口"，在"用户窗口"中双击"数据显示"进入。

在"工具箱"中单击"历史表格" 图标，拖放到桌面，双击表格进入，把鼠标移到
C1 与 C2 之间，当鼠标发生变化时，拖动鼠标改变单元格大小；单击鼠标右键进行编辑。在
R1C1 输入"采集时间"，R1C2 输入"液位 1"，R1C3 输入"液位 2"。拖动鼠标从 R2C1 到
R4C3，表格会反黑，如图 7-56 所示。

在表格中单击鼠标右键，单击"连接"或直接按〈F9〉，单击"表格"菜单中"合并表
元"选项，或直接单击工具栏中"编辑条" 图标，从编辑条中单击"合并单元" 图
标，表格中所选区域会出现反斜杠，如图 7-57 所示。

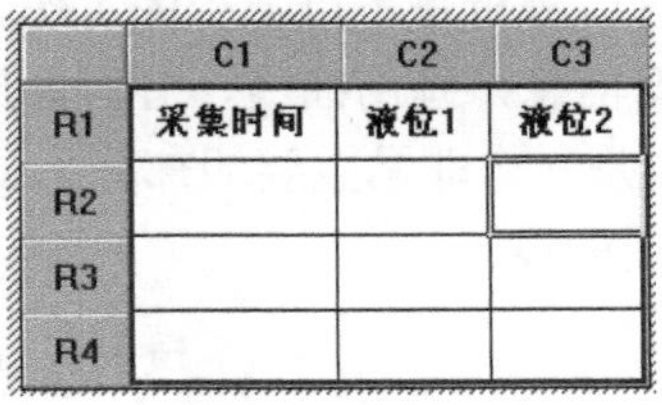

图 7-56　历史表格 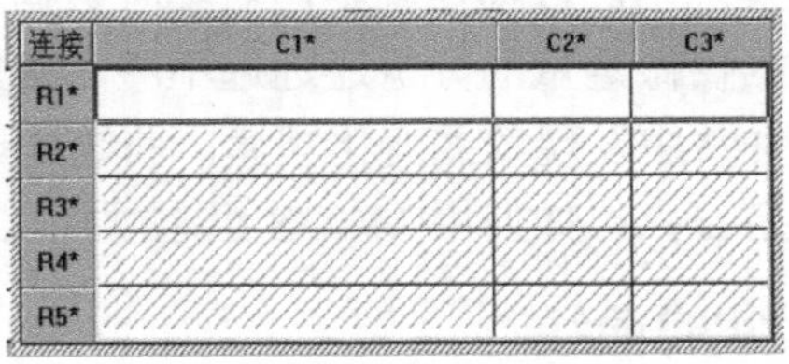　　　　　　　　　　　　图 7-57　合并单元

双击表格中反斜杠处，弹出"数据库连接设置"对话框，具体设置如图 7-58 所示，设
置完毕后单击"确认"退出。

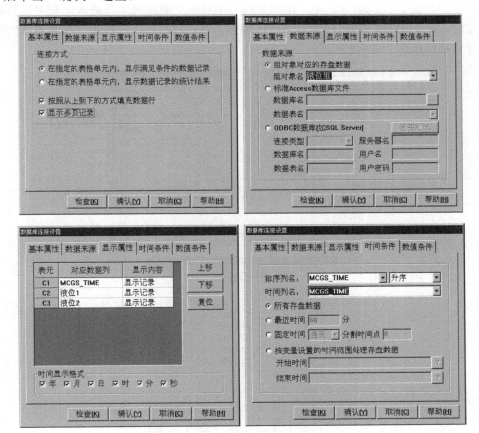

图 7-58　数据库连接设置

这时进入运行环境，就可以看到历史数据报表了。如果只想看到历史数据后面 1 位小数，可以这样操作，如图 7-59 所示。

到此，实时报表与历史报表制作完毕。

	C1	C2	C3
R1	采集时间	液位1	液位2
R2		1|0	1|0
R3		1|0	1|0
R4		1|0	1|0
R5		1|0	1|0

图 7-59　历史报表效果图

7.6　曲线显示

在实际生产过程控制中，对实时数据和历史数据的查看、分析是不可缺少的工作。但对大量数据仅做定量的分析还远远不够，必须根据大量的数据信息，画出曲线，分析曲线的变化趋势并从中发现数据变化规律，曲线处理在工控系统中也是一个非常重要的部分。

本节重点：如何用 MCGS 组态软件实现实时曲线与历史曲线。

7.6.1　实时曲线

实时曲线构件是用曲线显示一个或多个数据对象数值的动画图形，像笔绘记录仪一样实时记录数据对象值的变化情况。

在 MCGS 组态软件中如何实现实时曲线呢？具体操作如下：

单击"用户窗口"选项卡，在"用户窗口"中双击"数据显示"进入，在"工具箱"中单击"实时曲线" 图标，拖放到适当位置调整大小。双击曲线，弹出"实时曲线构件属性设置"对话框，按图 7-60 设置。

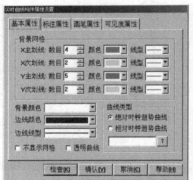

图 7-60　实时曲线构件属性设置

单击"确认"即可，在运行环境中单击"数据显示"菜单，就可看到实时曲线。双击曲线可以放大曲线。

7.6.2　历史趋势

历史曲线构件实现了历史数据的曲线浏览功能。运行时，历史曲线构件能够根据需要画出相应历史数据的趋势效果图。历史曲线主要用于事后查看数据和状态变化趋势并总结规律。如何根据需要画出相应历史数据的历史曲线呢？具体操作如下：在"用户窗口"中双击"数据显示"进入，在"工具箱"中单击"历史曲线"图标，拖放到适当位置调整大小。双击曲线，弹出"历史曲线构件属性设置"对话框，按图 7-61 设置，在"历史曲线构件属性设置"中，"液位 1"曲线颜色为"绿色"；"液位 2"曲线颜色为"红色"。

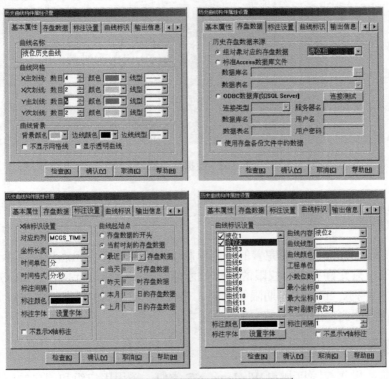

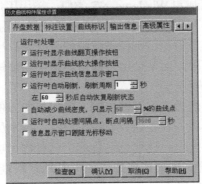

图 7-61　历史曲线构件属性设置

在运行环境中，单击"数据显示"菜单，打开"数据显示窗口"，就可以看到实时数据、历史数据、历史曲线和实时曲线，如图 7-62 所示。

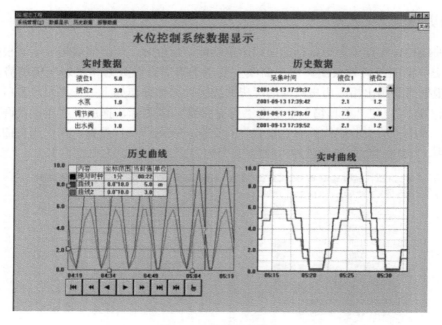

图 7-62　数据显示窗口

7.7　安全机制

MCGS 组态软件提供了一套完善的安全机制，用户能够自由组态控制菜单、按钮和退出系统的操作权限，只允许有操作权限的操作员才能对某些功能进行操作。MCGS 还提供了工程密码、锁定软件狗、工程运行期限等功能，来保护用 MCGS 组态软件进行开发所得的成果，开发者可利用这些功能保护自己的合法权益。

7.7.1　操作权限

MCGS 系统的操作权限机制和 Windows NT 类似，采用用户组和用户的概念来进行操作权限的控制。在 MCGS 中可以定义无限多个用户组，每个用户组中可以包含无限多个用户，同一个用户可以隶属于多个用户组。操作权限的分配是以用户组为单位来进行的，即某种功能的操作哪些用户组有权限，而某个用户能否对这个功能进行操作取决于该用户所在的用户组是否具备对应的操作权限。

MCGS 系统按用户组来分配操作权限的机制，使用户能方便地建立各种多层次的安全机制。如：实际应用中的安全机制一般要划分为操作员组、技术员组和负责人组。操作员组的成员一般只能进行简单的日常操作；技术员组负责工艺参数等功能的设置；负责人组能对重要的数据进行统计分析；各组的权限各自独立，但某用户可能因工作需要，能进行所有操作，则只需把该用户同时设为隶属于三个用户组即可。

注意：在 MCGS 中，操作权限的分配是对用户组来进行的，某个用户具有什么样的操作权限由该用户所隶属的用户组来确定。

7.7.2　系统权限管理

为了使整个系统能安全地运行，需要对系统权限进行管理，具体操作如下：

用户权限管理：在菜单"工具"中单击"用户权限管理"，弹出"用户管理器"对话框。单击"用户组名"下面的空白处，再单击"新增用户组"会弹出"用户组属性设置"对话框；单击"用户名"下面的空白处，再单击"新增用户"会弹出"用户属性设置"对话框，按图 7-63 所示设置属性后单击"确认"按钮，退出。

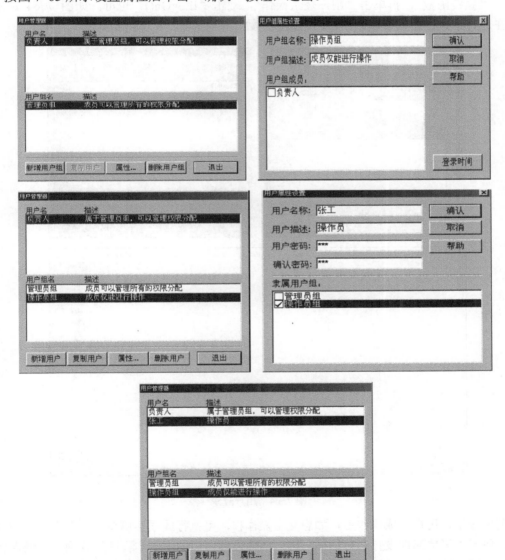

图 7-63　用户管理器

在运行环境中，为了确保工程安全可靠地运行，MCGS 建立了一套完善的运行安全机制。具体操作如下：

在 MCGS 组态平台上的"主控窗口"中，单击"菜单组态"按钮，打开菜单组态窗口。

在"系统管理"下拉菜单下，单击工具栏中的"新增菜单项" 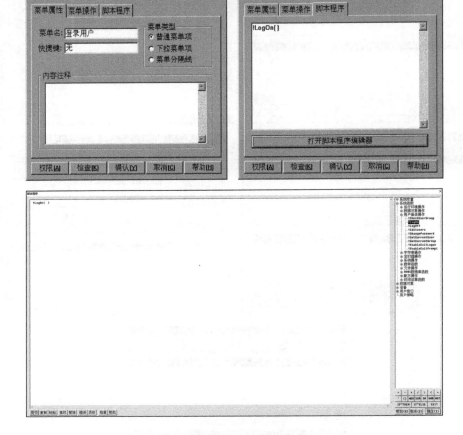图标，会产生"操作 0"菜单。连续单击"新增菜单项" 图标，增加三个菜单，分别为"操作 1""操作 2""操作 3"。

登录用户：登录用户菜单项是新用户为获得操作权，向系统进行登录用的。双击"操作 0"菜单，弹出"菜单属性设置"窗口。在"菜单属性"中把"菜单名"改为"登录用户"。进入"脚本程序"选项卡，在程序框内输入代码"!LogOn()"。这里利用的是 MCGS 提供的内部函数或在"脚本程序"中单击"打开脚本程序编辑器"，进入脚本程序编辑环境，从右侧单击"系统函数"，再单击"用户登录操作"，双击"!LogOn()"也可。如图 7-64 所示，这样在运行中执行此项菜单命令时；调用该函数，便会弹出 MCGS 登录窗口。

图 7-64 用户登录

退出登录：用户完成操作后，如想交出操作权，可执行此项菜单命令。双击"操作 1"菜单，弹出"菜单属性设置"对话框。进入属性设置窗口的"脚本程序"选项卡，输入代码"!LogOff()"（MCGS 系统函数），如图 7-65 所示，在运行环境中执行该函数，便会弹出提示框，确定是否退出登录。

图 7-65　退出登录

用户管理：双击"操作 2"菜单，弹出"菜单属性设置"对话框，如图 7-66 所示。在属性设置对话框的"脚本程序"选项卡中，输入代码"!Editusers()"（MCGS 系统函数）。该函数的功能是允许用户在运行时增加、删除用户，修改密码。

图 7-66　用户管理

修改密码：双击"操作 3"菜单，弹出"菜单属性设置"对话框。在属性设置对话框的"脚本程序"页中输入代码"!ChangePassWord()"（MCGS 系统函数），如图 7-67 所示。该函数的功能是修改用户原来设定的操作密码。

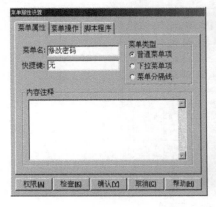

图 7-67　修改密码

按以上进行设置后按〈F5〉或直接单击工具栏中 █ 图标，进入运行环境。单击"系统管理"下拉菜单中的"登录用户""退出登录""用户管理""修改密码"，分别弹出如图7-68所示的对话框。如果不是用管理员身份登录，单击"用户管理"，会弹出"权限不足，不能修改用户权限设置！"对话框。

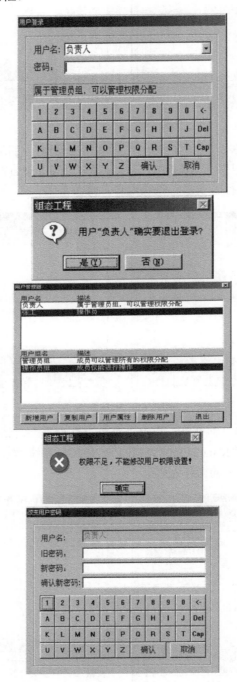

图7-68　系统管理菜单

系统运行权限：在 MCGS 组态平台上单击"主控窗口"，选中"主控窗口"，单击"系统属性"，弹出"主控窗口属性设置"对话框。在"基本属性"中单击"权限设置"按钮，弹出"用户权限设置"对话框。在"权限设置"按钮下面选择"进入登录，退出登录"，如图 7-69 所示。

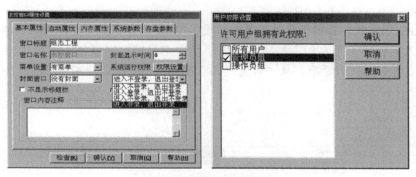

图 7-69　用户权限设置

按〈F5〉或直接单击工具栏中图标，进入运行环境时会出现"用户登录"对话框，只有具有管理员身份的用户才能进入运行环境，退出运行环境时也一样，如图 7-70 所示。

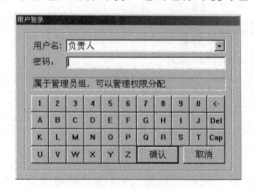

图 7-70　用户登录

7.7.3　工程加密

在"MCGS 组态环境"下如果不想要其他人随便看到所组态的工程或了解工程组态细节，可以为工程加密。

在"工具"下拉菜单中单击"工程安全管理"，再单击"工程密码设置"，弹出"修改工程密码"对话框，如图 7-71 所示。修改密码完成后单击"确认"工程加密即可生效，下次打开"水位控制系统"需要输入密码。

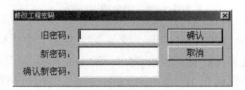

图 7-71　修改工程密码

7.8 设备在线调试

下面以西门子 S7-1200 PLC 为例,讲述硬件设备与 MCGS 组态软件的连接过程。

具体操作如下:

在 MCGS 组态软件开发平台上,单击"设备窗口",再单击"设备组态"按钮进入设备组态。单击工具栏中"工具箱"按钮,弹出"设备工具箱"对话框。单击"设备管理"按钮,弹出"设备管理"对话框。从"可选设备"找到"Siemens_1200"双击,加到右面选定设备,如图 7-72 所示。

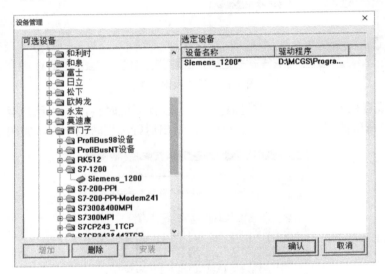

图 7-72 新增 PLC 设备

单击"确认"按钮,回到"设备工具箱"。双击"设备工具箱"中的"Siemens_1200",将工具箱中的设备驱动添加到设备窗口,如图 7-73 所示。

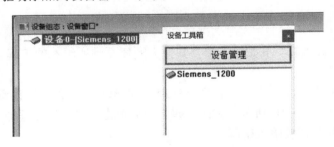

图 7-73 添加设备驱动

双击"设备 0-[Siemens_1200]",弹出"设备属性设置"对话框,如图 7-74 所示。按实际情况进行设置,设置本地 IP 地址为"192.168.100.190"、远程主机 IP 地址为"192.168.100.1",一定要确保两个 IP 地址位于同一网段。参数设置完毕,单击"确认"按钮保存。如果是首次使用,则单击"帮助"按钮或选中"查看设备在线帮助",单击█图标,打开"MCGS 帮助系统"，详细阅读。

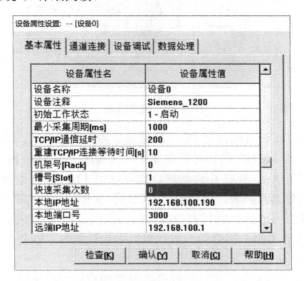

图 7-74　串口属性设置

在"设备属性设置"对话框中，单击"基本属性"可以进行属性设置，在属性设置之前，建议先仔细阅读"MCGS 帮助系统"，了解在 MCGS 组态软件中如何操作西门子 Siemens_1200。

选中"基本属性"中的"设置设备内部属性"，出现■图标，单击■图标，弹出"西门子 S7-1200 通道属性设置"对话框，如图 7-75 所示。

图 7-75　通道属性设置

单击"增加通道"，弹出"增加通道"对话框，如图 7-76 所示，设置好后单击"确认"按钮。

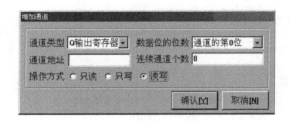

图 7-76 增加通道

西门子 Siemens_1200 设备构件把 PLC 的通道分为只读、只写、读写三种情况，只读用于把 PLC 中的数据读入 MCGS 的实时数据库中，只写用于把 MCGS 实时数据库中的数据写入 PLC 中，读写则可以从 PLC 中读数据，也可以往 PLC 中写数据。当第一次启动设备工作时，把 PLC 中的数据读回来，以后若 MCGS 不改变寄存器的值则把 PLC 中的值读回来。若 MCGS 要改变当前值则把值写到 PLC 中，这种操作的目的是，防止用户 PLC 程序中有些通道的数据在计算机第一次启动，或计算机中途死机时不能复位，另外可以节省变量的个数。

另外，在通道连接选项卡中还可以根据需要设置相应的虚拟通道。虚拟通道是实际硬件设备不存在的通道，为了便于处理中间计算结果，并且把 MCGS 中数据对象的值传入设备构件供数据处理使用，MCGS 在设备构件中引入了虚拟通道的概念。在增加模拟通道时需要设置好设备的数据类型、通道说明（是用于向 MCGS 输入数据还是用于把 MCGS 中的数据输出到设备构件中来），"通道连接"按图 7-77 设置。

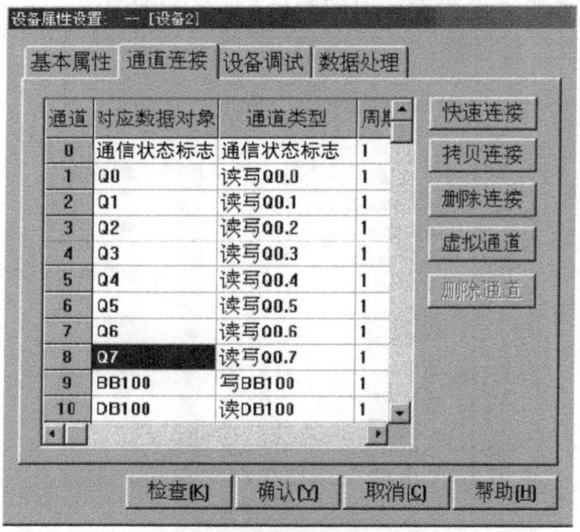

图 7-77 虚拟通道

在"设备调试"中就可以在线调试"Siemens_1200"，如图 7-78 所示。

如果"通信状态标志"为 0 则表示通信正常，否则 MCGS 组态软件与西门子 Siemens_1200 设备通信失败。如通信失败，则按以下方法排除：

1）检查 PLC 是否上电。

2）检查 PPI 电缆是否正常。

图 7-78　设备在线调试

3）确认 PLC 的实际地址是否和设备构件基本属性页的地址一致，若不知道 PLC 的实际地址，则用编程软件的搜索工具检查，若有则会显示 PLC 的地址。

4）检查对某一寄存器的操作是否超出范围。

其他设备如板卡、模块、仪表、PLC 等，在用 MCGS 组态软件调试前，请详细阅读硬件使用说明与 MCGS 在线帮助系统。

习题

7-1　什么是组态软件？

7-2　常用的组态软件有哪些？

7-3　MCGS 组态软件有什么特点？

7-4　MCGS 软件适用于哪些场合？

7-5　简述 MCGS 软件的系统构成和工作方式。

第8章　典型机电一体化产品——工业机器人

工业机器人是一种面向工业领域的多关节机械手或多自由度的机器装置，能自动执行工作，靠自身动力和控制能力来实现各种功能的机器。它可以接受人类指挥，也可以按照预先编排的程序运行，现代的工业机器人还可以根据人工智能技术制定的原则纲领行动。

随着工业机器人的发展以及机器人智能水平的提高，工业机器人已在众多领域得到了应用。目前，工业机器人已广泛应用于汽车及汽车零部件制造业、机械加工行业、电子电气行业、橡胶及塑料工业、食品工业、木材与家具制造业等领域中。汽车制造是一个技术和资金高度密集的产业，也是工业机器人应用最广泛的行业，几乎占到整个工业机器人的一半以上。在我国，工业机器人最初只是应用于汽车和工程机械行业中。在汽车生产中，工业机器人是一种主要的自动化设备，在整车及零部件生产的弧焊、点焊、喷涂、搬运、涂胶、冲压等工艺中大量使用。

8.1　工业机器人概述

8.1.1　工业机器人分类

工业机器人的分类方法众多，可以按照运动机构分类（直角坐标型、圆柱坐标型、球坐标型、关节坐标型、移动型），按照驱动方式分类（电力、液压、气动驱动），按照运动方式分类（点位控制、连续轨迹控制），按程序输入方式分类（编程输入、示教输入）及按照完成功能分类（操作、移动）等。根据 1990 年工业机器人国际标准大会的文件，把工业机器人按控制方式分为以下四类：

1）顺序型。这类机器人拥有规定的程序动作控制系统。

2）沿轨迹作业型。这类机器人执行某种移动作业，如焊接、喷漆等。

3）远距作业型。比如在月球上自动工作的机器人。

4）智能型。这类机器人具有感知、适应及思维和人机通信机能；能在较为复杂的环境下工作；能按照人的指令自选或自编程序去适应环境，并自动完成更为复杂的工作。

目前，日本的工业机器人已在发展第 3）、4）类工业机器人的路上取得了举世瞩目的成就。我国工业机器人的应用大多局限在第 1）、2）类上，某些大公司的产品中部分单元模块（如视觉）体现出智能化，但整体智能化水平不高。

8.1.2　工业机器人的基本组成及机能

机器人一般由机械系统、驱动系统、控制系统、检测传感系统和人工智能系统等组成，各系统功能如下所述。

1）机械系统。该系统主要是完成抓取工件（或工具）实现所需运动的机械部件，包括手部、腕部、臂部、机身以及行走机构。

2）驱动系统。驱动系统的作用是向机械系统（即执行机构）提供动力。随驱动目标的不同，驱动系统的传动方式有液动、气动、电动和机械式四种。

3）控制系统。控制系统是机器人的指挥中心，它控制机器人按规定的程序运动。控制系统可记忆各种指令信息（如动作顺序、运动轨迹、运动速度及时间等），同时按指令信息向各执行元件发出指令；必要时还可对机器人动作进行监视，当动作有误或发生故障时即发出警报信号。

4）检测传感系统。它主要检测机器人机械系统的运动位置、状态，并随时将机械系统的实际位置反馈给控制系统，并与设定的位置进行比较，然后通过控制系统进行调整，从而使机械系统以一定的精度达到设定的位置状态。

5）人工智能系统。该系统主要赋予机器人自动识别、判断和适应性操作。

从工业机器人的研究发展情况来看，工业机器人应具有运动机能、思维控制机能和检测机能三大机能，如图 8-1 所示。

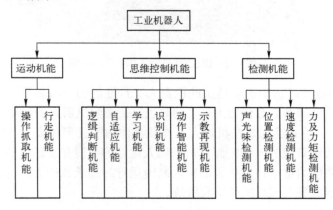

图 8-1 机器人机能

8.1.3 工业机器人的主要技术参数

机器人的技术参数是说明机器人规格与性能的具体指标，一般有以下几个方面：

1）自由度。自由度是指机器人所具有的独立坐标轴运动的数目，不包括末端执行器的开合自由度，机器人的一个自由度对应一个关节，所以自由度与关节的概念是相等的。机器人自由度越多，其动作越灵活，适应性越强，但结构也相应越复杂。一般具有 3～6 个自由度即能满足工作要求。

2）定位精度和重复定位精度。定位精度和重复定位精度是机器人的两个精度指标。定位精度是指机器人末端执行器的实际位置与目标位置之间的偏差，由机械误差、控制算法与系统分辨率等部分组成。重复定位精度是指在同一环境、同一条件、同一目标动作、同一命令下，机器人连续重复运动若干次时，其位置的分散情况，它是关于精度的统计数据。因重复定位精度不受工作载荷变化的影响，故通常用重复定位精度这一指标作为衡量示教-再现工业机器人水平的重要指标。

3）作业范围。作业范围是机器人运动时手臂末端或手腕中心所能到达的所有点的集合，也称为工作区域。由于末端执行器的形状和尺寸是多种多样的，为真实反映机器人的特征参数，作业范围常指不安装末端执行器时的工作区域。作业范围的大小不仅与机器人各连杆的尺寸有关，而且与机器人的总体结构形式有关。

作业范围的形状和大小是十分重要的，机器人在执行某作业时可能会因存在手部不能到达的盲区（Dead Zone）而不能完成任务。图8-2为ABB品牌IRB260型号工业机器人作业范围示意图。

图8-2 IRB260机器人作业范围示意图

4）最大运动速度。运动速度是反映机器人工作性能的一项重要技术参数，它与机器人握取重量、定位精度等参数有密切关系，同时也直接影响机器人的运动周期。

5）承载能力。承载能力是指机器人在作业范围内的任何位姿上所能承受的最大质量。承载能力不仅取决于负载的质量，而且与机器人运行的速度和加速度的大小和方向有关。为保证安全，将承载能力这一技术指标确定为高速运行时的承载能力。通常，承载能力不仅指负载质量，也包括机器人末端执行器的质量。

8.2 典型工业机器人组成

8.2.1 工业机器人本体

六自由度工业机器人是一种典型的工业机器人，在自动搬运、装配、焊接、喷涂等工业现场中有广泛的应用，本节主要以此种最常用的工业机器人为例进行讲解。图8-3为KUKA六自由度工业机器人的系统组成，它主要由机器人本体、机器人控制器、手持式编程器（示教器）组成，配合不同种类的末端执行器（如喷涂、焊接、切割、装配等）则可执行具体的工业任务。

机器人本体结构整体图如图8-4所示，整机包括基座、大臂、肩、肘、小臂和腕部六大组件。机器人主体的回转（自由度1）是由基座内部安装的电动机驱动，驱动电动机安装在大臂与基座的连接处，驱动大臂做上下俯仰（自由度2）。机器人的肘连接机器人的大臂与小臂，并由安装在其内部的电动机驱动小臂做上下俯仰（自由度3），腕部扭转（自由度4）电动机直接安装在肘部中，以节省空间。腕部俯仰（自由度5）和腕部回转（自由度6）的驱动电动机均安装在小臂的内部，通过传动齿轮、带轮驱动将动力传递给腕部。

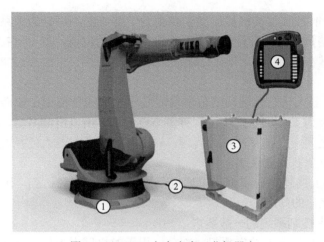

图 8-3　KUKA 六自由度工业机器人

1—机械人本体　2—连接线缆　3—机器人控制器　4—手持式编程器

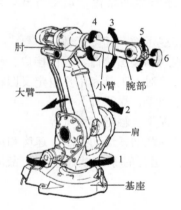

图 8-4　机器人本体结构

工业机器人各关节的驱动方式主要是采用电气伺服方式，利用伺服电动机配合传动机构驱动肩、大臂、小臂、肘和腕部等关节运动。工业机器人常用的伺服驱动电动机有步进电动机、直流伺服电动机和交流伺服电动机等。常用的传动机构有齿轮传动、谐波齿轮传动、行星轮传动、齿形带传动和滚珠丝杠传动等。

工业机器人依靠位置检测传感器构成闭环控制系统，来提高运动控制系统运动精度。常用的位置传感器有电位器、编码器、光栅尺、差动变压器和旋转变压器等。其中编码器以输出信号来分，有增量型编码器和绝对型编码器。工业机器人基本上都应用绝对型编码器。

8.2.2　工业机器人控制系统

1. 工业机器人控制系统的特点

工业机器人控制系统的主要任务是控制工业机器人在工作空间中的运动位置、姿态和轨迹、操作顺序及动作的时间等。其中有些项目的控制是非常复杂的，这就决定了工业机器人的控制系统应具有以下特点：

1）工业机器人的控制与其机构运动学和动力学有着密不可分的关系，因而要使工业机器人的臂、腕及末端执行器等部位在空间具有准确无误的位姿，就必须在不同的坐标系中描述它们，并且随着基准坐标系的不同而要做适当的坐标变换，同时要经常求解运动学和动力学问题。

2）描述工业机器人状态和运动的数学模型是一个非线性模型，随着工业机器人的运动及环境而改变。又因为工业机器人往往具有多个自由度，所以引起其运动变化的变量不止一个，而且各个变量之间一般都存在耦合问题。这就使得工业机器人的控制系统不仅是一个非线性系统，而且是一个多变量系统。

3）对工业机器人的任一位姿都可以通过不同的方式和路径达到，因而工业机器人的控制系统还必须解决优化的问题。

2. 对工业机器人控制系统的一般要求

机器人控制系统是机器人的重要组成部分，用于对机器人本体（操作机）的控制，以完成特定的工作任务。其基本功能如下。

1）记忆功能：存储作业顺序、运动路径、运动方式、运动速度和与生产工艺有关的信息。

2）示教功能：离线编程，在线示教，间接示教。

3）与外围设备联系功能：输入和输出接口、通信接口、网络接口、同步接口。

4）坐标设置功能：有关节、绝对、工具和用户自定义四种坐标系。

5）人机接口：示教盒、操作面板、显示屏。

6）传感器接口：位置检测、视觉、触觉、力觉等。

7）位置伺服功能：机器人多轴联动、运动控制、速度和加速度控制、动态补偿等。

8）故障诊断安全保护功能：运行时系统状态监视、故障状态下的安全保护和故障自诊断。

3. 机器人控制系统的组成

工业机器人控制系统组成框图如图 8-5 所示。

1）控制计算机：它是控制系统的调度指挥机构，一般为微型机、微处理器，有 32 位、64 位等，如奔腾系列 CPU 以及其他类型 CPU。

2）示教盒：示教机器人的工作轨迹和参数设定，以及所有人机交互操作，拥有自己独立的 CPU 以及存储单元，与主计算机之间以串行通信方式实现信息交互。

3）操作面板：由各种操作按键、状态指示灯构成，只完成基本功能操作。

4）硬盘和软盘存储：存储机器人工作程序的外围存储器。

5）数字和模拟量输入/输出：各种状态和控制命令的输入或输出。

6）打印机接口：记录需要输出的各种信息。

7）传感器接口：用于信息的自动检测，实现机器人柔顺控制，一般为力觉、触觉和视觉传感器。

8）轴控制器：完成机器人各关节位置、速度和加速度控制。

9）辅助设备控制：用于和机器人配合的辅助设备控制，如手爪变位器等。

10）通信接口：实现机器人和其他设备的信息交换，一般有串行接口、并行接口等。

11）网络接口。

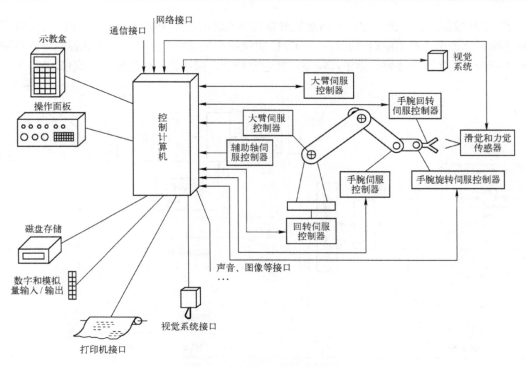

图 8-5 工业机器人控制系统组成框图

① Ethernet 接口：可通过以太网实现数台或单台机器人的直接 PC 通信，数据传输速率高达 10Mbit/s，可直接在 PC 上用 Windows 库函数进行应用程序编程之后，支持 TCP/IP 通信协议，通过 Ethernet 接口将数据及程序装入各个机器人控制器中。

② Fieldbus 接口：支持多种流行的现场总线规格，如 DeviceNet、AB Remote I/O、Interbus-S、Profibus-DP、M-NET 等。

4. 工业机器人控制系统结构

工业机器人控制系统按其控制方式可分为三类。

1）集中控制方式：用一台计算机实现全部控制功能，其结构简单、成本低，但实时性差，难以扩展，构成框图如图 8-6 所示。

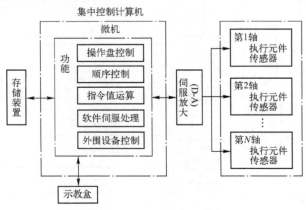

图 8-6 集中控制方式框图

2）主从控制方式：采用主、从两级处理器实现系统的全部控制功能。主 CPU 实现管理、坐标变换、轨迹生成和系统自诊断等；从 CPU 实现所有关节的动作控制。主从控制方式框图如图 8-7 所示。其实时性较好，适于高精度、高速度控制，但系统扩展性较差，维修困难。

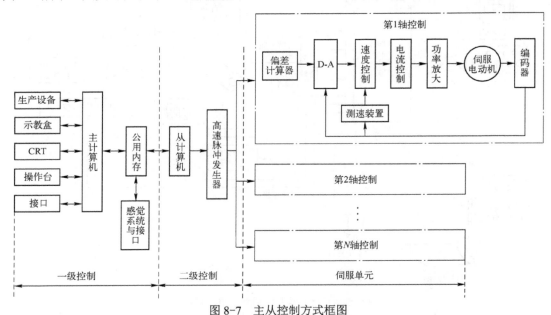

图 8-7　主从控制方式框图

3）分散控制方式：按系统的性质和方式将系统控制分成几个模块，每一个模块各有不同的控制任务和控制策略，各模式之间可以是主从关系，也可以是平等关系。这种方式实时性好，易于实现高速、高精度控制，易于扩展，可实现智能控制，是目前流行的方式，其控制框图如图 8-8 所示。

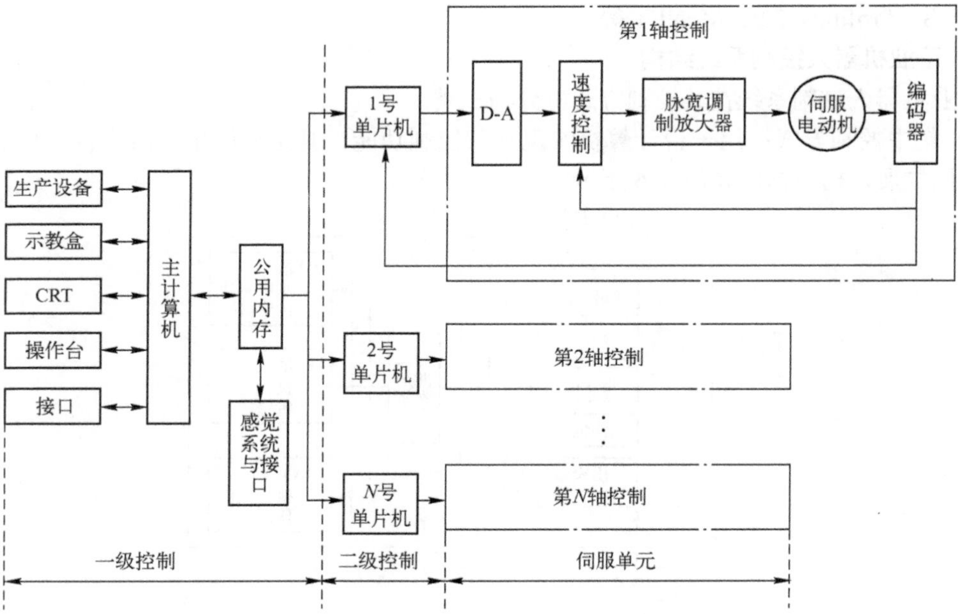

图 8-8　分散控制方式框图

8.2.3 工业机器人编程

目前，工业机器人编程不像数控机床那样有 APT 语言，机器人编程还没有公认的国际标准，各制造厂商有各自的机器人编程语言。有的国家正尝试在数控机床通用语言的基础上，形成统一的机器人语言，但由于机器人控制不仅要考虑机器人本身的运动，还要考虑机器人与配套设备间的协调通信以及多个机器人之间的协调工作，因而技术难度非常大，目前尚处于研究探索阶段。

机器人编程可分为三个水平：①用示教盒进行现场编程；②直接的机器人语言编程（包括专用机器人语言、添加了机器人库的已有计算机语言）；③面向任务的机器人编程语言。

现在的机器人，一般都具有前两种编程方法。以焊接机器人为例，焊接时机器人是按照事先编辑好的程序运动的，这个程序一般是由操作人员按照焊缝形状示教机器人并记录运动轨迹而形成的。

1. 示教编程

"示教"就是机器人学习的过程，在这个过程中，操作者要手把手教会机器人做某些动作。"存储"就是机器人的控制系统以程序的形式将示教的动作记忆下来。机器人按照示教时记忆下来的程序展现这些动作，就是"再现"过程。示教是机器人的一种编程方法，可分为三个步骤：示教、存储和再现。

示教分为在线示教方式和离线示教方式两种。

（1）在线示教

在现场直接对操作对象进行的一种编程方法，常用的有：

1）人工引导示教。由有经验的操作人员移动机器人的末端执行器，计算机记忆各自由度的运动过程。特点：简单，但精度受操作人员的技能限制。

2）辅助装置示教。对一些人工难以牵动的机器人，例如一些大功率或高减速比机器人，可以用特别的辅助装置帮助示教。

3）示教盒。为了方便现场示教，一般工业机器人都配有示教盒，示教盒主要提供一些操作键、按钮、开关等，其目的是能够为用户编制程序、设定变量时提供一个良好的操作环境，它既是输入设备，也是输出显示设备，同时还是机器人示教的人机交互接口。图 8-9 为 ABB 工业机器人示教盒。

图 8-9   ABB 工业机器人示教盒

（2）离线示教

离线示教是借助于计算机辅助设计软件，对操作对象进行的非在现场的示教操作，此种示教方式工作量大、精度较低。

离线示教的方式包括解析示教和任务示教。

1）解析示教：将计算机辅助设计的数据直接用于示教，并利用传感技术进行必要的修正。

2）任务示教：指定任务，以及操作对象的位置、形状，由控制系统自动规划运动路径，任务示教是一种发展方向，具有较高的智能水平，目前仍处于研究中。

2. ABB 机器人语言编程简介

（1）ABB RobotStudio 离线编程软件

ABB 工业机器人不但可以利用示教器完成在线的示教编程，还可以利用 ABB 公司开发的 RobotStudio 编程软件进行离线编程。离线编程是扩大机器人系统投资回报的最佳途径。借助 ABB 模拟与离线编程软件 RobotStudio，可在办公室 PC 上完成机器人编程，无须中断生产。

利用 RobotStudio 提供的各种工具，可在不影响生产的前提下执行培训、编程和优化等任务，不仅提升了机器人系统的盈利能力，还能降低生产风险、加快投产进度、缩短换线时间、提高生产效率。

RobotStudio 以 ABB VirtualController 为基础而开发，与机器人在实际生产中运行的软件完全一致。因此 RobotStudio 可执行十分逼真的模拟，所编制的机器人程序和配置文件均可直接用于生产现场。

图 8-10 为用 RobotStudio 软件编写的虚拟工业机器人工作系统，图 8-11 为 RobotStudio 软件中的虚拟示教器和虚拟 IRB260 工业机器人。

图 8-10　虚拟工业机器人工作系统

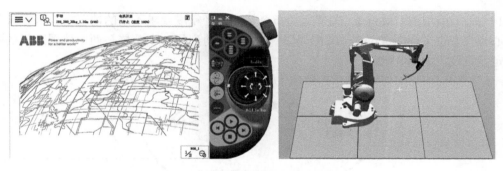

图 8-11　虚拟示教器和虚拟机器人

（2）RAPID 编程语言简介

目前工业机器人编程并没有统一的编程语言，本节以 ABB 机器人编程语言为例进行讲解。ABB 是工业机器人的先行者以及世界领先的机器人制造厂商，ABB 工业机器人应用程序是使用称为 RAPID 编程语言的特定词汇和语法编写而成的。

RAPID 是一种英文编程语言，所包含的指令可以移动机器人、设置输出、读取输入，还能实现决策、重复其他指令、构造程序、与系统操作员交流等功能。RAPID 程序的基本架构见表 8-1。

表 8-1　RAPID 程序基本架构

RAPID 程序			
程序模块 1	程序模块 2	程序模块 3	程序模块 4
程序数据 主程序 main 例行程序 中断程序 功能	程序数据 例行程序 中断程序 功能	… … … …	程序数据 例行程序 中断程序 功能

RAPID 程序的架构说明如下：

1）RAPID 程序是由程序模块与系统模块组成的。一般地，只通过新建程序模块来构建机器人的程序，而系统模块多用于系统方面的控制。

2）可以根据不同的用途创建多个程序模块，如专门用于主控制的程序模块、用于位置计算的程序模块、用于存放数据的程序模块，这样便于归类管理不同用途的例行程序与数据。

3）每一个程序模块包含程序数据、例行程序、中断程序和功能四种对象，但不一定在一个模块中都有这四种对象，程序模块之间的数据、例行程序、中断程序和功能是可以互相调用的。

4）在 RAPID 程序中，只有一个主程序 main，并且存在于任意一个程序模块中，作为整个 RAPID 程序执行的起点。

（3）RAPID 语言基本运动指令简介

机器人在空间中的运动主要有关节运动（MoveJ）、线性运动（MoveL）、圆弧运动（MoveC）和绝对位置运动（MoveAbsJ）四种方式。

1）关节运动指令 MoveJ。关节运动指令是对路径精度要求不高的情况下，机器人的工具中心点（Tool Center Point，TCP）从一个位置移动到另一个位置，两个位置之间的路径不一定是直线，如图 8-12 所示。

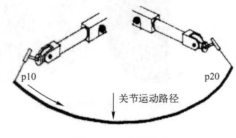

图 8-12　关节运动

指令解析（见表 8-2）：

MoveJ p20, v1000, z10, tool1;

表 8-2　关节运动指令解析

参　　数	含　　义
p10	关节运动的起点（当前位置）
p20	目标点位置数据
v1000	运动速度为 1000mm/s
z10	定义转弯区大小为 10mm
tool1	当前指令使用的工具

关节运动适合机器人大范围运动时使用，不容易在运动过程中出现关节轴进入机械死点的问题。

注意：目标点位置数据定义机器人 TCP 的运动目标，可以在示教器中单击"修改位置"进行修改。运动速度数据定义速度（mm/s），转弯区数据定义转弯区的大小（mm）。工具坐标数据定义当前指令使用的工件坐标。

zone 指机器人 TCP 不达到目标点，而是在距离目标点一定长度（通过编程确定，如 z10）处圆滑绕过目标点，如图 8-13 中的 p1 点。

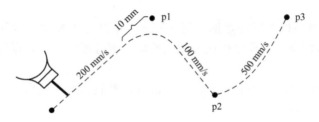

图 8-13　zone 指令示意图

2）线性运动指令 MoveL。线性运动是机器人的 TCP 从起点到终点之间的路径始终保持为直线，如图 8-14 所示。一般如焊接、涂胶等应用对路径要求高的场合使用此指令。

图 8-14 线性运动

指令解析（见表 8-3）：

MoveL p20,v1000,z10,tool1；

表 8-3 线性运动指令解析

参　　数	含　　义
p10	直线运动的起点（当前位置）
p20	目标点位置数据
v1000	运动速度为 1000mm/s
z10	定义转弯区大小为 10mm
tool1	当前使用的工具坐标

MoveL 指令为直线运动，只需确定起点和终点，可示教输入或键输入。

3）圆弧运动指令 MoveC。圆弧路径是在机器人可到达的控件范围内定义三个位置点：第一个点是圆弧的起点，第二个点用于圆弧的曲率，第三个点是圆弧的终点，如图 8-15 所示。

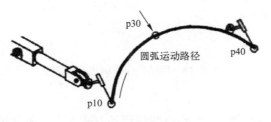

图 8-15 圆弧运动

指令解析（见表 8-4）：

MoveC p30,p40,v1000,z1,tool1；

表 8-4 圆弧运动指令解析

参　　数	含　　义
p10	圆弧的第一个点（当前位置）
p30	圆弧的第二个点
p40	圆弧的第三个点
fine\z1	转弯区数据

4）绝对位置运动 MoveAbsJ。绝对位置运动指令是机器人的运动使用六个轴和外轴的角度值来定义目标位置数据。

指令解析（见表 8-5）：

MoveAbsJ*\NoEOffs,v1000,z50,tool1;

表 8-5 绝对位置运动指令解析

参 数	含 义
*	目标点位置数据
\NoEOffs	外轴不带偏移数据
v1000	运动速度为 1000mm/s
z50	定义转弯区大小为 50mm
tool1	工具坐标数据

参数*提示：MoveAbsJ 常用于机器人六个轴回到机械零点（0°）的位置。

5）运动指令的使用示例。指令如下，运行轨迹如图 8-16 所示。

MoveL p1,v200,z10,tool1;
MoveL p2,v100,fine,tool;
MoveJ p3,v500,fine, tool1;

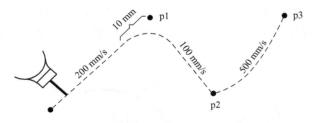

图 8-16　运动指令示例运行轨迹

说明如下：

机器人的 TCP 从当前位置向 p1 点以线性运动方式前进，速度是 200mm/s，转弯区数据是 10mm，距离 p1 点还有 10mm 的时候开始转弯，使用的工具数据是 tool1。

机器人的 TCP 从 p1 向 p2 点以线性运动方式前进，速度是 100mm/s，转弯区数据是 fine，机器人在 p2 点稍做停顿，使用的工具数据是 tool1。

机器人的 TCP 从 p2 向 p3 点以关节运动方式前进，速度是 500mm/s，转弯区数据是 fine，机器人在 p3 点停止，使用的工具数据是 tool1。

注意： 转弯区为 fine 指机器人 TCP 达到目标点，在目标点速度降为零。机器人动作有所停顿然后再向下运动，如果是一段路径的最后一个点，一定要为 fine。转弯区数值越大，机器人的动作路径就越圆滑与流畅。

习题

8-1　工业机器人按照控制方式分为几类？

8-2　简述工业机器人的基本组成及机能。

8-3　简述工业机器人的主要技术参数。

8-4　典型的六自由度工业机器人本体由哪几部分组成？

8-5　工业机器人常用的伺服电动机有哪几种？

8-6　工业机器人常用的传动机构有哪几种？

8-7　工业机器人常用的位置传感器有哪几种？

8-8　简述典型工业机器人控制系统的组成。

8-9　简述常用的工业机器人控制系统的结构。

8-10　工业机器人编程分为哪几个水平？

8-11　什么是示教编程？示教编程分为哪几种方式？

8-12　ABB 机器人典型的运动控制指令有哪几种？

参 考 文 献

[1] 黄筱调，赵松年. 机电一体化技术基础及应用[M]. 北京：机械工业出版社，1995.

[2] 刘宏新. 机电一体化技术[M]. 2 版. 北京：机械工业出版社，2023.

[3] 赵云伟，刘元永. 机电一体化技术与实训[M]. 北京：机械工业出版社，2021.

[4] 杨俊伟. 机电一体化系统设计[M]. 北京：机械工业出版社，2020.

[5] 姜培刚. 机电一体化系统设计[M]. 2 版. 北京：机械工业出版社，2021.

[6] 芮延年. 机电一体化系统设计[M]. 北京：机械工业出版社，2014.

[7] 李运华，等. 机电控制[M]. 北京：北京航空航天大学出版社，2003.

[8] 冯浩，汪建新，赵书尚，等. 机电一体化系统设计[M]. 武汉：华中科技大学出版社，2009.

[9] 梁景凯，刘会英. 机电一体化技术与系统[M]. 2 版. 北京：机械工业出版社，2020.

[10] 廖常初. S7-1200 PLC 应用教程[M]. 2 版. 北京：机械工业出版社，2020.

[11] 赵丽君，路泽永. S7-1200 PLC 应用基础[M]. 北京：机械工业出版社，2021.

[12] 李红萍. 工控组态技术及应用：MCGS[M]. 2 版. 西安：西安电子科技大学出版社，2017.

[13] 王传艳，陈婧. MCGS 触摸屏组态控制技术[M]. 北京：北京师范大学出版社，2015.

[14] 刘勇. 组态软件应用技术项目式教程[M]. 北京：机械工业出版社，2015.

[15] McROBERTS M. Arduino 从基础到实践[M]. 刘端阳，郎咸蒙，刘炜，译. 北京：电子工业出版社，2017.

[16] 陈吕洲. Arduino 程序设计基础[M]. 2 版. 北京：北京航空航天大学出版社，2015.

[17] MONK S. Arduino 编程指南[M]. 张佳进，陈立畅，孙超，等译. 北京：人民邮电出版社，2016.

[18] 陈亚林，陆东明. 伺服系统应用技术[M]. 北京：中国铁道出版社，2015.

[19] 钱平. 伺服系统[M]. 3 版. 北京：机械工业出版社，2021.

[20] 高金源，夏洁. 计算机控制系统[M]. 北京：清华大学出版社，2007.

[21] 刘建昌，关守平，周玮，等. 计算机控制系统[M]. 北京：科学出版社，2009.